中国图学学会
CHINA GRAPHICS SOCIETY

第十六届全国大学生先进成图技术与产品信息建模创新大赛开放赛道优秀作品集

陶　冶　邵立康　秦　易　李　征
刘　莉　杨传耀　张志超　袁国平　编　著

中国农业大学出版社
·北京·

内容简介

本书是《全国大学生先进成图技术与产品信息建模创新大赛第 14、15 届命题解答汇编》的续编，收录了“第十六届全国大学生先进成图技术与产品信息建模创新大赛”机械类、建筑类、道桥类等开放式赛道类的优秀作品。评审专家对每份作品都给出了评审意见。读者可以通过研读本书，提高自己在所涉及领域的动手能力及创新能力。

本书也是全国大学生先进成图技术与产品信息建模创新大赛选手的重要备赛资料，同时还是机械、建筑、道桥等相关专业的高校老师、工程技术人员的参考书，更是大学生检验自己专业水平的测试卷。

图书在版编目(CIP)数据

第十六届全国大学生先进成图技术与产品信息建模创新大赛开放赛道优秀作品集 / 陶冶等编著 . --北京：中国农业大学出版社，2024. 5

ISBN 978-7-5655-3205-4

Ⅰ. ①第… Ⅱ. ①陶… Ⅲ. ①工业产品－产品模型－系统建模－高等学校－教学参考资料 Ⅳ. ①TB476

中国国家版本馆 CIP 数据核字(2024)第 071839 号

书　名 第十六届全国大学生先进成图技术与产品信息建模创新大赛开放赛道优秀作品集
Di-shiliu Jie Quanguo Daxuesheng Xianjin Chengtu Jishu yu Chanpin Xinxi Jianmo Chuangxin Dasai Kaifang Saidao Youxiu Zuopinji

作　者 陶　冶　邵立康　秦　易　李　征　刘　莉　杨传耀　张志超　袁国平　编著

策划编辑 司建新　　**责任编辑** 赵　艳
封面设计 中通世奥图文设计中心
出版发行 中国农业大学出版社
社　址 北京市海淀区圆明园西路 2 号　　**邮政编码** 100193
电　话 发行部 010-62733489，1190　　读者服务部 010-62732336
编辑部 010-62732617，2618　　出　版　部 010-62733440
网　址 http://www. caupress. cn　　**E-mail** cbsszs@cau. edu. cn
经　销 新华书店
印　刷 涿州市星河印刷有限公司
版　次 2024 年 5 月第 1 版　2024 年 5 月第 1 次印刷
规　格 210 mm×285 mm　16 开本　19.25 印张　488 千字
定　价 120.00 元

编委会

序

《第十六届全国大学生先进成图技术与产品信息建模创新大赛开放赛道优秀作品集》与大家见面了，本书与已出版的《全国大学生先进成图技术与产品信息建模创新大赛命题解答汇编（1~10届）（机械类与建筑类）》《全国大学生先进成图技术与产品信息建模创新大赛命题解答汇编（1~11届）（机械类、水利类与道桥类）》《全国大学生先进成图技术与产品信息建模创新大赛命题解答汇编第12、13届命题解答汇编》及《全国大学生先进成图技术与产品信息建模创新大赛命题解答汇编第14、15届命题解答汇编》一脉相承。编著本书，一是给准备参加第十七届全国大学生先进成图技术与产品信息建模创新大赛的选手提供更多的备赛资料；二是记录该赛事走过的历程，留下珍贵的赛事档案；三是使参与赛事专家们的经验和辛勤成果为更多学子提供指引与方向，进而从中受益。

习近平总书记指出，科技创新，就像撬动地球的杠杆，总能创造令人意想不到的奇迹。科技是第一生产力，是先进生产力的集中体现和主要标志。人类历史上每一次重大科技进步都改进了劳动工具，提高了劳动者素质，带来了劳动生产率极大提高、产业结构快速优化升级，给经济社会发展增添了强大驱动力。当今时代，科技创新极大拓展人类认知的广度、深度、精度，是经济社会发展的重要引擎，也是应对许多全球性挑战的有力武器，日益成为影响世界现代化进程的关键变量。全国大学生先进成图技术与产品信息建模创新大赛始终把培养学生创新精神、创造能力和团队合作意识放在首要位置，大赛组委会认真学习和贯彻习近平总书记的讲话精神，不忘初心，牢记使命，把一个初创只有50所学校300多名学生参加的小众竞赛，发展为800多所高校、30多万名大学生参加选拔、1万多名学生参加决赛的全国大型赛事。一路走来，涌现出许多优秀的指导教师和可圈可点的参赛学生，谱写了许多精彩纷呈的故事，培养了许多能力突出、德才兼备的大学生，涌现出许多基础知识扎实、创新能力强、教学水平过硬的教学团队。

本书继承了此系列图书一贯的编著特点，按类别选出各赛道的优秀作品，专家对每份作品都做了认真翔实的点评，充分体现了大赛的先进性、创新性及前瞻性。

十分感谢中国农业大学出版社的编辑们，他们为本书的出版付出了辛勤的劳动。感谢一直以来支持大赛工作的各承办高校及参赛高校，感谢十几年来参与命题的各位专家，还要感谢多年来参与和支持大赛工作的各个企业，感谢所有台前幕后参与大赛工作的各位老师，正是你们的奉献，成就了今天赛事的辉煌。

全国大学生先进成图技术与产品信息建模创新大赛已走过16个年头，未来的大赛将继续遵从初心，朝着以赛促教、以赛促学、以赛促创、以赛促建、以赛促改的方向发展，为国家培养更多应用型、专业型、创新型及复合型的高端人才，为中华民族的崛起做出应有的贡献！

陶　冶

2024年3月15日于广州

目　录

机械类

建筑类

道桥类

社会赛道类

机械类

增材制造赛道竞赛报告

一、增材制造赛道竞赛回顾

1. 竞赛形式

增材制造技术为独立赛道，各学校按照国赛报名组队分组，每组提交一份结果。

比赛采用线上、开放式比赛的形式。

2. 竞赛时间

2023 年 7 月 10—14 日，共 5 天。

3. 任务背景

目前，随着人们生活水平的提高，家中的水处理设备越来越多，常规的水处理设备一般包括热水器、净水设备和软水设备等。而随着技术的进步，不同水处理设备之间将实现协同作业以获得优质的水源，为节省空间、集中控制和满足不同的安装场景等，对管路的铺设和控制提出更高的要求。

某单位管路铺设场景描述：如图 1-1 所示，在要求范围内制作管路，1、2、3、4、5、a、b、c、d、e 为管路进出口安装位置。5-e 连接为进水管路，a-1 连接、b-2 连接、c-3 连接、d-4 连接为出水管路，且各管路连接时需从规定的绿色限制范围通过，不得超出限制范围，各管路至 a、b、c、d、e 合为一个整体结构。具体尺寸见图 1-2。

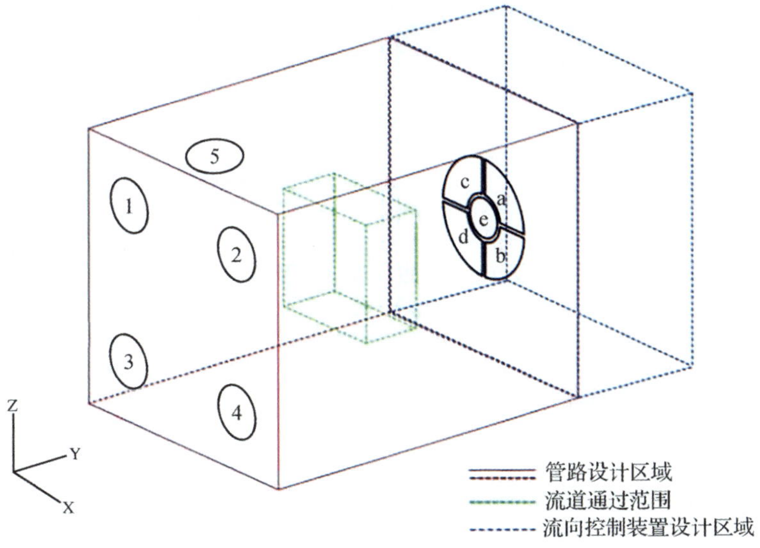

图 1-1　管路铺设场景示意要求

4. 任务要求

本赛题主要制作内容：随型管路 + 流向控制装置 + 固定结构。

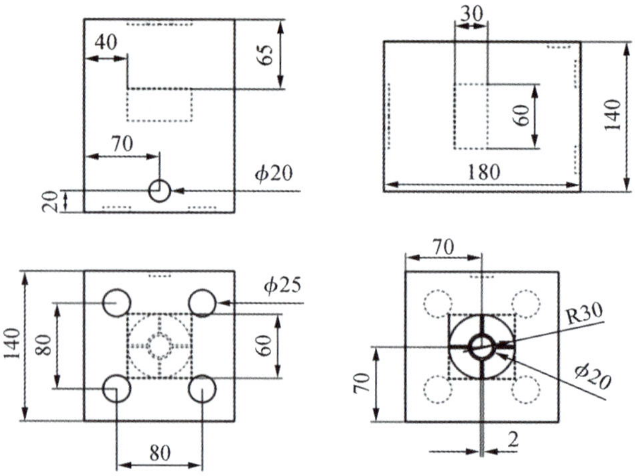

图 1-2 装置设计区域尺寸要求

（1）产品创新设计（30 分）

根据场景描述完成设计，完成 5 条管路设计，在 1、2、3、4、5 的安装位置设计管路固定结构，固定结构需使管道安装稳定且便于拆装。在 a、b、c、d、e 管路处设计一个或多个流向控制装置，装配形式自拟。装置须密封、易拆卸且实现以下几个流向控制。装置设计区域及流向示意图见图 1-3。

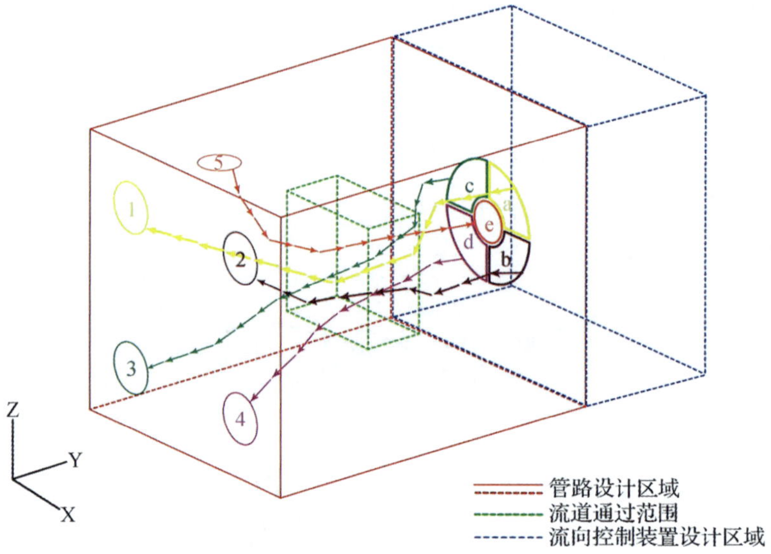

图 1-3 装置设计区域及流向

流向 1：5-e 管路进水，a-1 管路出水；

流向 2：5-e 管路进水，b-2 管路出水；

流向 3：5-e 管路进水，c-3 管路出水；

流向 4：5-e 管路进水，d-4 管路出水；

流向 5：5-e 管路进水，a-1、b-2 管路出水；

流向 6：5-e 管路进水，c-3、d-4 管路出水；

流向 7：5-e 管路进水，a-1、d-4 管路出水；

流向 8：5-e 管路进水，b-2、c-3 管路出水；

流向 9：5-e 管路进水，a-1、b-2、c-3、d-4 管路出水。

（2）产品 3D 打印制作（30 分）

使用 UP Studio 3 软件和 3D 打印机，完成管路和控制装置的打印制作。合理设置打印模型打印方向、层厚、填充密度等打印参数，利用动态层厚、子模型局部填充等功能，提高打印模型的综合性能。连接 3D 打印机，使用黑色 ABS 材料进行模型打印制作，完成模型支撑去除、实物装配等（模型不允许打磨上色等后处理）。

（3）创新设计与 3D 打印制作工艺说明书（40 分）

结合 3D 打印加工工艺特点，以图文形式阐述产品创新设计思路、功能与结构特点、创新点等；记录打印参数设置和打印过程，对软件操作过程截图和打印过程拍照，对模型参数设置、局部填充设置、打印机操作、支撑去除等打印过程、参数优化思路加以分析总结，并进行 3D 打印实物打印质量展示（单零件、多角度、未去除支撑）、3D 打印作品实物装配展示、功能演示、最终作品展示等，完成产品创新设计与 3D 打印制作工艺说明书，格式为 PDF。

5. 作品提交要求

（1）创新产品设计所有零件模型、装配体模型各一份，文件格式为 STP 和 STL。

（2）产品创新设计与 3D 打印制作工艺说明书一份，格式为 PDF。

（3）竞赛提交文件统一放于一个文件夹内并生成压缩包，文件夹及压缩包以 2023 成图国赛增材制造赛道 + 学校全称 + 参赛队组号命名。

（4）竞赛提交文件统一发送到指定邮箱，邮件主题为 2023 成图国赛增材制造赛道 + 学校全称 + 参赛队组号，文件统一以附件形式上传，未按规定格式和命名提交的，成绩无效。

（5）3D 打印模型实物（模型不允许打磨上色等后处理）。

（6）截止时间（7 月 14 日晚 24:00）前提交结果，以邮件发送时间为准，超时将不再接收。

6. 获奖答辩

本届成图大赛增材制造赛道新加获奖答辩环节，主要考查选手对增材制造技术原理、赛题以及设备和软件操作方法的真实掌握情况。

（1）答辩规则

根据初步获奖名单随机抽取部分一、二、三等奖的参赛队进行线上答辩，抽中的参赛队须按要求准备相应资料并按规定时间进行线上答辩，如若选手未通过线上答辩，根据选手表现将获奖成绩降级或取消获奖名额，未按时参与答辩的参赛队视为放弃所获奖项。

（2）答辩要求

5 分钟 PPT 陈述分析过程和结果，5 分钟专家提问，总时长为 10 分钟。整个过程需开启摄像头。

可以整组人员参与答辩，或推荐代表进行答辩。

答辩过程中应保证网络信号良好。

答辩过程要求选手准备材料充分，作品描述流畅，面对专家提问能够正面给予合理回答。

二、增材制造赛道赛题解析

本届赛题主要以随型管路与流向控制装置设计制作为主，通过任务书给定的设计范围、管路尺寸及图纸要求，设计一个可实现一进一出、一进二出、一进四出的一体化随型管路，并且在每个管路口处设计固定结构。根据赛题所提出的 9 个流向要求，在自己设计的管路基础上设计制作出流向控制装置，并且所设计出的流向控制装置能够与管路连接且满足任务书所规定的 9 个流向要求（图 1-3）。随型管路与流向控制装置设计完成后需使用任务书中所规定 3D 打印设备、切片软件和打印材料进行实物制作，并将设计和制作过程记录在创新设计与 3D 打印制作工艺说明书中。

流向 1：5-e 管路进水，a-1 管路出水；

流向 2：5-e 管路进水，b-2 管路出水；

流向 3：5-e 管路进水，c-3 管路出水；

流向 4：5-e 管路进水，d-4 管路出水；

流向 5：5-e 管路进水，a-1、b-2 管路出水；

流向 6：5-e 管路进水，c-3、d-4 管路出水；

流向 7：5-e 管路进水，a-1、d-4 管路出水；

流向 8：5-e 管路进水，b-2、c-3 管路出水；

流向 9：5-e 管路进水，a-1、b-2、c-3、d-4 管路出水。

赛题内容包含产品创新设计、产品 3D 打印制作、创新设计与 3D 打印制作工艺说明书三大部分，主要考验选手识图能力、建模软件使用能力、3D 打印设备操作能力、3D 打印工艺理解、增材制造设计思维、创新设计思维等。

1. 产品创新设计

（1）随型管路设计

本赛题要求根据任务书的描述在规定范围内和尺寸下设计 5 条管路，且每条管路需按照所提供图纸要求连接管路口。根据任务书图示，管路口连接要求为 1-a、2-b、3-c、4-d、5-e，1、2、3、4、5、e 6 个管路口为圆形，a、b、c、d 4 个管路口为扇形，设计时需按照规定形状与尺寸设计且不能超过给定管路设计范围。如图 1-1 绿色实线内为管路通过范围，选手设计管路连接时需在规定管路通过范围内将 5 条管路合并，而且做到不得影响 5 条管路单独流通功能。选手在设计管路时只要满足任务书中管路口尺寸、形状、设计范围及管路口连接要求（图 1-2、图 1-3），每条管路连接路径由选手自行设计。

随型管路设计解析如下：

管路整体设计范围尺寸为 140 mm × 180 mm × 140 mm。

管路通过区域尺寸为 60 mm × 30 mm × 60 mm。

1、2、3、4 管路口为出水口，1、2、3、4 管路口内径尺寸为 25 mm。

5 管路口在上方位置，为进水口，需连接 e 管路口，5 管路口内径尺寸为 20 mm，e 管路口内径尺寸为 20 mm。

5 条管路壁厚统一为 2 mm。

管路路径设计时需在管路通过范围内进行合并且合并后的管路不得影响每条管路单独流通功能。

管路在设计时需考虑结构合理性，3D 打印工艺制造适合性，对 3D 打印时支撑问题的处理（无支撑设计）或利用需添加支撑的位置做辅助支撑结构设计，管路结构加强设计以及管路外观美化设计等。

图 1-4、图 1-5 所示为标准答案。

（2）固定结构设计

本赛题除管路设计制作外还要求在 1、2、3、4、5 管路口处设计固定结构，固定结构需满足管路与其余管路或壁（假设目标）进行连接且方便安装或拆除，设计固定结构时需同样不得超出给定的管路设计范围。管路固定结构可用螺纹、螺母或其他结构进行固定且可与管路合并设计或拆分设计，固定结构设计类型不限，在结构合理、强度要求符合的情况下由选手自行设计。相似答案请参看图 1-5。

（3）流向控制装置设计

根据赛题要求需在 a、b、c、d、e 管路口处设计一个或多个流向控制装置，满足由 5 管道口进水，1、2、3、4 管道口出水要求，并且满足一进一出、一进二出、一进四出 9 种流向要求。流向控制装置类型和尺寸由选手自拟，要求装置密封且易拆卸。

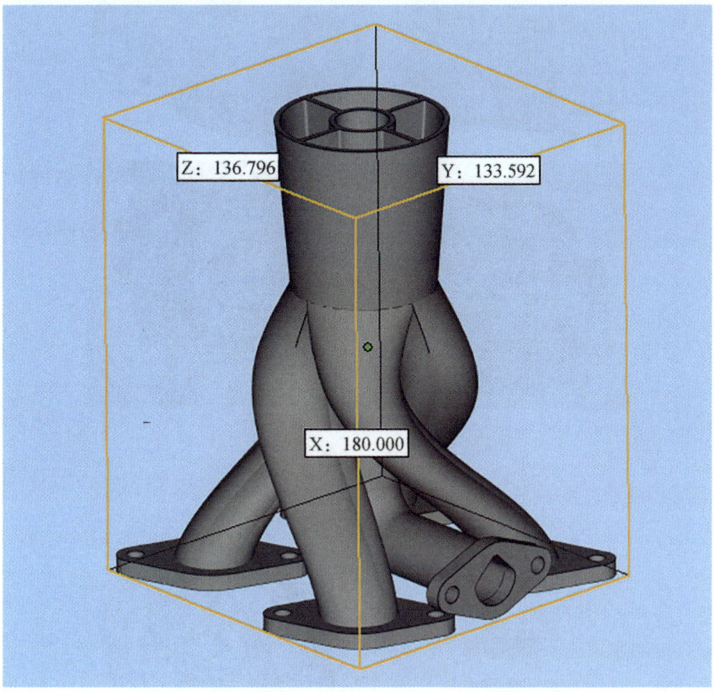

图 1-4　管路整体设计模型

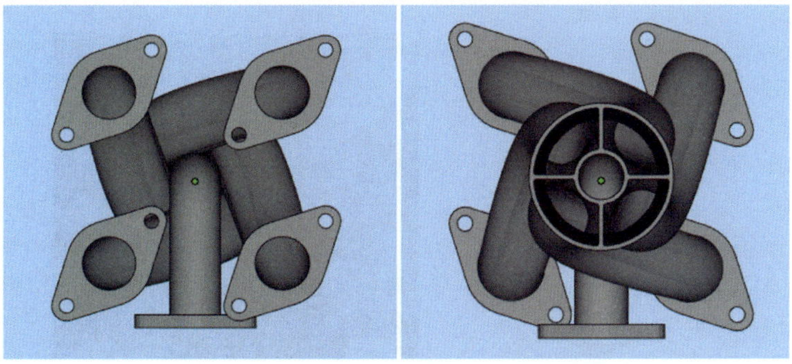

图 1-5　管路口与固定结构设计

流向控制装置设计最主要的是能够满足任务书中所规定的 9 种流向，其次尽量保证操作的一体性，在实际使用时能够便捷，在满足 9 种流向的情况下所设计的阀体越少越好，同时还需要保证结构的合理性以及密封性，在不可避免漏水的关键位置可使用密封圈、防水胶布、螺栓螺丝等标准件。图 1-6 和图 1-7 分别为一阀设计和四阀设计。

2. 产品 3D 打印制作

完成随型管路、固定结构以及流向控制装置设计后需使用 UP Studio 3 以上版本软件进行切片，并使用 3D 打印设备进行实物制作，赛题要求打印材料为 ABS 材料，设备型号不限。选手在 3D 打印制作时需通过合理设置参数、打印方向等提高打印零件表面成型尺寸精度以及综合性能，打印完成后去除支撑并进行实物装配、功能测试等，其间不得对打印零件进行后处理工作。这一阶段主要考察选手 3D 打印设备操作熟练度和 3D 打印参数理解能力。

图 1-6　一阀设计

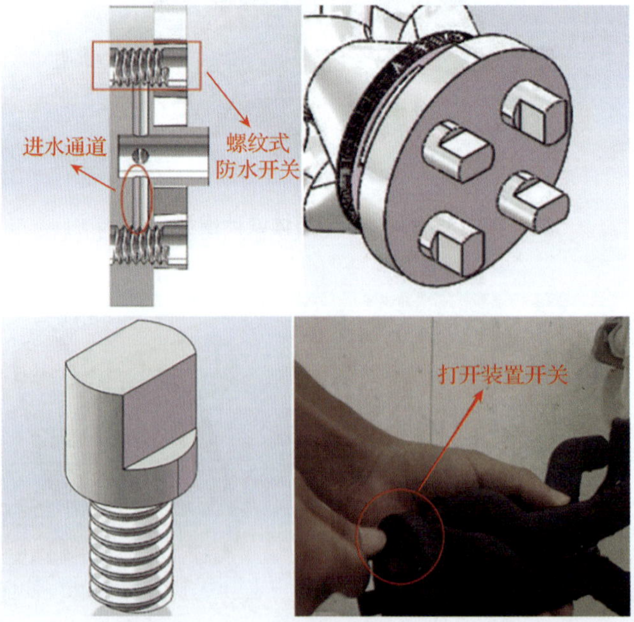

图 1-7　四阀设计

对于随型管路，选手在 3D 打印制作时需考虑管路内腔支撑问题，为保证产品表面质量，尽量在支撑最少的情况下进行打印制作。不同摆放角度所用打印时间和打印效果不同，同时针对零件表面精度问题，选手也可以通过调整层厚或动态层厚等参数进行优化。而针对随型管路、固定结构以及流向控制装置的综合强度性能，选手也可通过填充、轮廓以及子模型应用等参数进行调整。具体的参数设置方案由选手自行选择、测试，在确保产品制作出来的情况下能够更好地控制产品表面打印精度和综合性能，并且能够减少零件的后续装配问题。

在打印过程中选手也需要按照规范，正确地使用 3D 打印设备，包括 3D 打印设备使用前进料、平台调平等准备工作，3D 打印设备打印工作，以及模型制作完成后取件、去除支撑工作等。所有设备操作过程需留下图像资料，以方便在后续的创新设计与 3D 打印制作工艺说明书中体现。图 1-8 为随型管路打印预览效果图。

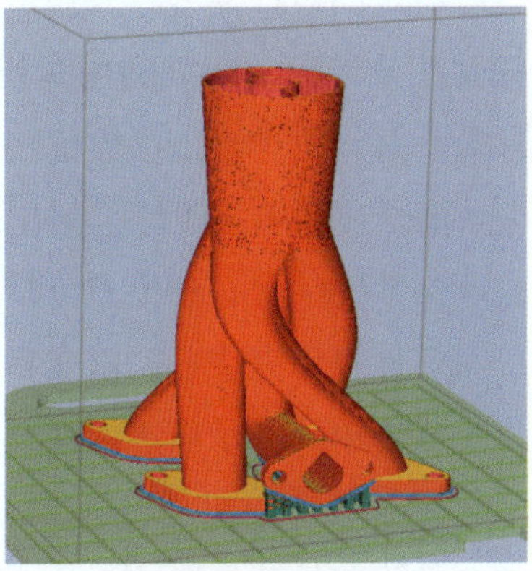

图 1-8　随型管路打印预览效果图

3. 创新设计与 3D 打印制作工艺说明书

选手在设计制作期间需自行采集过程中图像资料并记录在创新设计与 3D 打印制作工艺说明书中内容，包括（但不限于）产品设计思路、设计方法、结构介绍、产品创新点介绍、产品设计迭代过程、流向控制装置工作原理、面向 3D 打印工艺设计优化、打印前准备工作说明、3D 打印设备操作过程、UP Studio 3 软件使用过程、3D 打印参数设置、打印测试说明、打印设备工作记录、打印制作零件展示、产品零件装配过程、产品整体打印质量展示、最终产品展示、产品实际功能演示等。说明书内容需语言逻辑合理，设计制作过程清晰，图文并茂，排版整洁，按照任务书要求提交 PDF 格式文件。

创新设计与 3D 打印制作工艺说明书主要包括创新设计和 3D 打印制作两个部分，其中需要具体体现以下内容：

（1）创新设计部分

首先说明书需要体现随型管路、固定结构以及流向控制装置三部分设计思路以及设计流程，包括（但不限于）随型管路设计的关键步骤，符合任务书所要求的管路设计佐证（如尺寸图或设计范围参考），同时还要描述流向控制装置设计方案的合理性及实用性等。

说明书中还需体现产品结构详细介绍，包括（但不限于）随型管路与固定结构，流向控制装置每种零件作用介绍，除此之外还需附上产品整体设计图片、拆分零件设计图片以及产品爆炸图等。

由于本赛题除随型管路设计有详细要求外，固定结构与流向控制装置由选手自行创新设计，在说明书内还需针对作品中固定结构与流向控制装置创新设计要点着重介绍，包括（但不限于）创新要点设计思路、创新要点设计具体功能等。

选手还可以在说明书中体现出产品设计迭代过程、迭代原因，以及优化后所带来的效果，包括（但不限于）面向 3D 打印工艺设计优化、产品结构加强、避免应力集中问题、一体化设计优化、轻量化设计、外观美观性设计、管路内腔支撑优化等。

针对流向控制装置设计需详细讲解其结构合理性、实用性，以文字、图片的形式详细讲解其工作原理如何能够满足任务书中所规定的 9 种流向。

（2）3D 打印制作部分

3D 打印制作前准备工作以及所使用设备型号、材料等需在报告中体现出来，包括（但不限于）3D 打印设备连接、材料设置、换料、喷嘴对高、打印机调平等。

将产品设计模型导入规定软件 UP Studio 3 切片后，需以文字、图片体现出模型打印摆放效果并解释其摆放原因。还需利用其切片软件参数设置自由度高的特点，针对不同打印零件调整优化 3D 打印参数，并且需体现出参数优化思路，如果有打印测试、参数设置迭代等过程也可在说明书内体现。

每个零件在 3D 打印制作过程，选手需不定时拍照采集打印过程图片并附于说明书内，如果出现打印失败的情况，选手需分析打印失败原因以及优化结果。

零件打印完成后需以文字、图片的形式展示最终打印效果，包括（但不限于）零件支撑去除过程、每个零件单独展示高清图片、打印质量展示图片、实物零件装配流程介绍、产品最终结果展示等。

产品最终装配完成后还需在说明书内体现流向控制装置的操作说明以及能够满足任务书内所要求的 9 种流向的功能展示，这个阶段必须要有实际图片或视频展示。

作品1　创新设计与3D打印制作

工艺说明书

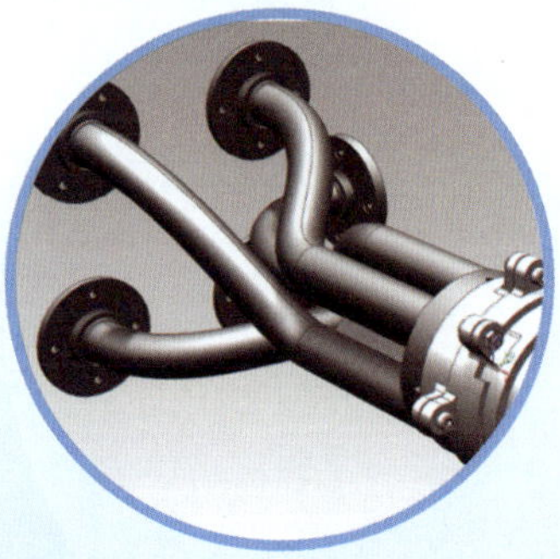

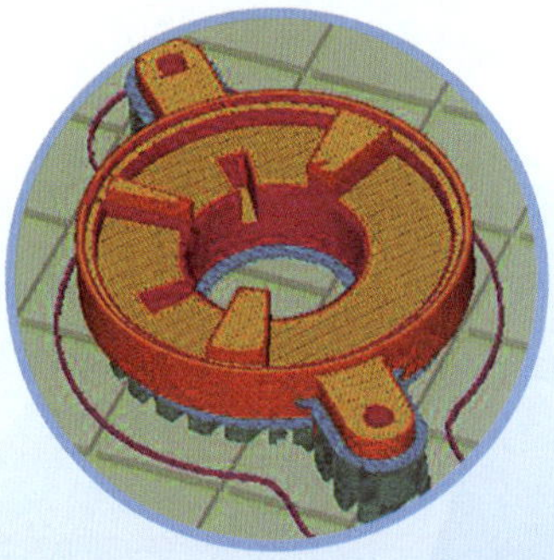

目　录

1 任务背景及要求

1.1 任务背景

随着人们生活水平的提高和技术的进步，家中的水处理设备越来越多，不同水处理设备之间需实现协同作业以获得优质的水源。为节省空间、集中控制和满足不同的安装场景等，对管路的铺设和控制提出了更高的要求。

1.2 任务要求

根据已知场景（图 1）完成 5 条管路以及流向控制装置的设计，在保证密封、易拆卸的前提下，设计实现 9 个不同的流向控制。

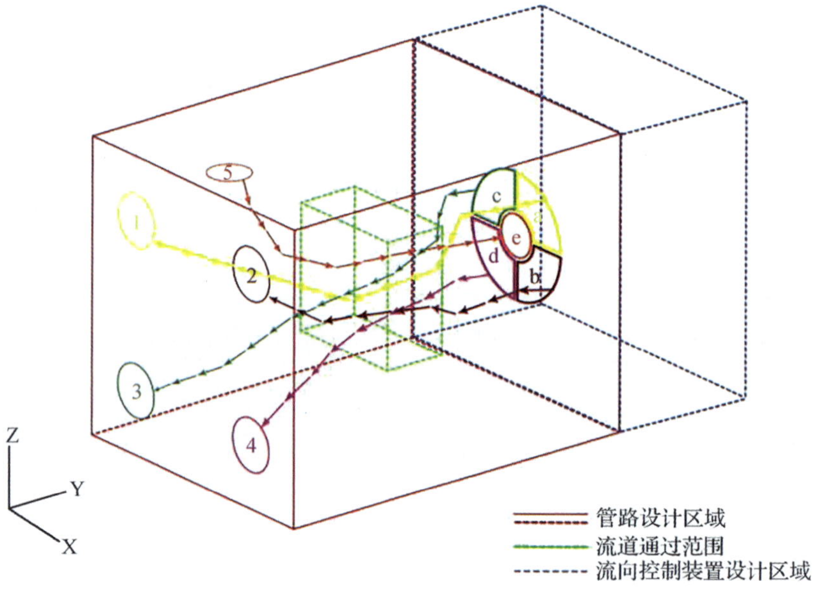

图 1 任务场景

2 设计思路

根据任务书，需要完成管路与流向控制阀的设计。

（1）管路设计

基于日常生活中的管道，本团队选择将管道设计为圆管状，并且为了满足管道设计中的区域规划，通过绘制草图扫描获得符合条件的弯曲管道。为将设计简单化，设 5 个管道管径固定不变。在管子的出入口设计螺纹与法兰盘连接，以方便固定。

（2）流向控制阀设计

流向控制阀需要实现 9 种流向的控制，其中 4 种单管出水，4 种双管出水，1 种四管出水。按照排列组合计算，4 个出水管共有 6 种组合方式，经分析，组合 a-1、c-3 出水和组合 b-2、d-4 出水无须满足。初步设想流向控制阀共设计 1 个进水口，即 e 口；4 个出水口，即 a、b、c、d 口。再基于二分法，设计两级阀体，一级阀体将进水分流至 X、Y 腔室，二级阀体将 X、Y 腔室内的水分别分流至 a、b 口与 c、d 口，如图 2 所示。

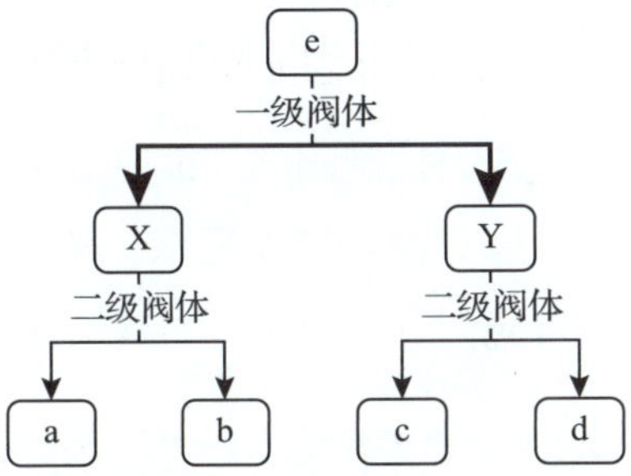

图 2　进水分流路线

3　模型介绍与分析

模型由管路与流向控制阀组成，总装配体三维模型如图 3 所示。

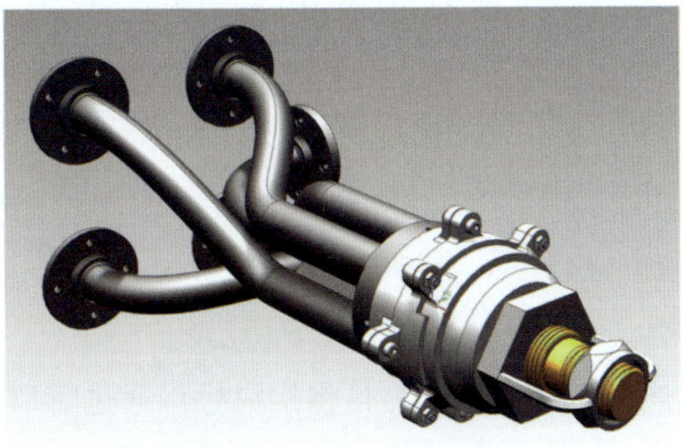

图 3　总装配体三维模型

3.1　管路模型

管路的三维模型如图 4 所示，上端为进、出水口 1~5，下端为与阀体连接底座，用于与其他零件连接，均为螺纹结构。按照任务书要求，在管路的进、出水口处装配连接件法兰盘，如图 5 所示。

图 4　管路的三维模型

图 5　装配有法兰盘的管路

3.2 流向控制阀模型

流向控制阀的三维模型如图 6 所示，下端为进出水口，中部为阀体，上端为锁紧结构。

爆炸图如图 7 所示，从左至右依次为：管口接口、接口螺栓、二级阀体、二级阀门、一级阀体、一级阀门、上盖板、二级锁紧螺母、一级锁紧螺母。

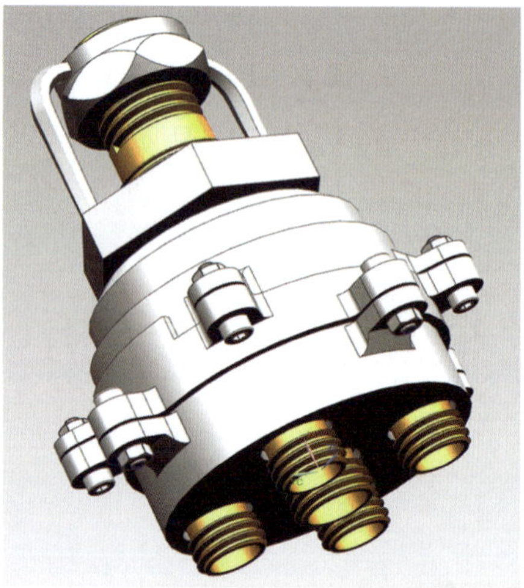

图 6　流向控制阀的三维模型

图 7　流向控制阀爆炸图

3.3 装配演示

装配管路 - 流向控制阀系统共需以下 6 个步骤：

（1）将法兰盘与管路上端螺纹旋合，如图 4 和图 5 所示。

（2）将管口接口与管路的连接底座对齐，并且将接口螺母通过管口接口的通孔与管路的连接底座旋合，如图 8 和图 9 所示。

图 8　管口接口安装示意

图 9　管口接口安装完成

（3）将二级阀体与管口接口的安装板对齐，并使用螺栓螺母紧固，如图 10 和图 11 所示。

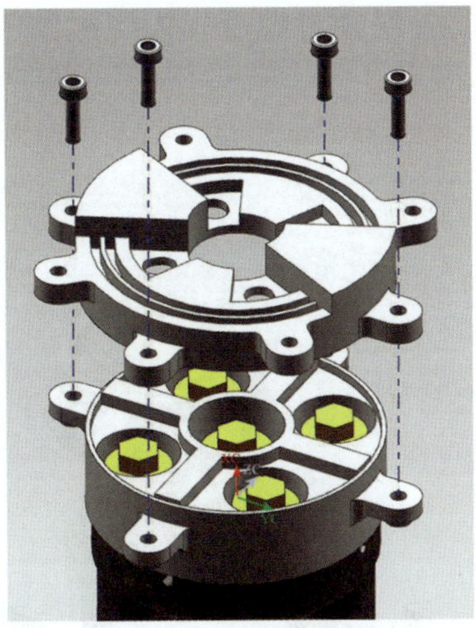

图 10　二级阀体安装示意

图 11　二级阀体安装完成

（4）将二级阀门底端插入二级阀体中部的孔，然后将一级阀体通过中间的孔穿过二级阀门扣于二级阀体上，最后使用螺栓螺母紧固，如图 12 和图 13 所示。

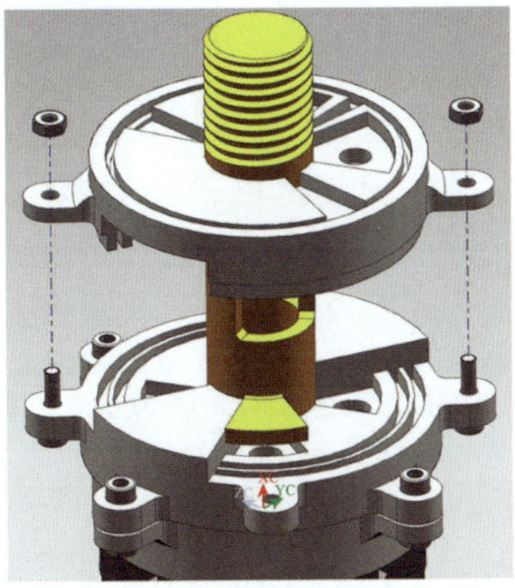

图 12　一级阀体安装示意

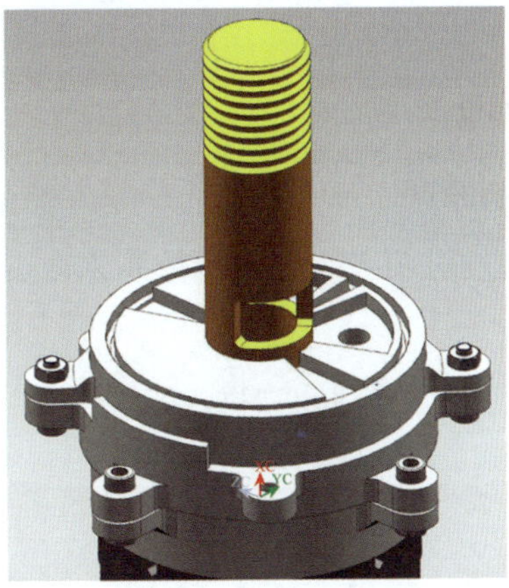

图 13　一级阀体安装完成

（5）将一级阀门套入二级阀门，然后将上盖板通过中间的孔穿过一级阀门扣于一级阀体上，最后使用螺栓螺母紧固，如图 14 和图 15 所示。

图 14　上盖板安装示意

图 15　上盖板安装完成

（6）先将二级锁紧螺母旋入二级阀门上端，再将一级锁紧螺母旋入二级阀门上端，如图 16 和图 17 所示，装配完成。

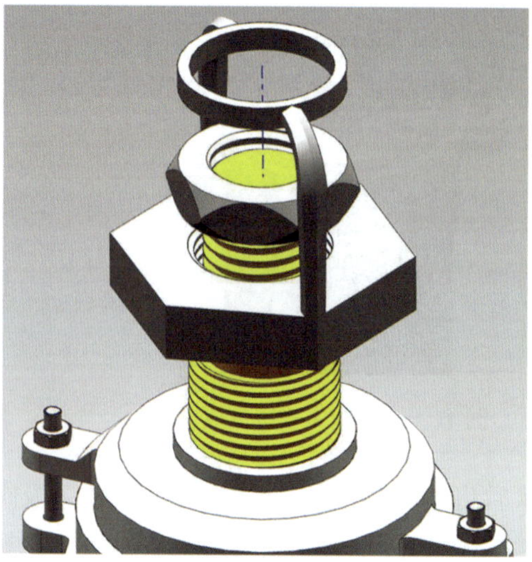

图 16 锁紧螺母安装示意

图 17 锁紧螺母安装完成

3.4 工作原理

3.4.1 流向控制原理

基于二分法，通过对两级阀门进行控制来改变流向。

（1）第一次分流

流向控制阀中，水从下端进水口进入流至上端一级阀门处，进行第一次分流，如图 18 和图 19 所示。

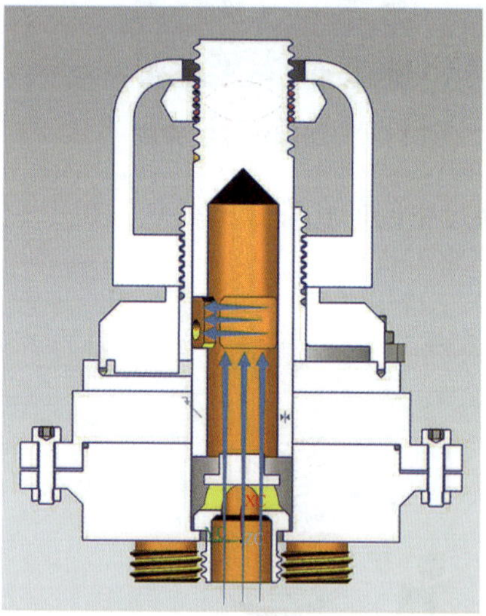

图 18 总进水流向

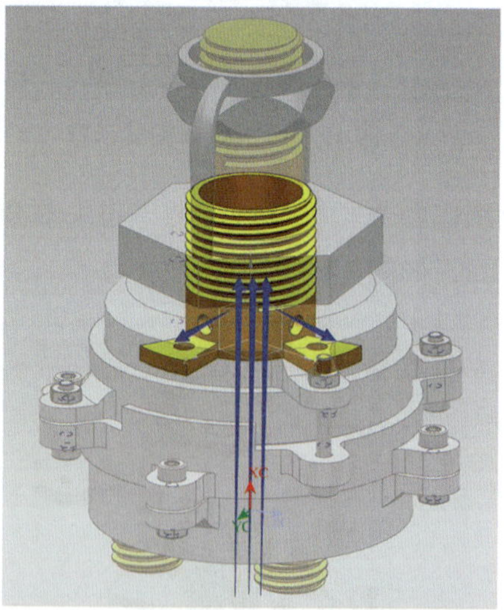

图 19 第一次分流

（2）第二次分流

水由一级阀体进行一次分流后，分别进入二级阀体中的 a、b 腔与 c、d 腔，再进行二次分流，即可完成 9 种不同方向的流向控制，如图 20 至图 22 所示。

图 20　水进入二级阀体

图 21　二级阀体内两腔

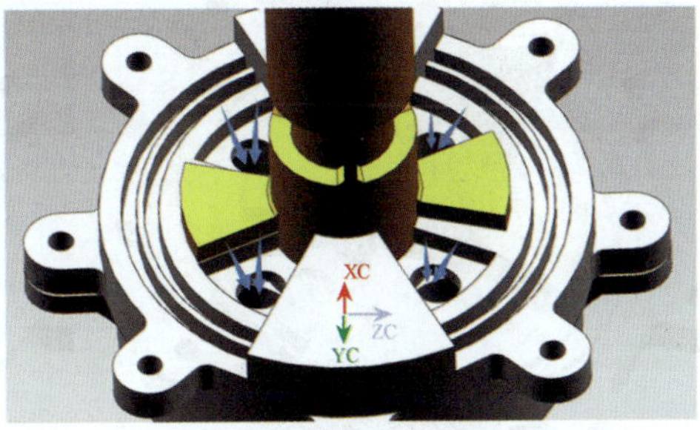

图 22　第二次分流

3.4.2　分流原理

一级分流的原理为上盖板中的凹槽与一级阀门上孔的对应关系，二级分流的原理为二级阀门堵住二级阀体中相对应的流道孔。

（1）一级分流原理

通过旋转一级阀门，使阀门上的两个流道孔与上盖板中的两个凹槽形成不同的对应来控制分流。不通时，一级阀门上的两孔都不对应凹槽，如图 23 所示；通一孔时，阀门上一孔对应凹槽，另一孔不对应凹槽，如图 24 所示；通两孔时，阀门上两孔都对应凹槽，如图 25 所示。

图 23　不通

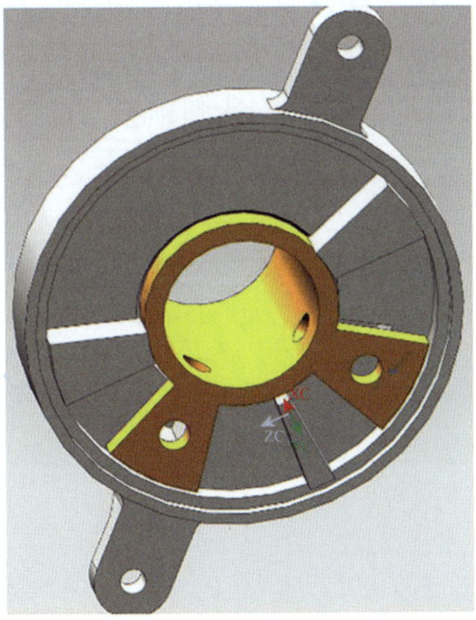

图 24　通左孔

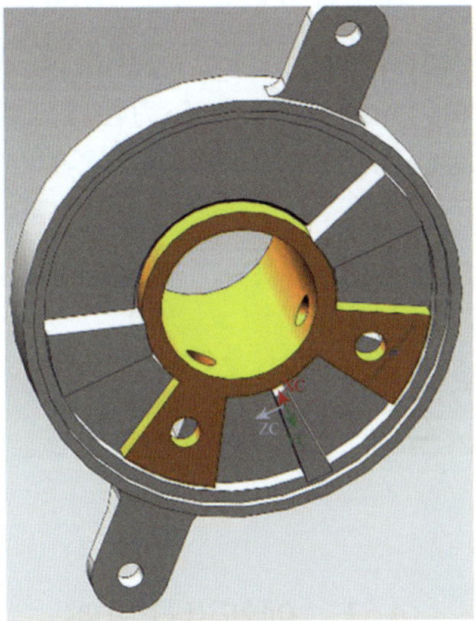

图 25　通两孔

（2）二级分流原理

通过旋转二级阀门，使阀门嵌在二级阀体对应的凹坑内形成分流。都通时，二级阀门不内嵌，如图 26 所示；通对角时，二级阀门在极位内嵌，此时通 a、d 或 b、c，如图 27 和图 28 所示。

3.4.3　锁紧原理

流向控制阀需做好防漏水措施，而阀门与阀体只在重力与摩擦力的作用下配合很难做到防漏水，故设计一、二级锁紧螺母（图 29）以施加挤压力，减小漏水的可能性。

图 26 都通

图 27 通对角 1

图 28 通对角 2

（1）一级锁紧螺母锁紧原理

顺时针拧紧一级锁紧螺母，螺母与上盖板产生挤压力，此时螺母与一级阀体可视为一个整体，进而使阀门与上盖板产生挤压力，达到锁紧与防漏的效果。

（2）二级锁紧螺母锁紧原理

逆时针拧紧二级锁紧螺母，二级锁紧螺母与一级锁紧螺母的上端产生挤压力，此时二级螺母与二级阀门可视为一个整体，进而使二级阀门受到向下的挤压力堵住二级阀体的流道口，达到锁紧与防漏的效果。

图 29 一、二级锁紧螺母

4 创新设计

4.1 创新设计思路

（1）结构设计

任务要求管路固定结构安装稳定且便于拆装，考虑螺纹或卡扣连接；要求流向控制装置结构设计需密封、易拆卸，考虑加设防水槽，并在槽中设置防水棉或防水胶带，再者可以使用螺纹螺栓标准件连接加强夹紧力；要求实现流向的控制，考虑设计多个阀体与阀门，实现多种流道的通断情况。

（2）功能设计

由任务背景得，设计的流向控制阀需要满足将一个入水口的水流分流到 4 个出水口的要求。考虑基于二分法，设置两个阀体对入水口的水流进行两次分流，达到流向设计的目的。

4.2 结构功能特点

为更好地达到任务要求，结构实现了以下创新：

（1）接口螺栓

接口螺栓用于连接阀体与管路。为防止影响二级阀体的安装与分流，在管口接口中进行内嵌设计，如图 9 所示；进行内嵌设计后，接口螺栓的安装需要工具，故其一端设有对边长度为 7.8 mm 的六角形凸起（图 30），可使用内套筒扳手将其拧紧。考虑到六角形凸起的强度问题，放弃在其中间设计贯穿孔以通过水流，改为在接口螺栓的侧面开孔，实现侧面通水（图 31）。这样既保证了通水时的流量，也延长了接口螺栓的寿命。

（2）锁紧螺母

通过螺纹旋合关系，达到施加不同方向上的挤压力的目的，原理如图 29 所示。其中一级锁紧螺母（图 32）设计上端限位环，既起到螺纹紧固件的锁紧作用，又起到限制二级锁紧螺母位置、提供夹紧力的作用。

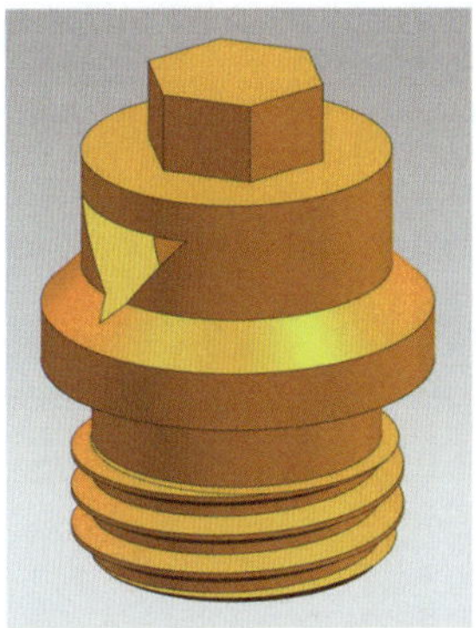

图 30　接口螺栓三维模型

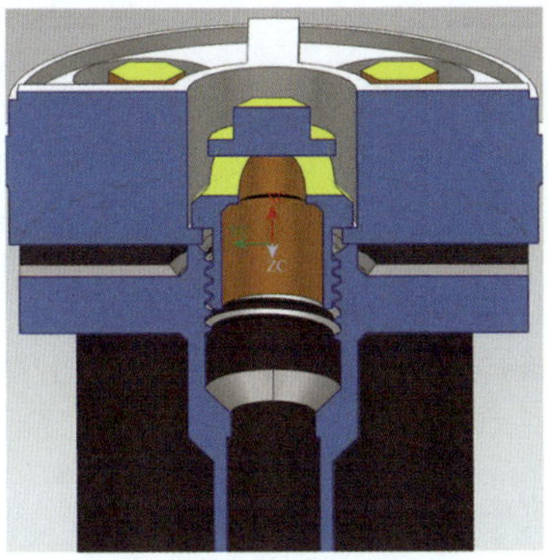

图 31　管口接口流道剖视图

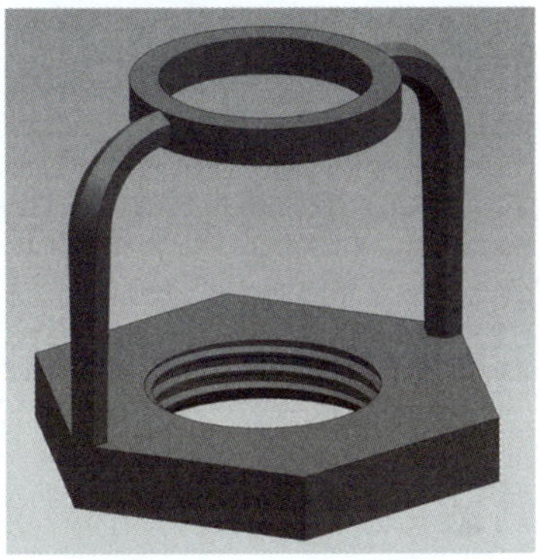

图 32　一级锁紧螺母

（3）螺栓固定

阀体与阀体之间使用螺栓螺母在外侧压紧，减小了漏水的可能性，如图 33 所示。

（4）互补防漏

管口接口、一级阀体、二级阀体和上盖板四个零件之间采用互补插接设计，如图 34 所示，防漏性能好。

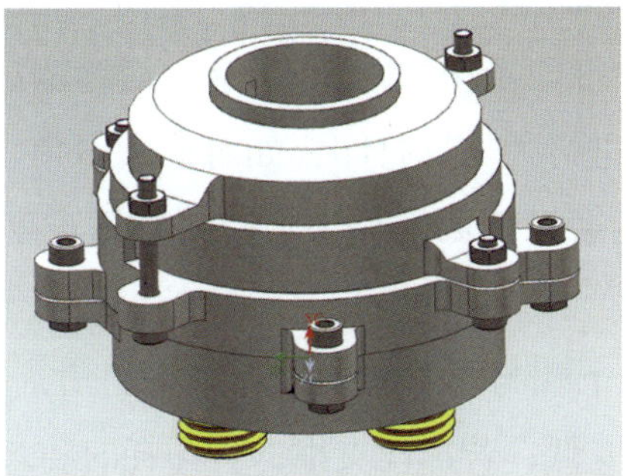

图 33　阀体之间的螺纹紧固件连接

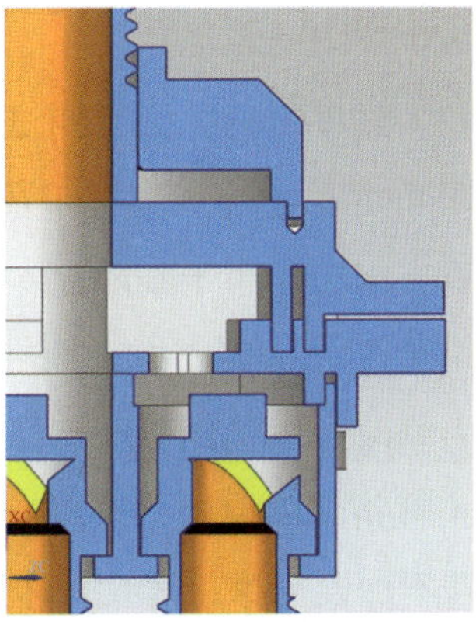

图 34　互补插接设计装配截面

（5）阀门

一级和二级阀门进行中空设计，起到引流和控流双作用，如图 35 和图 36 所示。

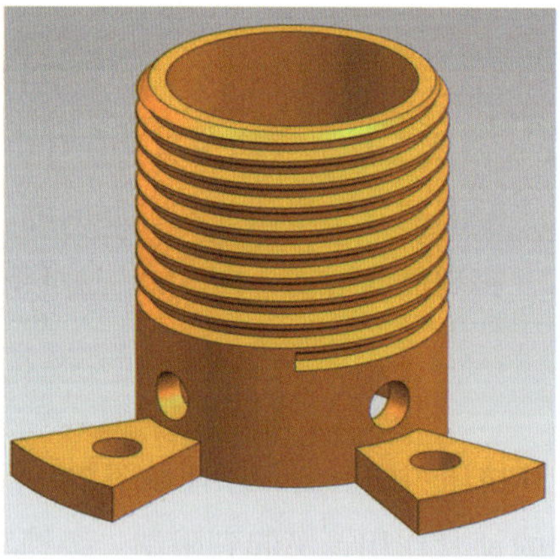

图 35　一级阀门三维模型

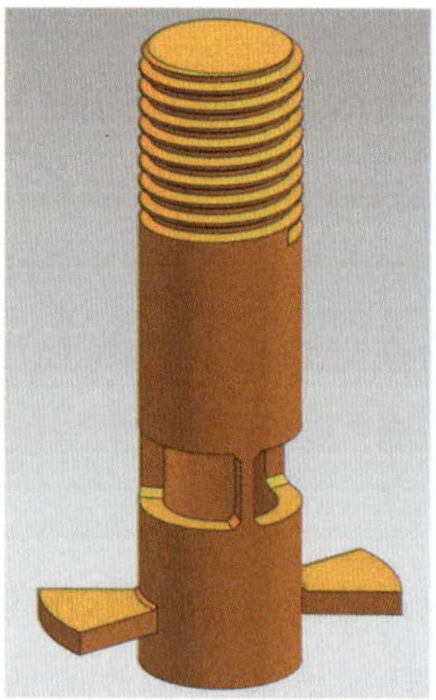

图 36　二级阀门三维模型

4.3　创新点

（1）防漏方面

创新地使用互补防漏结构以及螺栓锁紧结构，防漏性能优异。

（2）连接方面

创新地使用侧面开口的接口螺栓连接，使结构更为紧凑。

（3）流道控制方面

创新地采用二分法设计结构，分流效率与成功率得以保障。

5　模型优化思路

在模型设计完成后，通过实验对模型进行优化。

5.1　悬垂打印测试

产品中因存在较多悬垂结构，为了测试能否不加支撑打印悬垂结构，建立了如图 37 所示的圆管机构，测试打印机极限角度。经过多次打印及修改，打印实物如图 38 所示，最终测试出 60° 仍能进行无支撑打印。故与竖直方向夹角小于 60° 的结构可以进行无支撑打印，如对称式斜角、螺纹等。

增材制造难免需要加设密集支撑，而在小结构或者凹面结构去除密集支撑难度较大，因此在模型设计完成后进行以下修改，以达到去除支撑的目的。

直角边倒斜角：管路末端设计有螺纹，而螺纹下端与管壁的夹角为较小的角，如图 39 所示。在此情况下进行打印，若不加设支撑，螺纹打印质量将变低；若加设支撑，打印耗时将增加。经过倒斜角处理，使夹角大小达到 55° 左右，如图 40 所示，打印机可以通过层层堆叠打印出此结构，无须加设支撑。

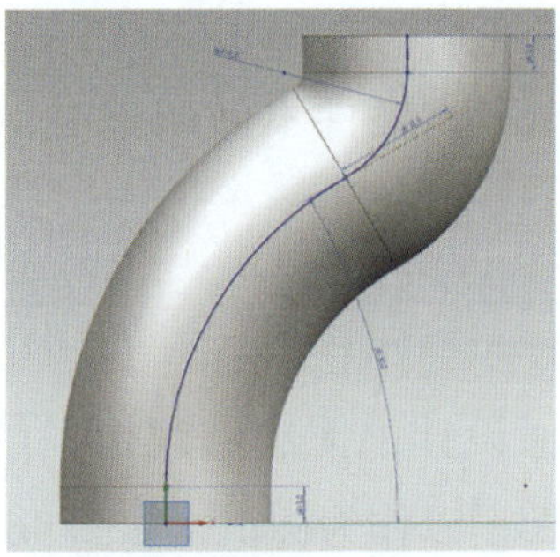

图 37　测试模型

图 38　测试模型实物

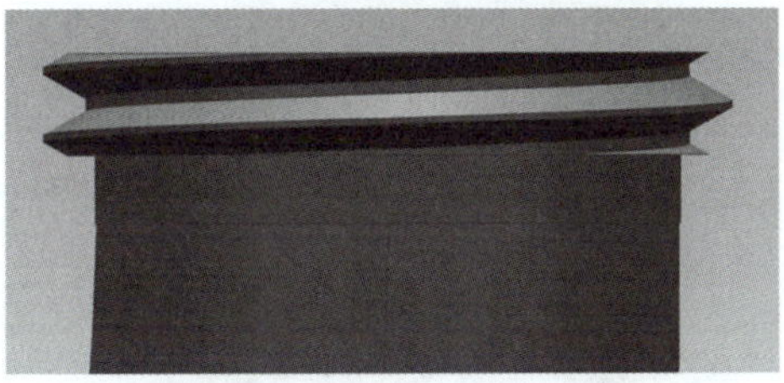

图 39　螺纹末端优化前

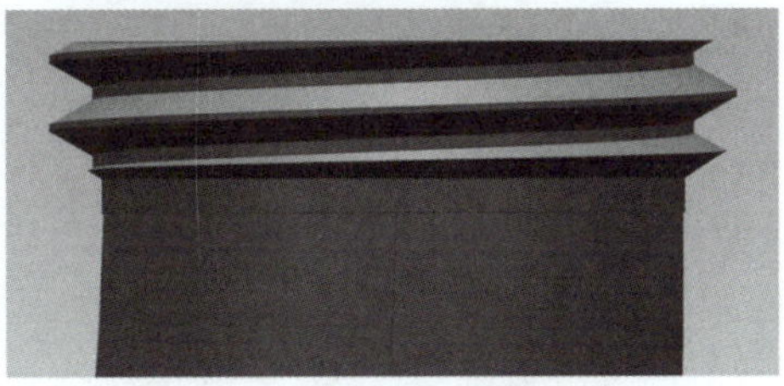

图 40　螺纹末端优化后

同理，在管路连接底座处加设倒角，达到不打印难以去除的支撑的目的，如图 41 和图 42 所示。

图 41　底座凹槽优化前

图 42　底座凹槽优化后

5.2　配合公差测试

在设计模型时进行的是无间隙设计，但在打印之前需要进行实验以得到各连接结构能配合的最佳公差。

（1）螺纹连接公差测试

建模一对螺纹配合件（图 43），尝试修改一系列公差测试配合性能，最终得出：当外螺纹不做调整时，内螺纹大径增大 0.4 mm 能获得优秀的配合性能（图 44）。

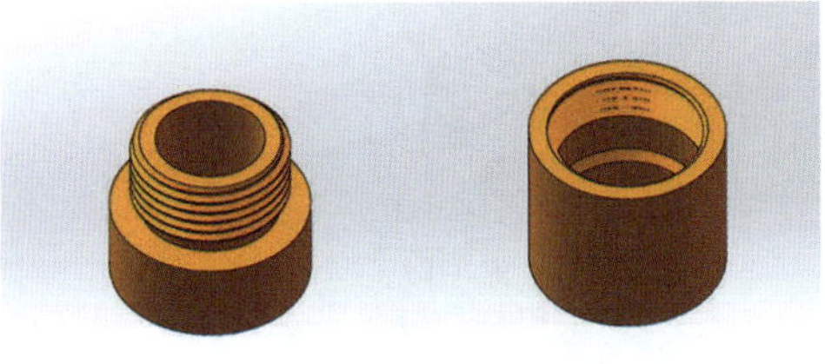

图 43　螺纹打印实验模型

图 44　螺纹打印实验实物

（2）柱孔连接公差测试

建模一对柱孔配合件尝试一系列公差，最终得出：当插件不做调整时，被插件轮廓向外偏置 0.05 mm 能获得优秀的配合性能。

5.3　标识优化

流向控制阀用黑色 ABS 材料制作，完全密封。原设计中无法直观地了解到两阀门的状态（图 45），为了能将阀门的状态显示出来，在两阀门上设计凹槽以作为标识，如图 46 所示。

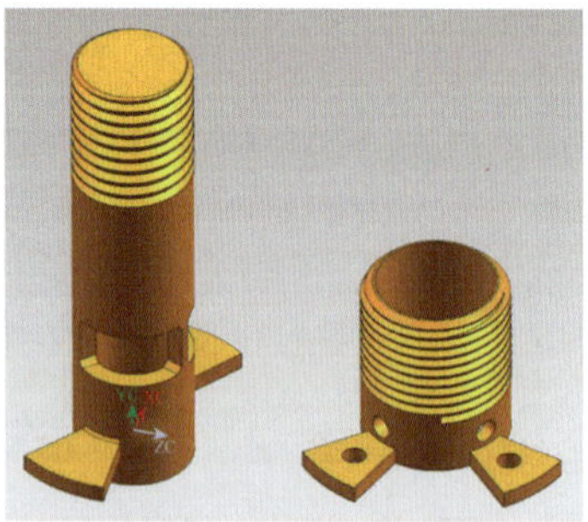

图 45　优化前的阀体

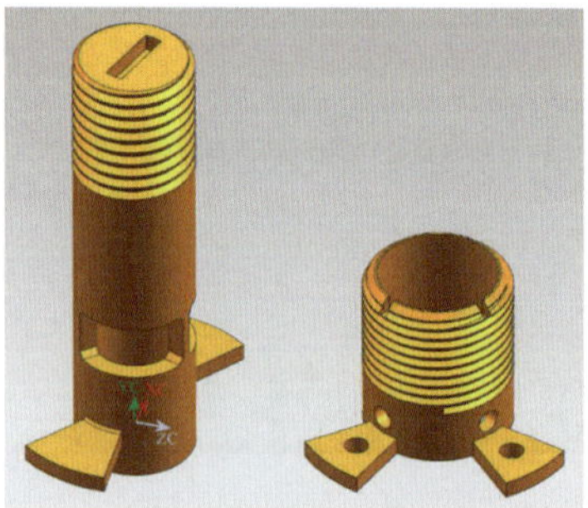

图 46　优化后的阀体

6　打印设置

在完成管路与流向控制阀的设计后，将三维模型导出为 STP 格式文件，并使用 UP Studio 软件进行切片和相关打印参数的设置。

6.1　模型放置

6.1.1　管路模型放置

管路模型整体较大，为保证管与多数螺纹结构的打印质量，不选择平放打印，可选择四个管口朝向上、下两个方向放置，分别如图 47 和图 48 所示。

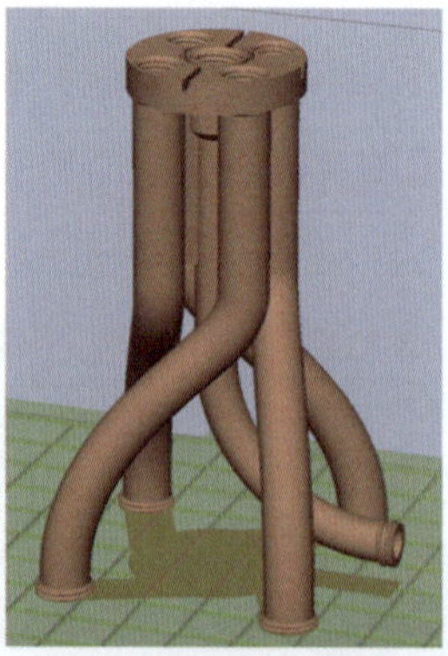

图 47　管口朝下放置

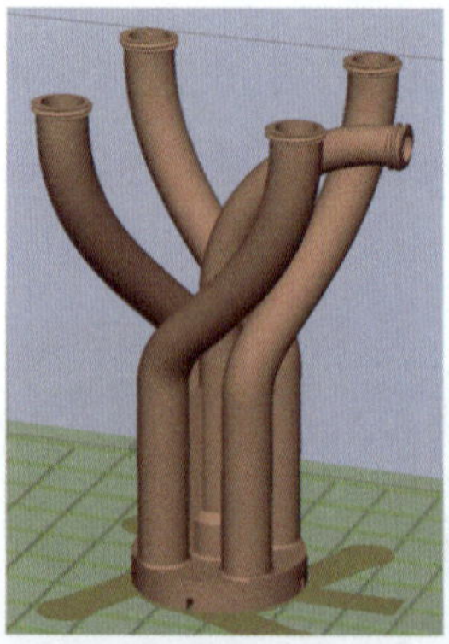

图 48　管口朝上放置

四个管口朝下打印可以保证其 80 mm × 80 mm 的相对位置以及管口螺纹的质量，但管路与流向控制阀的连接处水平悬垂需加设支撑打印；四个管口朝上打印可以保证管路与阀体连接处的打印质量，但进水口管因为水平悬垂需加设支撑打印。两种放置方法经切片与支撑优化后分别如图 49 和图 50 所示，综合打印时间、去除支撑的难度考虑，选择四个管口朝上的放置方向。

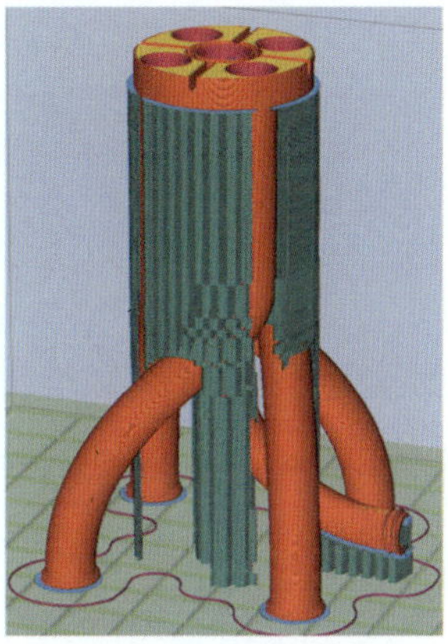

图 49　管口朝下切片

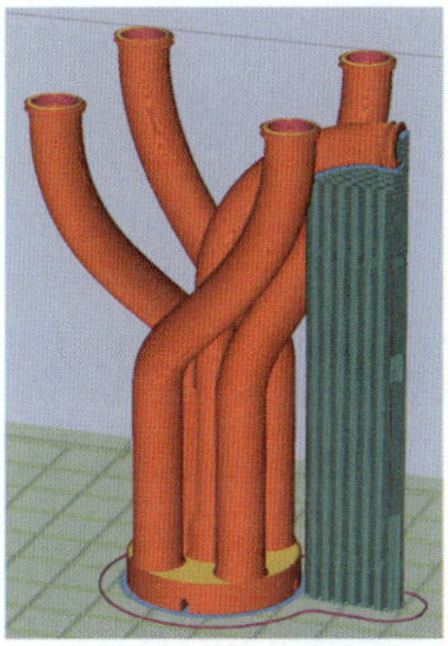

图 50　管口朝上切片

6.1.2　法兰模型放置

法兰结构简单，选择安装面朝下放置，如图 51 所示，这样放置既不需要加设任何支撑，也保证了安装面的平整度，如图 52 所示。

图 51　法兰模型放置

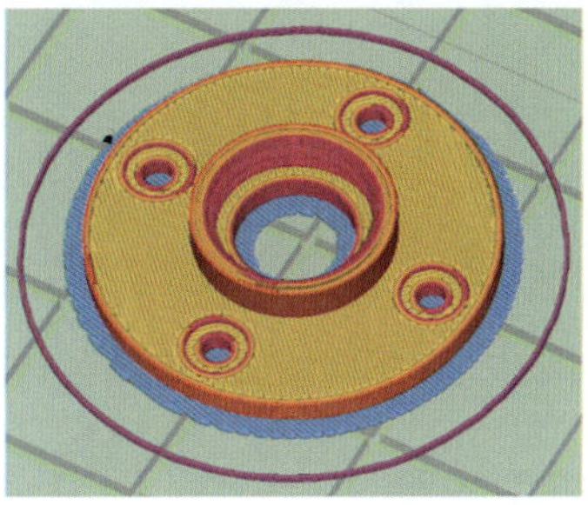

图 52　法兰模型切片

6.1.3　管口接口模型放置

管口接口的面多为垂直于打印平台的柱面，选择与管路的安装面朝下放置，如图 53 所示，这样放置所需加设的支撑最少，也能保证安装面的平整度，如图 54 所示。

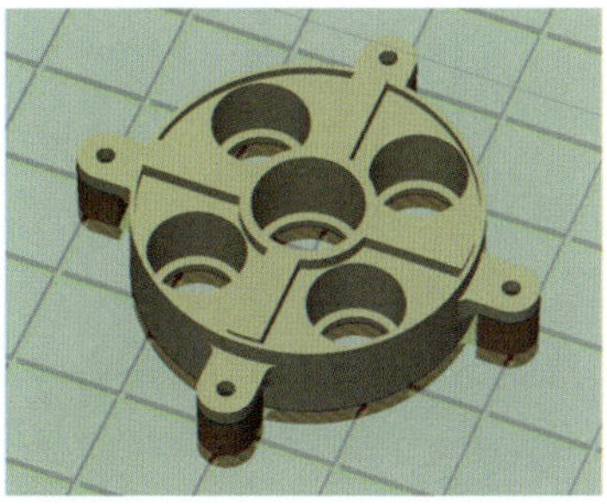

图 53　管口接口模型放置

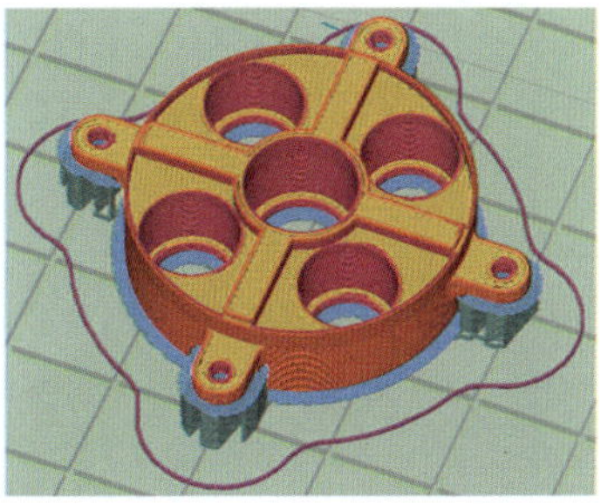

图 54　管口接口模型切片

6.1.4 接口螺栓模型放置

接口螺栓整体呈柱状，因其接口螺纹中心处有开孔设计，添加支撑会导致后续处理麻烦，故选择以六角柱面朝下放置，如图 55 所示，这样放置能够大大减少后处理的困难程度，也能保证后续连接的成功，如图 56 所示。

图 55 接口螺栓模型放置

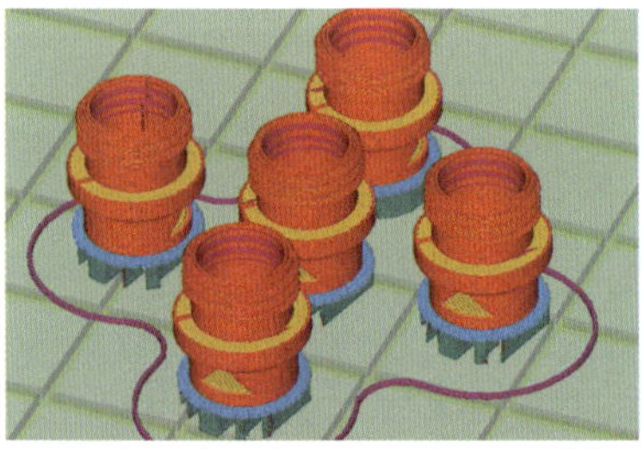

图 56 接口螺栓模型切片

6.1.5 二级阀体模型放置

二级阀体的面多为垂直于打印平台的柱面，考虑到结构功能，若以与一级阀体所配合的面为支撑面，支撑可能影响结构功能，导致连接处粗糙、产品密封性降低，因此选择此面朝上放置，如图 57 所示。这样放置所需加设的支撑最少，也能保证安装面的平整度，如图 58 所示。

图 57 二级阀体模型放置

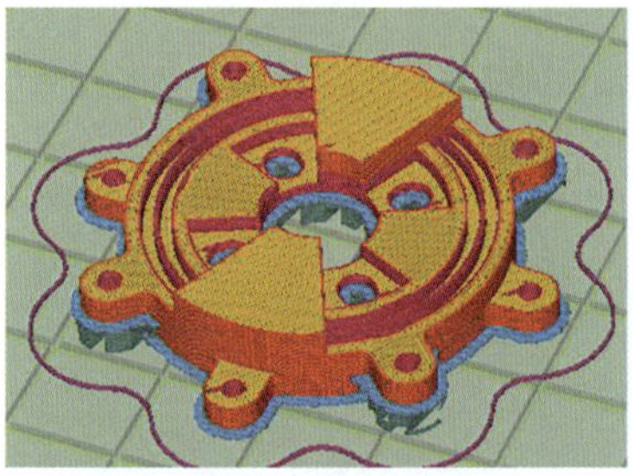

图 58 二级阀体模型切片

6.1.6 二级阀门模型放置

二级阀门整体成柱状，底部有两个挡片，需考虑挡片支撑是否会影响螺纹的光滑程度。为了使连接功能不受影响，选择螺纹朝上放置，如图 59 所示。这样放置能够满足阀门的螺纹连接，螺柱没有过多支撑件覆盖，光滑程度不受影响，且支撑件较少，便于去除，零件切片如图 60 所示。

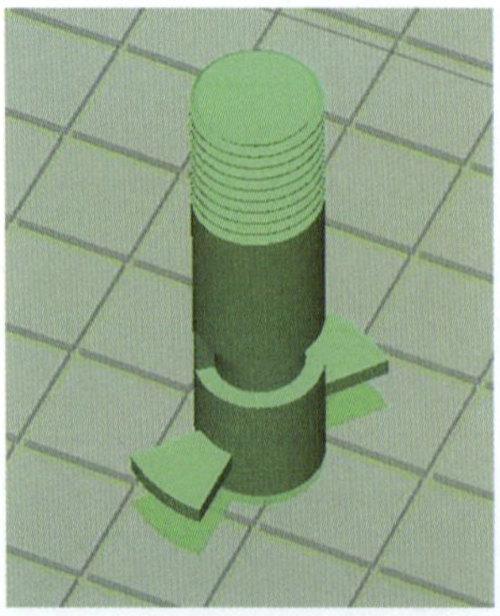

图 59 二级阀门模型放置

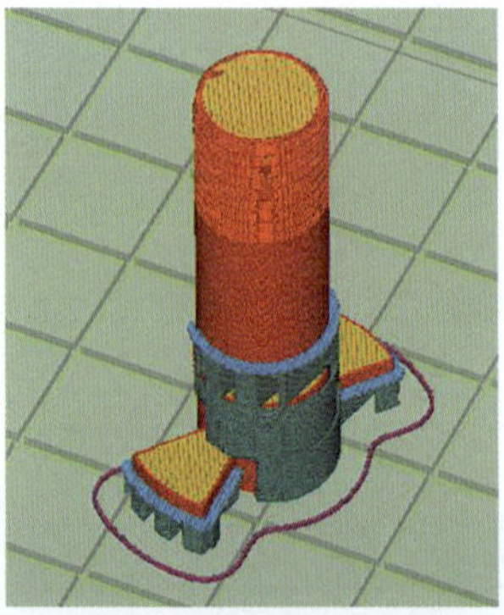

图 60 二级阀门模型切片

6.1.7 一级阀体模型放置

一级阀体的面多为垂直于打印平台的柱面，选择与管路的安装面朝下放置，如图 61 所示，这样放置所需加设的支撑最少，也能保证安装面的平整度，如图 62 所示。

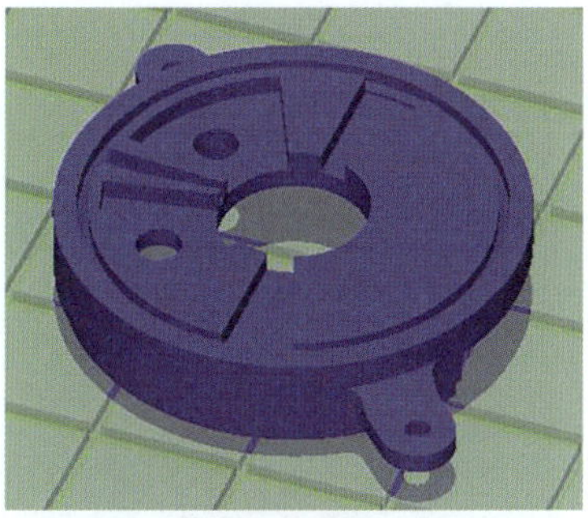

图 61 一级阀体模型放置

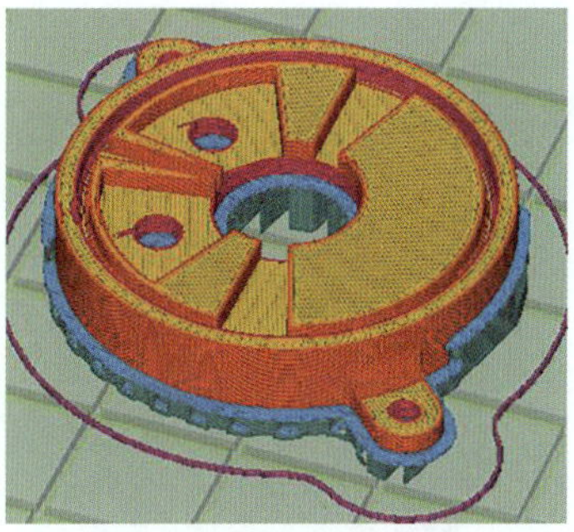

图 62 一级阀体模型切片

6.1.8 一级阀门模型放置

一级阀门整体呈柱状，底部有两个挡片，考虑到若以螺纹处为底面，挡片支撑将包螺纹，容易使螺纹处变得粗糙。为了使连接功能不受影响，选择螺纹朝上放置，如图 63 所示。这样放置能够满足阀门的螺纹连接，螺柱没有过多支撑件覆盖，光滑程度不受影响，如图 64 所示。

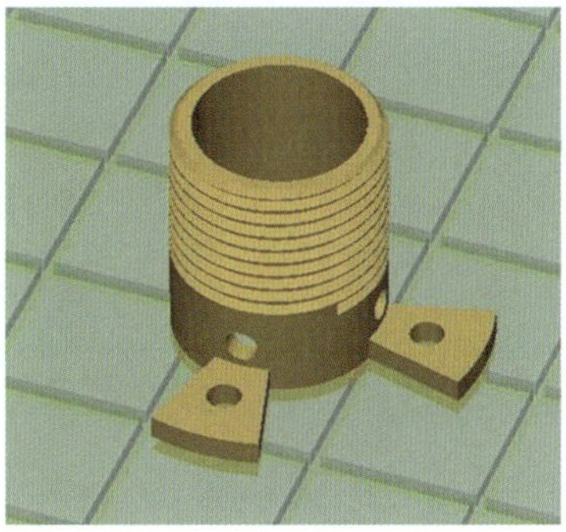

图 63 一级阀门模型放置

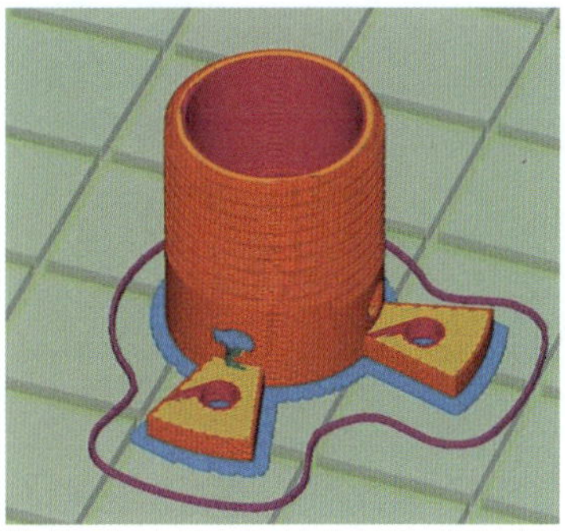

图 64 一级阀门模型切片

6.1.9 上盖板模型放置

上盖板多为与打印平台相垂直的柱面，为了减少打印支撑，使后续处理更加简单，使打印件功能能够实现，选择上盖板底面朝上放置，如图 65 所示，这样放置所需加设的支撑最少，也能保证安装面的平整度，如图 66 所示。

图 65 上盖板模型放置

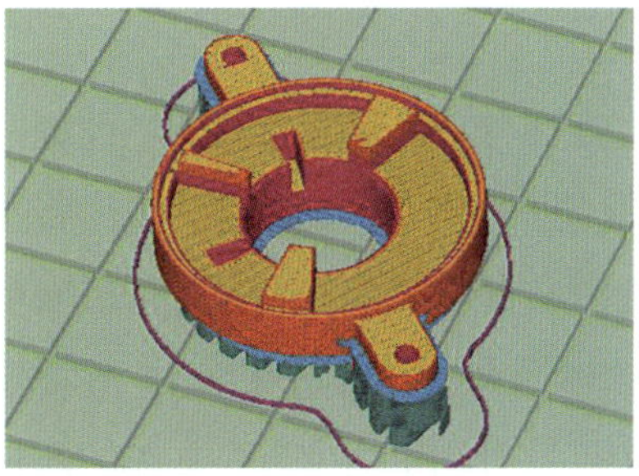

图 66 上盖板模型切片

6.1.10 一级锁紧螺母模型放置

一级锁紧螺母拥有两层结构，考虑到底部有螺纹且底部螺母处较大，若添加支撑则支撑件过大，拆解麻烦，打印缓慢，因此，选择螺母底部朝下放置，如图 67 所示。这样放置，支撑方便去除，功能不受影响，如图 68 所示。

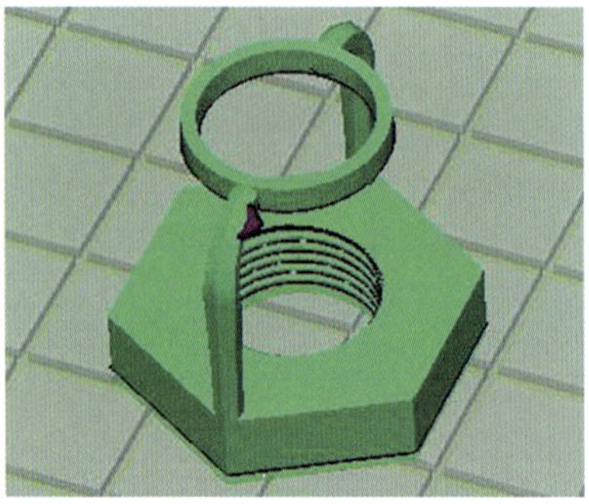

图 67 一级锁紧螺母模型放置

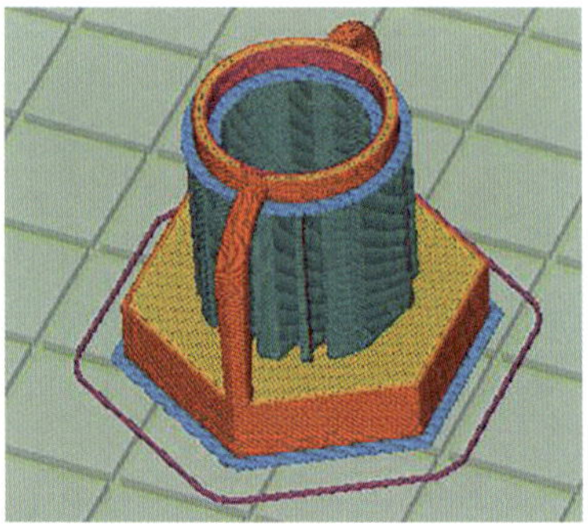

图 68 一级锁紧螺母模型切片

6.1.11 二级锁紧螺母模型放置

二级锁紧螺母结构简单，上下对称，所以任意面朝下放置均可，如图 69 所示，放置后切片如图 70 所示。

图 69 二级锁紧螺母模型放置

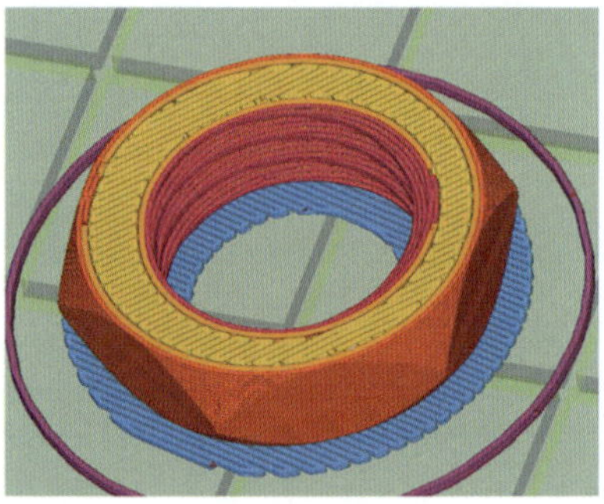

图 70 二级锁紧螺母模型切片

6.2 打印参数设置及优化思路

本团队使用的打印机型号为 UP 300，喷头直径为 0.4 mm。

6.2.1 管路打印参数设置

管路模型整体较大，打印耗时长，容错率低，需仔细设置参数。

（1）变层厚

5 根管道均由直管与弯管两部分组成，且每根管道两端均有螺纹。直管部分垂直于打印平台，曲率为 0，需要的精度相对较低，可以设置大层厚打印以减少打印时间，但层厚越大管面粗糙度也会越大，故选择最大层厚为 0.30 mm。弯管部分有曲率，部分面悬空，设置小层厚有利于减少需要支撑的面积，提高管和螺纹的打印质量，但层厚越小打印时间越长，故选择最小层厚为 0.10 mm。其余参数设置如图 71 所示。

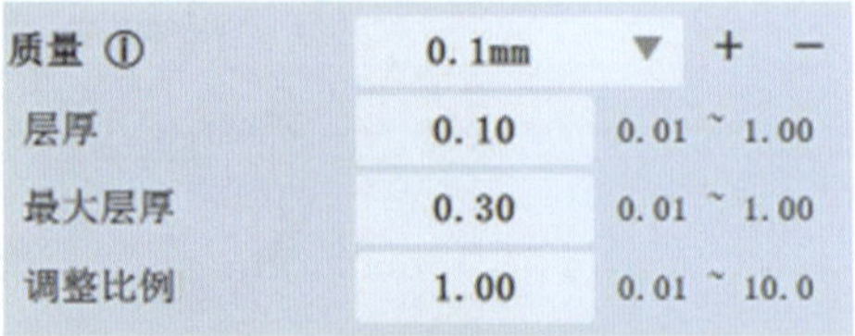

图 71 变层厚参数设置

（2）密集支撑

在打印悬垂结构时常常需要用到支撑，但在稀疏的支撑上打印的悬垂结构表面质量质量不高，伴有波纹，在支撑末端加设密集支撑可以提高打印悬垂结构的表面质量。为保证弯管曲面的打印质量，开启密集支撑，并设密集支撑层数为 3，水平拓展 2.00 mm，便于拆除。另外，为保证能在螺纹处生成密集支撑，将生成密集支撑的最小面积设为 1.00。其余参数设置如图 72 所示，其中角度参数设置参考 5.1 节悬垂打印测试，在此不再赘述。

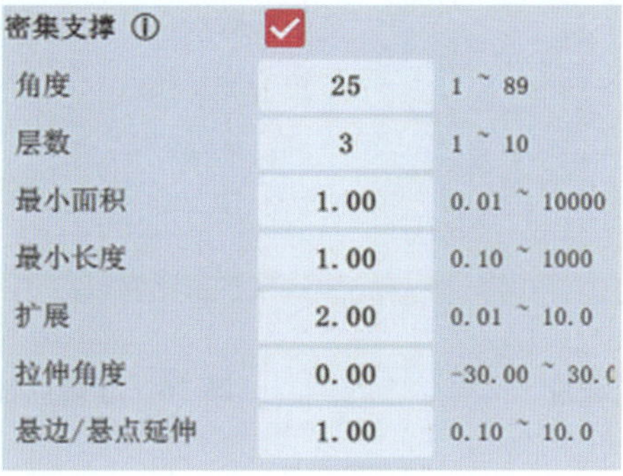

图 72　密集支撑参数设置

（3）填充路径（局部填充）

软件有预设的 3 种填充路径，分别为 ZigZag 锯齿形、Offset 偏置形和 Lines 直线形。表面使用锯齿形填充，因为在支撑密度较低时，顶部使用偏置形填充可能造成表面塌陷。

管壁内部填充选择偏置形，连接底座部分选择锯齿形。管壁厚较薄，需要填充的面积较少。实验证明，管壁采用锯齿形打印填充时会挤压还未完全凝固的轮廓线，导致打印出的管壁表面质量低，故管壁内部填充采用偏置形；在相同条件下锯齿形填充的强度最高，因为装配时管路连接底座会受到挤压力，故此部分选择内部填充为锯齿形。点击窗口卡片右下角的“+”号，在特定高度增加参数，设置连接底座（0~12.27 mm）高度，如图 73 所示，将内部填充改为锯齿形。其余参数设置如图 74 所示。

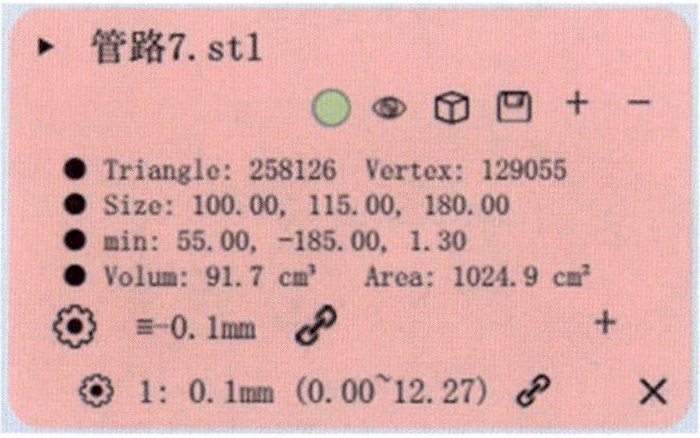

图 73　在特定高度增加参数

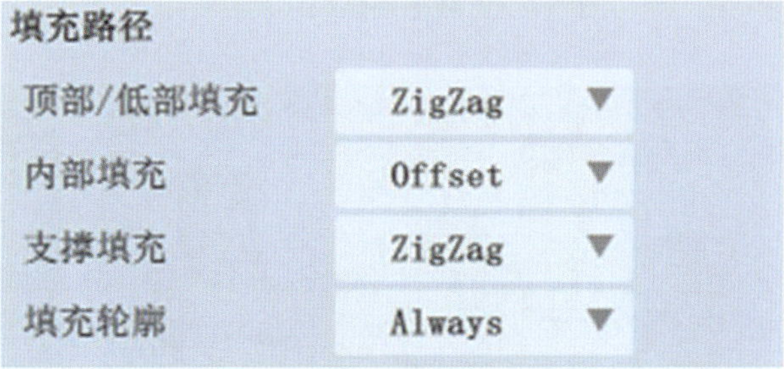

图 74　管路的填充路径设置

（4）挤出比例

由于管壁较薄，为防止多余的料堆积于管壁造成管壁粗糙度增加，将轮廓与内部填充的挤出比例改为 0.90。其余参数设置如图 75 所示。

（5）起始点优化

软件有预设的 5 种轮廓起始点，分别为 Nearest 最近、Convex 凸面、Concave 凹面、Coincide 一致和 Random 随机。由于管的壁厚较薄且都为凸面，起始点过于集中会导致管壁上形成一条由起始点连成的凹槽，严重时使管壁穿透导致漏水，所以轮廓起始点选择随机。其余参数设置如图 76 所示。

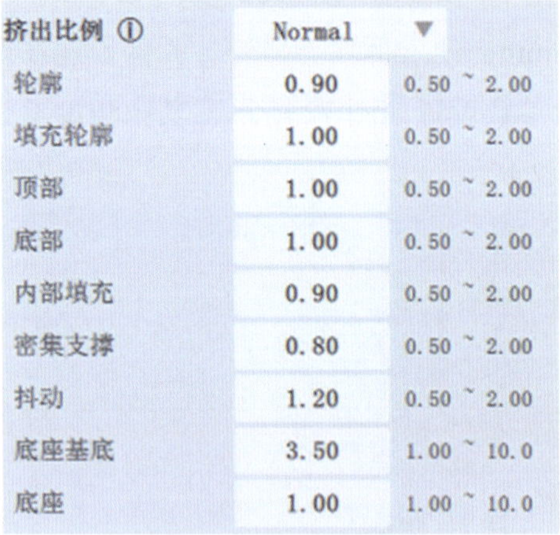

挤出比例 ①	Normal ▼	
轮廓	0.90	0.50 ~ 2.00
填充轮廓	1.00	0.50 ~ 2.00
顶部	1.00	0.50 ~ 2.00
底部	1.00	0.50 ~ 2.00
内部填充	0.90	0.50 ~ 2.00
密集支撑	0.80	0.50 ~ 2.00
抖动	1.20	0.50 ~ 2.00
底座基底	3.50	1.00 ~ 10.0
底座	1.00	1.00 ~ 10.0

图 75　挤出比例参数设置

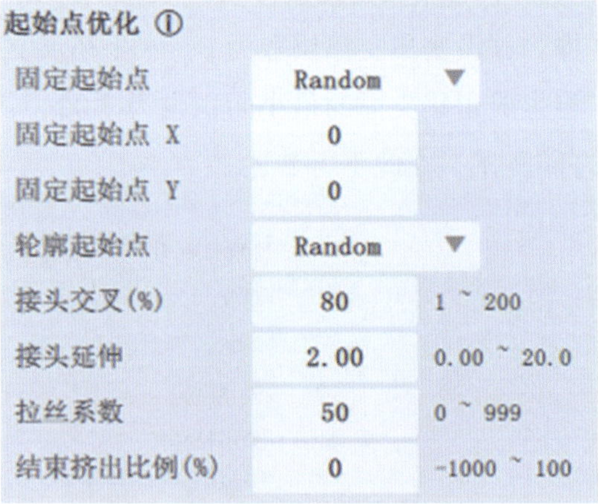

起始点优化 ①		
固定起始点	Random ▼	
固定起始点 X	0	
固定起始点 Y	0	
轮廓起始点	Random ▼	
接头交叉(%)	80	1 ~ 200
接头延伸	2.00	0.00 ~ 20.0
拉丝系数	50	0 ~ 999
结束挤出比例(%)	0	-1000 ~ 100

图 76　起始点优化参数设置

（6）子母模型设置

管路中有 10 处螺纹，装配时需要承受较大的挤压力，用预设的 20% 填充不足以满足其强度要求，故将管路模型上的螺纹拆分（图 77 和图 78）作为子模型，将母模型的螺纹局部设为 100% 填充。添加子模型的母模型如图 79 和图 80 所示。

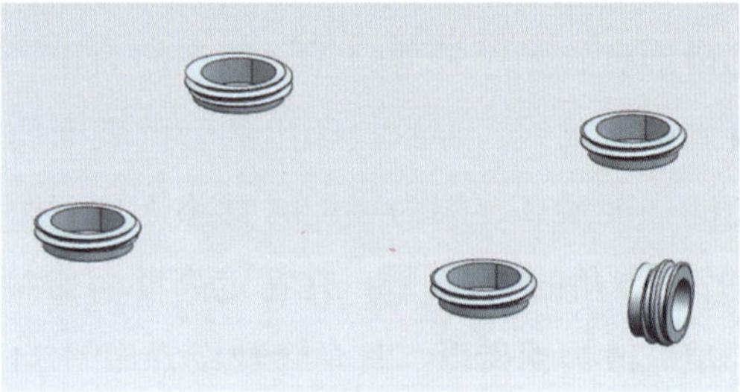

图 77　管路末端螺纹

图 78　管路连接底座螺纹

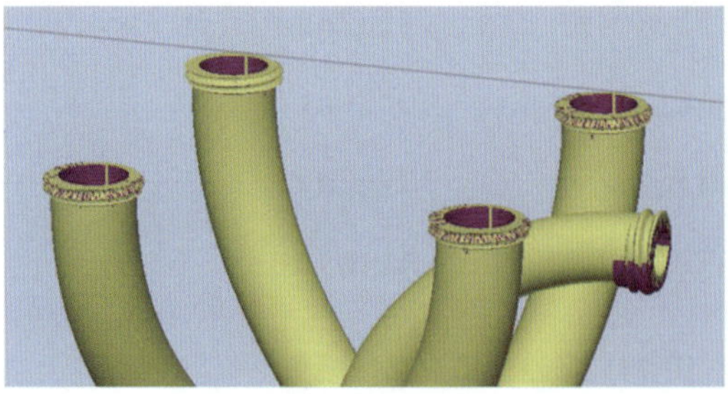

图 79　添加子模型后的末端

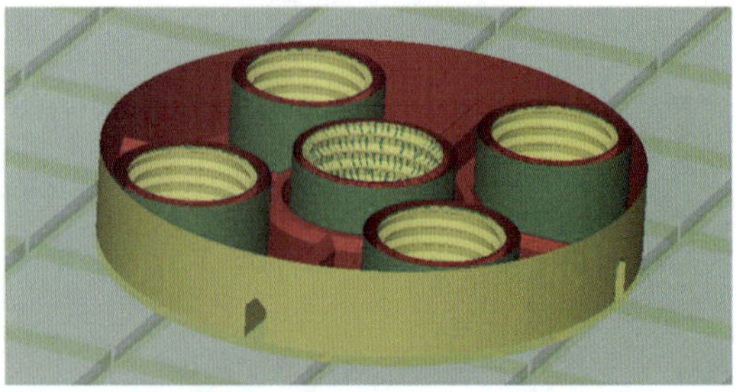

图 80　添加子模型后的底座

6.2.2　法兰打印参数设置

法兰模型为圆饼状，圆盘上有均布沉孔，其中一面有凸起内螺纹孔，结构简单。打印参数设计如下：

（1）变层厚（局部填充）

圆盘选择 0.2 mm 层厚，凸起内螺纹选择 0.15 mm 层厚保证螺纹的打印质量，参数设置如图 81

所示。

（2）填充路径（局部填充）

圆盘选择 20% 锯齿形填充，凸起内螺纹选择 100% 偏置形填充，参数设置如图 81 所示。

（3）其余参数设计

密集支撑、挤出比例与起始点优化参数设置同 6.2.1 节，在此不再赘述。

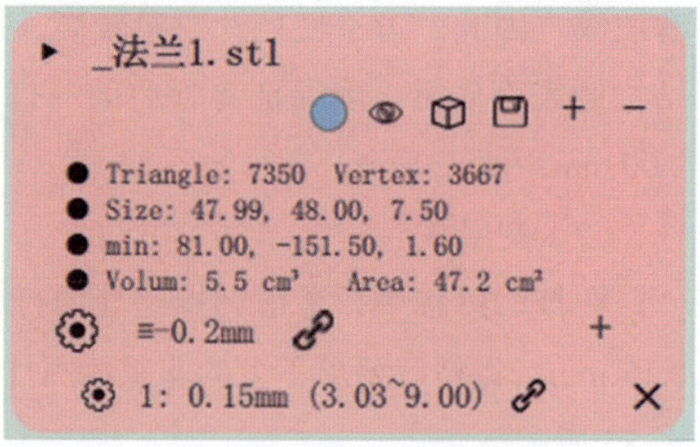

图 81 在特定高度增加参数

6.2.3 管口接口打印参数设置

管口接口模型只有与二级阀体安装所用的平台悬空需要加设支撑，其他面都垂直于打印平台，无须修改更多参数就能顺利打印。打印层厚设置为恒定的 0.3 mm，填充均为锯齿形，其余密集支撑，挤出比例与起始点优化参数设置同 6.2.1 节，在此不再赘述。

6.2.4 接口螺栓打印参数设置

接口螺栓整体成柱状，其中一端为凸起外螺纹，另一端有凸起六角形柱，外螺纹柱中心存在通孔，打印参数如下：

（1）填充路径（局部填充）

底部螺柱选择 20% 锯齿形填充，凸起外螺纹选择 100% 偏置形填充，参数设置如图 82 所示。

（2）变层厚

底部螺柱以及六角形柱选择 0.2 mm 层厚，凸出外螺纹选择 0.1 mm 层厚保证螺纹打印质量，参数设置如图 82 所示。

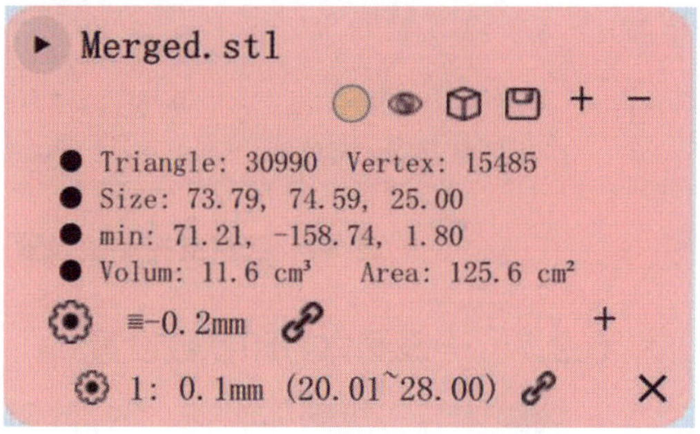

图 82 在特定高度增加参数

（3）其余参数设计：密集支撑、挤出比例与起始点优化参数设置同 6.2.1 节，在此不再赘述。

6.2.5 二级阀体打印参数设置

二级阀体结构与管口接口模型类似，都具有悬臂结构，打印参数设置没有很大改变，但相比于管口接口模型来说，二级阀体的支撑需加在凹面内，不宜拆除。打印参数设计如下：

（1）密集支撑

考虑到二级阀体内部存在凹面，为了便于支撑拆除，将支撑黏度改为 15%，参数设置如图 83 所示。

图 83 密集支撑参数设置

（2）其余参数设计

除去薄壁，其他参数相比于管口接口没有较大改变，打印层厚设置为恒定的 0.2 mm，填充均为锯齿形，其余密集支撑，挤出比例与起始点优化参数设置同 6.2.1 节，在此不再赘述。

6.2.6 二级阀门参数设置

二级阀体整体呈柱状，顶部有凸起外螺纹，螺柱中心有孔洞，柱侧有两个挡片，结构较为复杂，打印参数如下：

（1）密集支撑

在打印悬垂结构时常常需要用到支撑，但在稀疏的支撑上打印的悬垂结构表面质量质量不高，伴有波纹。因此，为了使挡片质量较高，提高产品密封性，在支撑末端加设密集支撑以提高打印悬垂结构的表面质量。为保证弯管曲面的打印质量，开启密集支撑，并设密集支撑层数为 3，水平扩展 2.00 mm，便于拆除。参数如图 84 所示。

（2）变层厚

在打印过程中，考虑到螺纹处的打印以及非螺纹处的柱状，将精度需求较大的螺纹处层厚改为 0.15 mm，将精度要求不大的非螺纹圆柱区层厚改成 0.2 mm，提高了速度，满足了精度，具体参数如图 85 所示。

（3）其余参数设置

密集支撑、挤出比例与起始点优化参数设置同 6.2.1 节，在此不再赘述。

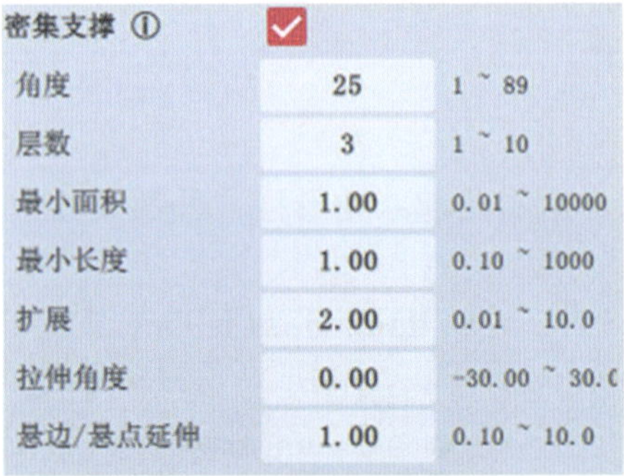

图 84　密集支撑参数设置

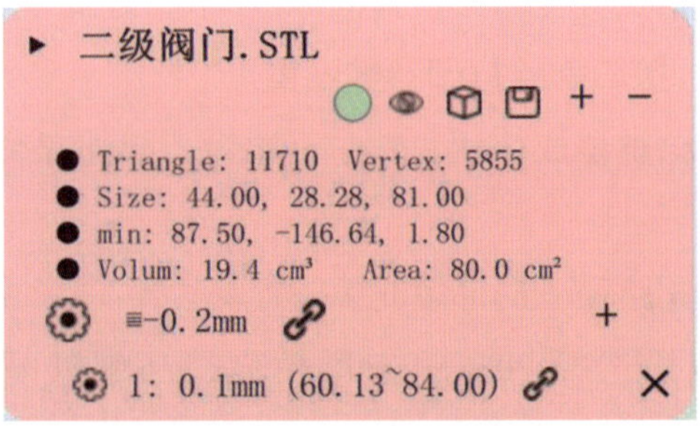

图 85　在特定高度调节参数

6.2.7　一级阀体打印参数设置

一级阀体与二级阀体类似，内部都有凹槽，对支撑件都有一定要求，需要便于拆卸，因此打印参数同 6.2.5 节设置。

6.2.8　一级阀门打印参数设置

一级阀门结构总体与二级阀门类似，且比二级阀门简单。打印参数同 6.2.6 节设置。

6.2.9　上盖板打印参数设置

除去悬臂以及斜面，整体结构与上文中的一、二级阀体类似，打印参数同 6.2.5 节设置。

6.2.10　二级锁紧螺母打印参数设置

二级锁紧螺母有着双层机构，考虑到螺纹的精细程度以及二层支撑较细，打印参数如下：

（1）变层厚

考虑到层数不同所需要的打印层数不同，在螺纹处选择 0.15 mm 进行打印，而在打印精度要求更高的二层支撑结构使用了 0.1 mm，防止二层结构不够牢固导致的结构失效。参数如图 86 所示。

（2）其余参数设计

密集支撑、挤出比例与起始点优化参数设置同 6.2.1 节，在此不再赘述。

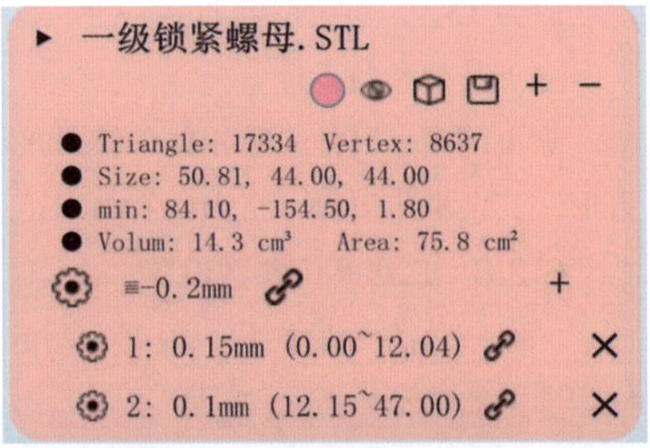

图 86　在特定高度调节参数

6.2.11 一级锁紧螺母打印参数设置

一级锁紧模型无须修改更多参数就能顺利打印。打印层厚设置为恒定的 0.15 mm，外部填充为锯齿形，内部填充为偏置形，其余密集支撑，挤出比例与起始点优化参数设置同 6.2.1 节，在此不再赘述。

6.3 打印机设置

在开始打印之前，需对打印机进行一系列检查与调试。

（1）检查

在打开打印机之前，需检查打印机内有无异物，清理上次打印留下来的余料，确认打印平台安装无误以及打印机内储存的丝材是否够用，如图 87 所示。

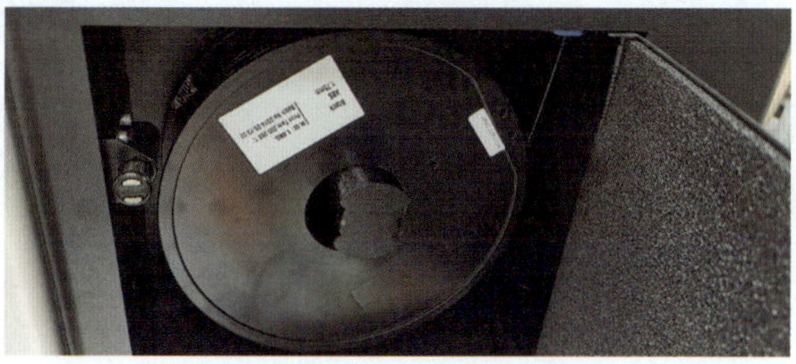

图 87　检查丝材储存量

（2）初始化

打开打印机开关后，点击初始化按钮使打印机进行初始化动作，初始化完成后打印机才能进入待打印状态，如图 88 和图 89 所示。

（3）调平

虽然初始化过后已能立即打印，但为了保证打印的成功率，需进行调平对高。打印机有自动调平功能的，直接点击自动调平按钮即可；打印机无自动调平功能的，可以将水平仪放在打印平台上，旋动打印平台下方的调节螺栓进行调节，如图 90 所示。

图 88　打印机开机

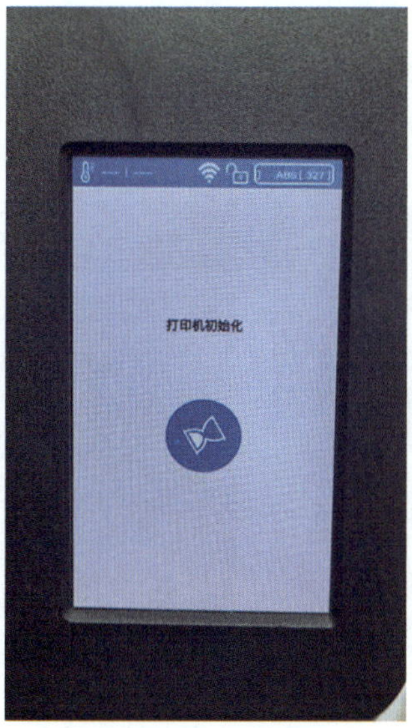

图 89　打印机初始化

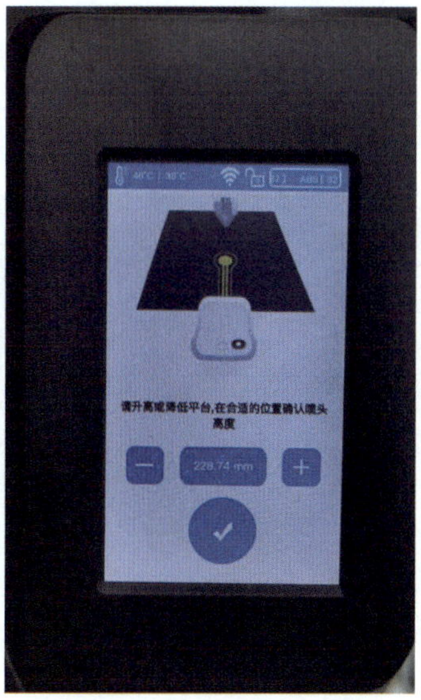

图 90　打印机手动调平

（4）对高

在调平完成后，还需进行手动对高。如图 91 所示，将一张 A4 纸置于打印平台上并反复抽拉，与此同时降低喷头（抬升打印平台）高度，直到感受到抽拉 A4 纸刚好出现阻力，此时喷嘴（平台）的高度即可满足正常打印。经过反复实验，对于使用的 UP 300 打印机，用此方法获得的平台高度还需再降低 0.1~0.2 mm 才最为合适。

图 91　打印机对高

（5）打印

检查和调试结束后，将模型用 UP Studio 软件切片并导出的 tsk 文件传入打印机即可开始打印。

7　打印过程与成品展示

7.1　管道打印

（1）打印管道模型中部某层，如图 92 和图 93 所示。

（2）管道模型打印完成，如图 94 所示。

（3）冷却后将模型取出。

图 92　管道模型俯视图

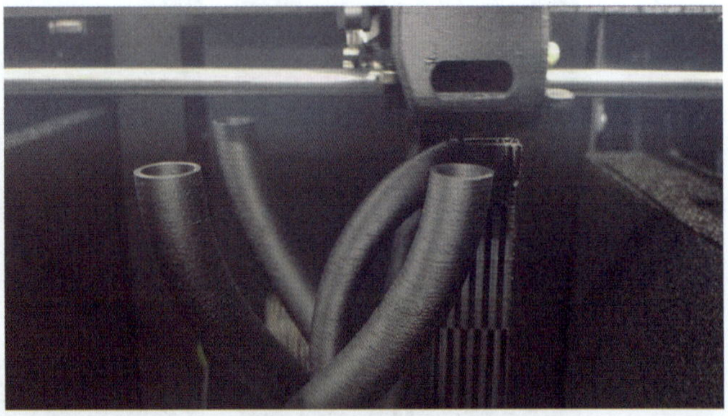

图 93　管道模型主视图

图 94　管道模型打印完成

7.2　二级阀体打印

（1）打印二级阀体底部某层，如图 95 所示。

（2）二级阀体打印完成，如图 96 所示。

（3）冷却后将模型取出，去除支撑件，如图 97 所示。

（4）模型成品展示，如图 98 所示。

图 95　二级阀体底部俯视图

图 96　二级阀体中部俯视图

图 97　去除支撑件

图 98　二级阀体成品展示

7.3　一级阀体打印

（1）打印一级阀体底部某层，如图 99 所示。

（2）一级阀体打印完成，如图 100 所示。

（3）冷却后将模型取出，去除支撑件，如图 101 所示。

（4）模型成品展示，如图 102 所示。

图 99　一级阀体打印

图 100　一级阀体打印完成

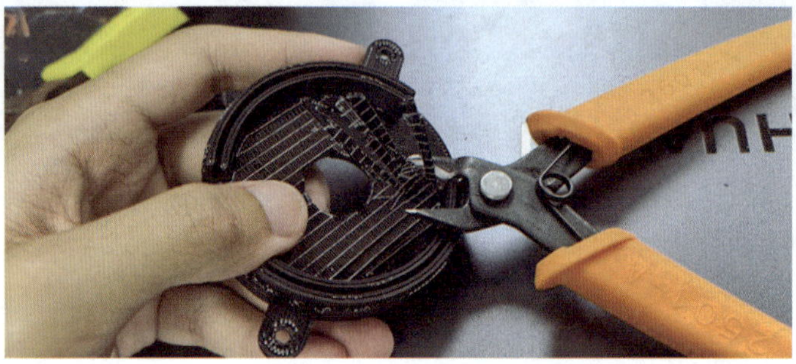

图 101　去除支撑件

图 102　一级阀体成品展示

7.4 上盖体打印

（1）打印上盖体中部某层，如图 103 所示。

（2）上盖体打印完成，如图 104 所示。

（3）冷却后将模型取出，去除支撑件。

图 103　打印上盖体

图 104　上盖体打印完成

7.5 二级阀门打印

（1）打印二级阀门中部某层，如图 105 所示。

（2）二级阀门打印完成。

（3）冷却后将模型取出，去除支撑件，如图 106 所示。

（4）模型成品展示，如图 107 所示。

图 105　打印二级阀门

图 106　去除支撑件

图 107　二级阀门成品展示

7.6 一级阀门打印

（1）打印一级阀门。

（2）一级阀门打印完成，如图 108 所示。

（3）冷却后将模型取出，去除支撑件。

（4）模型成品展示，如图 109 所示。

图 108 一级阀体打印完成

图 109 一级阀门成品展示

7.7 二级锁紧螺母打印

（1）打印二级锁紧螺母。

（2）二级锁紧螺母打印完成，如图 110 所示。

（3）冷却后将模型取出，去除支撑件。

（4）模型成品展示，如图 111 所示。

图 110 二级锁紧螺母打印完成

图 111 二级锁紧螺母成品展示

8 实物装配

将打印好的零件装配的过程如下。

（1）将 5 个法兰盘旋合至管路末端的螺纹上，如图 112 和图 113 所示。

图 112　旋合法兰盘

图 113　法兰盘安装完成

（2）将管口接口与管路的连接底座对齐，并且将接口螺母通过管口接口的通孔与管路的连接底座旋合，如图 114 和图 115 所示。

图 114　对齐接口螺母

图 115　管口接口安装完成

（3）将二级阀体与管口接口的安装板对齐，并使用螺栓螺母紧固，如图 116 和图 117 所示。

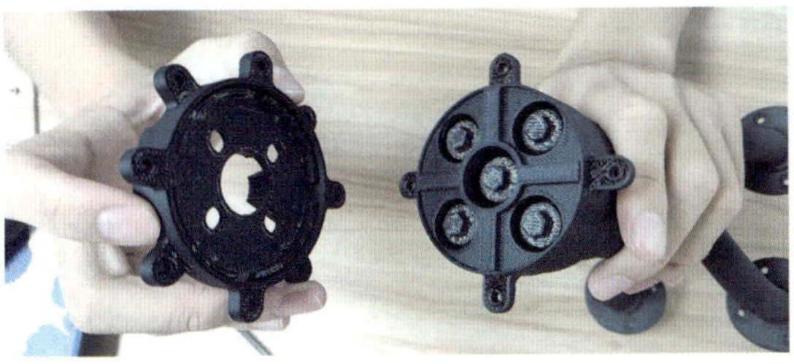

图 116　对齐阀体与管口接口

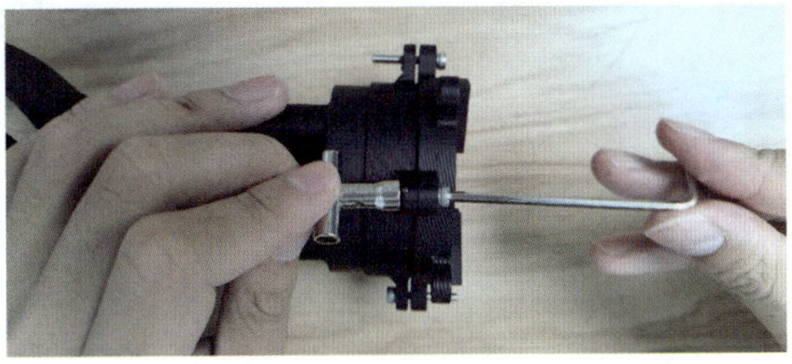

图 117　使用螺栓螺母紧固

（4）将二级阀门底端插入二级阀体中部的孔，然后将一级阀体通过中间的孔穿过二级阀门扣于二级阀体上，最后使用螺栓螺母紧固，如图 118 至图 120 所示。

图 118　对齐二级阀门

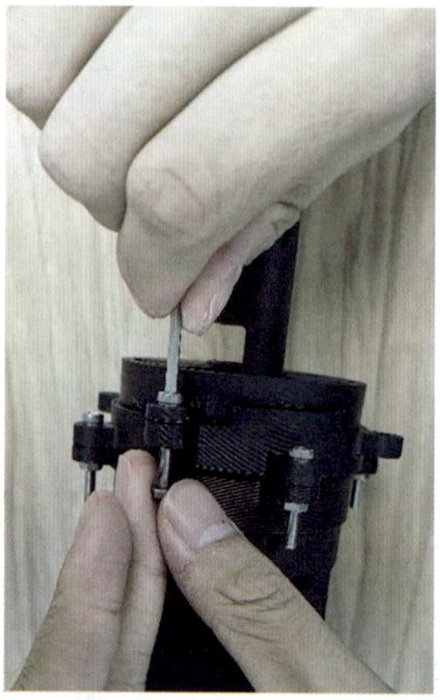

图 119　锁紧一级阀体

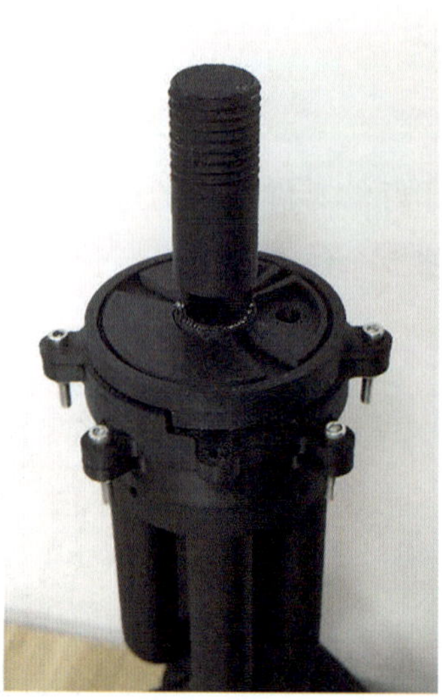

图 120　阀门安装完成

（5）将一级阀门套入二级阀门，然后将上盖板通过中间的孔穿过一级阀门扣于一级阀体上，最后使用螺栓螺母紧固，如图 121 至图 123 所示。

图 121　套入一级阀体

图 122　套入上盖板

图 123　上盖板与一级阀体安装完成

（6）先将二级锁紧螺母旋入二级阀门上端，再将一级锁紧螺母旋入二级阀门上端，装配完成，如图 124 所示。

图 124　装配完成

9　功能演示

在装配完成后进行测试。

（1）单孔出水

当流向要求单孔时，一级阀门选取需求流向所在的分组，二级阀门选择通对角模式，使水流向对应管口，最终效果如图 125 和图 126 所示。

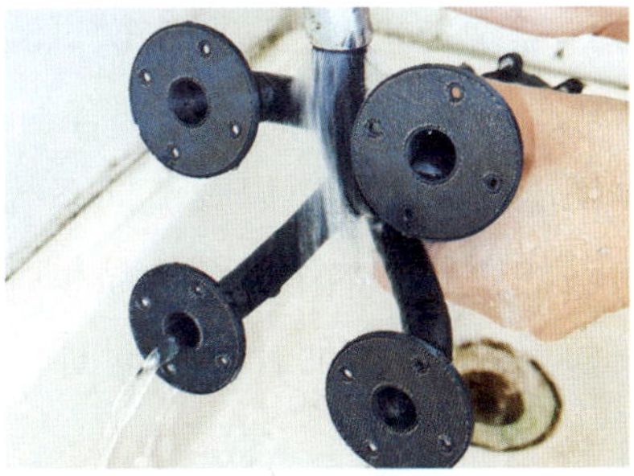

图 125　c 孔出水

图 126　d 孔出水

（2）对孔出水

当流向要求对孔出水时，一级阀门选择全开，二级阀门选择通对角模式，将需求流向的管道打开，效果如图 127 所示。

（3）连孔出水

当流向要求连孔出水时，一级阀门选择对应分组开启，二级阀门选择全开，效果如图 128 所示。

（4）全孔出水

当流向要求全孔出水时，一级阀门全开，二级阀门也旋转至全部打开，效果如图 129 所示。

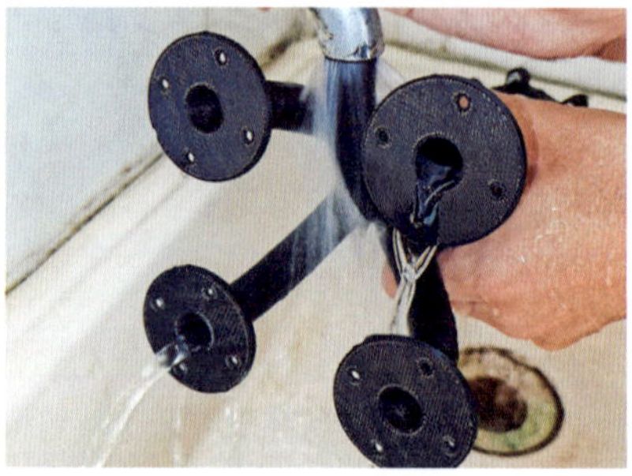

图 127　a、c 孔出水

图 128　c、d 孔出水

图 129　a、b、c、d 孔出水

10　结论

为了适应日常生活中管道系统的复杂程度，除了流向控制机构的结构越来越复杂外，对 3D 打印模型的综合性能也提出了更高的要求。在管道方面，一体化打印使产品的密封性、简易性大大增加，但同时也给打印带来不小的难度，打印件增多、打印时间增长、管道的弯曲程度大对最终打印件都有巨大影响。在考虑到各种因素后，本团队通过不断试验、不断试错，在各种可能中寻找着最优解，也是因为有着这样的精神，一体化管道才能完美实现。而在流向控制系统中，层与层的结构对产品的密封性提出了极高的要求，本团队对悬垂结构去除支撑、螺纹公差设置做了多次试验后，最终确定了方案，使产品的密封性有了极大的提升。通过这次增材制造比赛，本团队成员都有了不小的收获。

以便捷生活为设计理念，以 3D 打印为手段，本团队设计的管道以及流向系统，在经过了多次迭代、多次优化后建立了模型，通过 3D 打印才有了目前的作品，本作品结构简单，控制方便，满足了节省空间、集中控制和适用于不同环境的要求，在适应逐渐进步的社会的同时，为便捷生活做出了贡献。

作品 2　家用易拆卸四流向控制管路产品创新设计与 3D 打印制作

工艺说明书

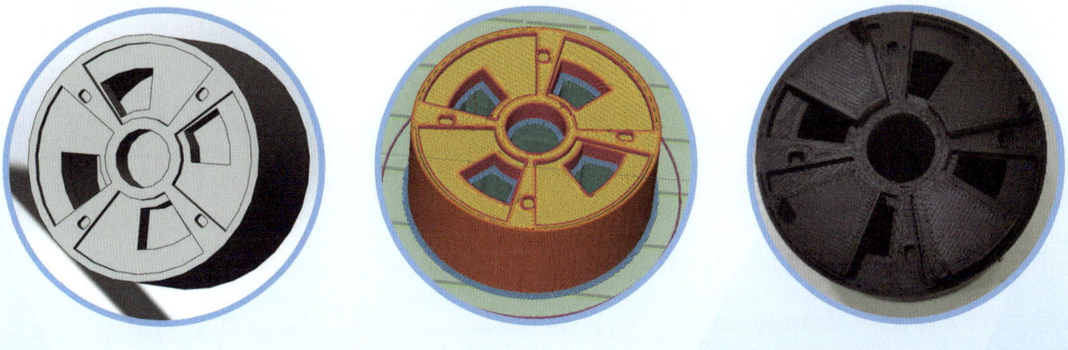

目　录

1 作品概述

1.1 产品功能

本作品名称：家用易拆卸四流向控制管路。该作品面向家用供水系统，用于在日常生活中对单一进水口进行至多四向分流并控制各方向的开通情况，且安装简单快捷，便于拆卸。

首先，该作品可以通过调节阀门，实现对四个流向的精确控制。用户可以根据需要，将流体流向导到不同的管道或设备中，实现多用途的流体分配。这样可以避免出现某一流向的过度使用或过度压力，从而能够保护管道和设备的安全运行。同时通过合理地分配流体流向，避免资源的浪费，减少能源消耗和水资源的不必要损耗。

其次，该作品的设计考虑到了日常使用的便利性，因此采用了易拆卸的结构，整个管路为一体化结构，阀门采用即插式，用户可以轻松拆卸和安装阀门，便于维修、清洗或更换。

最后，该作品经过精心设计，外观简洁美观，与家庭环境相协调。产品主体及配套部件均适用 3D 打印技术制成，整体采用 ABS 材料，经久耐用，不易被污染或氧化，可以长期保持良好的外观。

1.2 总体结构组成

该产品在结构上由 17 个零件组成，其中产品主体包括与箱体紧密配合的圆盘，与圆盘连接的 5 根水管，由阀盖、阀体和阀叶配合而成的换向阀。图 1 中的箱体为产品安装时的场景，可以看到 5 根管子均穿过箱体中的方框，符合任务书中的要求。

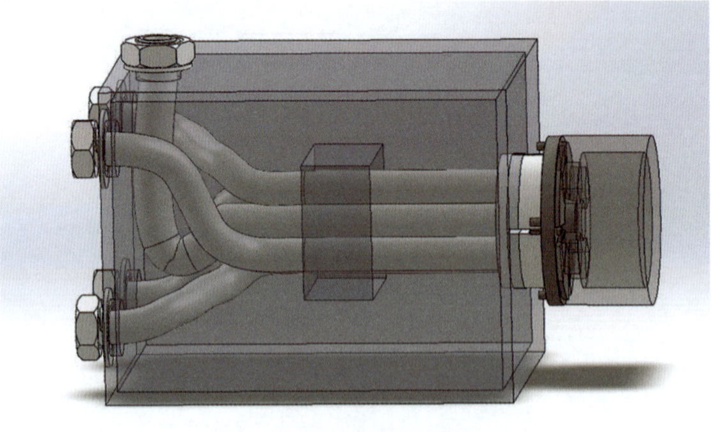

图 1　产品在箱体中的装配

由图 2 可知，产品零件共分为 8 种，从左至右分别为：

（1）出水管螺母

该零件共有 4 个，为产品安装时的固定结构之一，用于与管路中的出水管旋合，将垫圈顶在箱体上，形成密闭环境。

（2）出水管垫圈

该零件共有 4 个，与出水管螺母配对使用，保证密封的同时，保护箱体表层不被螺母划伤。

（3）进水管螺母

作用与零件 1 相同，但是与管路中的进水管配合。

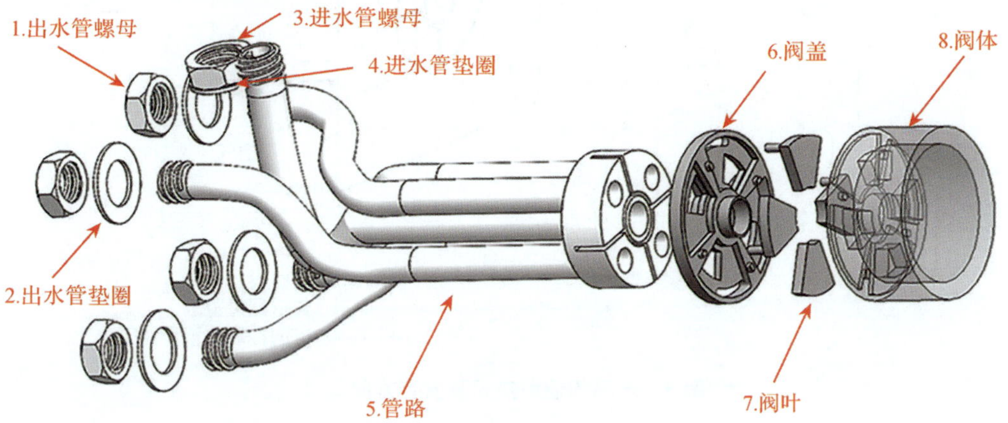

图 2　产品的爆炸视图及各零件名称

（4）进水管垫圈

作用与零件 2 相同，但是与进水管螺母配套使用。

（以上均为产品与箱体的固定结构）

（5）管路

由 1 条进水管和 4 条出水管构成，最后由一圆盘连接，且该圆盘可以与箱体一侧挖出的空间紧密配合，使管路卡在箱体上；同时与阀盖配合将整个换流阀嵌在箱体外侧。

（6）阀盖

使 4 片阀叶的手柄可以穿过，同时紧盖在阀体上，使换流阀保持良好的气密性。

（7）阀叶

该零件共有 4 个，为扇环形，顶面有一个圆柱手柄，可以在阀体与阀盖配合而成的密闭空间内在一定角度内转动，根据用户的需要对不同管道进行堵塞。

（8）阀体

用于储水，进水管的水进来后在此处进入出水管中，为阀叶的运动提供空间。

1.3　产品安装及使用方法

（1）该产品的设计初衷为在厨房柜中或独立箱体中安装，则箱门（柜门）即出水管 1、2、3、4 通过的平面应该可以打开（图 3），将管路整体从箱门塞入箱体内，并将管路的圆盘与箱体内侧挖出的孔洞紧密配合，进水管 5 从箱体顶部伸出（图 4 和图 5）。

（2）如图 6 所示，将 4 片阀叶置于阀体上。

（3）如图 7 所示，将阀盖上的凸起与阀体的凹陷对齐并紧紧按压，形成密闭的空间，抓住手柄轻轻滑动阀叶，确保阀叶可以将孔洞完全覆盖住。

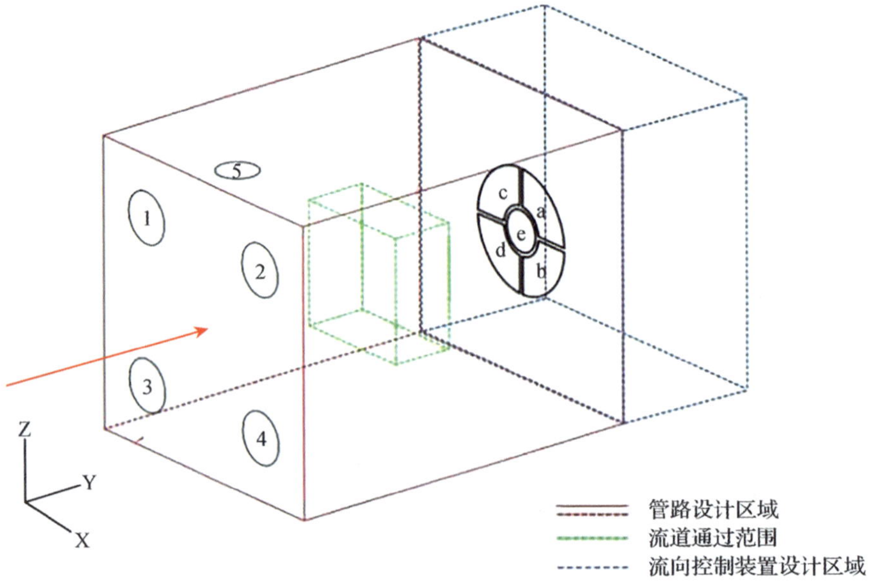

图 3　产品的使用空间及安装方向

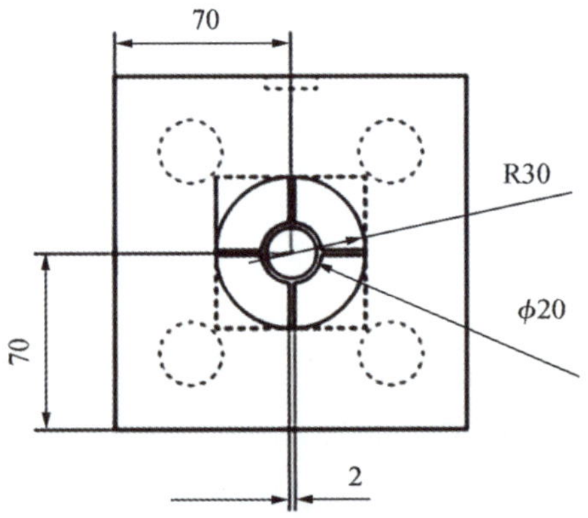

图 4　箱体内侧为便于安装挖出的孔洞

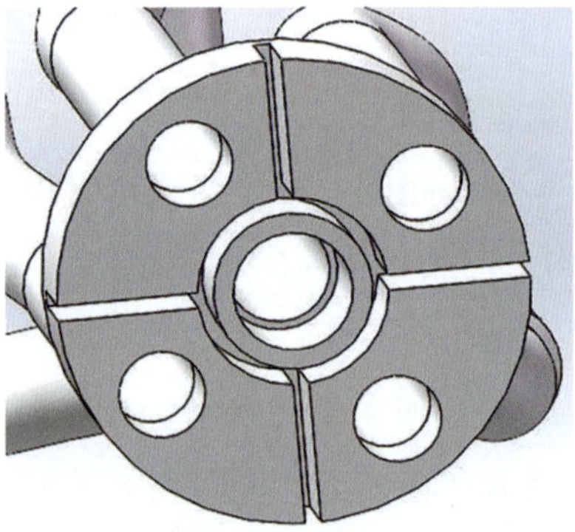

图 5　管路圆盘用于配合的特征

图 6　阀叶置于阀体上

图 7　阀盖与阀体安装示意图

（4）将阀盖的凸起部分与管路圆盘上的凹陷配合，如图 8 所示。

（5）按照图 9 指示，调节各出水管开合时轻拨手柄，俯视时顺时针拨动为开启出水管，逆时针拨动为关闭出水管。

图 8　阀盖与管路安装示意图

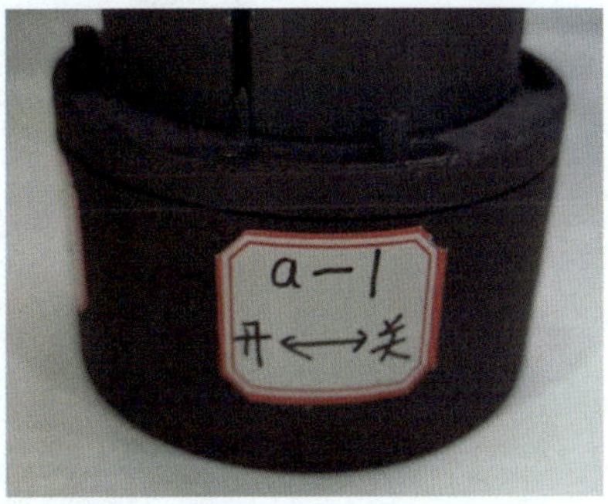

图 9　旋向指示

2　设计方案

2.1　方案总体设计

如图 10 所示，实际使用中要求实现 a-1、b-2、c-3、d-4 的连接，根据实际尺寸的限制，无法实现直管的端到端连接。同时为了满足不超出图中绿色区域的要求，在箱体内侧到绿色区域边缘处使用直管，超出绿色边缘后，使用 3D 草图进行扫描，从而让扫描出来的管路沿法线方向的截面几乎为面积大小相等的圆，使得流量稳定，管路更为平滑，力学性能更加优异（图 11）。为了与箱体内侧的孔洞配合，将管路和换流阀的配合设计为即插式，相比传统方法，安装速度更快，更便于拆卸。

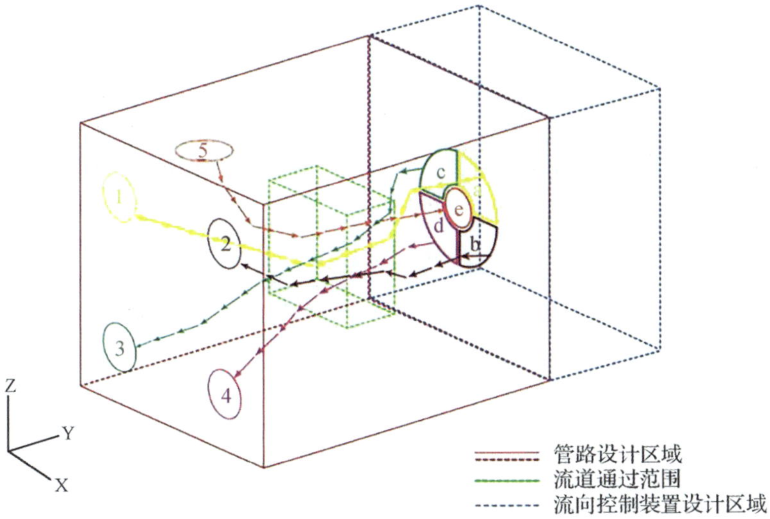

图 10　管路流向

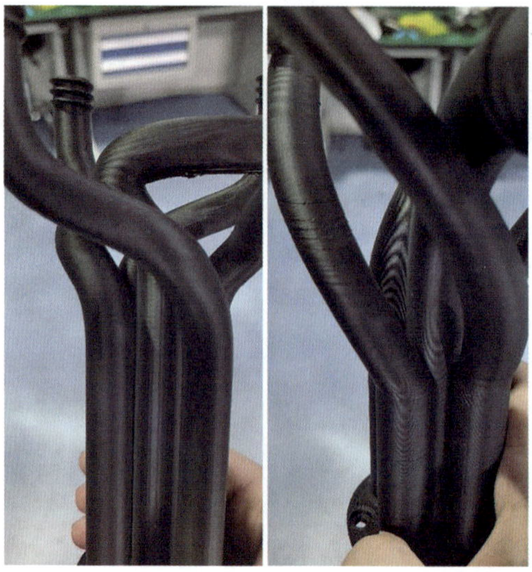

图 11　两种管路设计的差别（左图为本产品方案）

2.2　水密性设计

由于打印分辨率的限制，3D 打印的精度和分辨率相对较低，无法达到传统制造方法所能实现的高精度要求。因此，在打印出来的零件表面存在微小的孔隙和毛刺，这些细小的缺陷会导致水分子渗透或渗漏出来，影响水密性。且不同的 3D 打印材料具有不同的特性和性能，本产品使用的是较为传统的 3D 打印材料 ABS，对水密性的要求一般较低，容易出现渗漏现象，所以在全部使用 3D 打印工艺的情况下，进行水密性设计尤为重要。

在阀盖的设计中，将与阀体配合的一面延伸出来插入中心通孔，如图 12 右图红框中所示，图 12 左图中可以看到中心孔有 3 层阶梯孔的设计，是为了让阀盖在与另外两个零件配合时保持水密性。

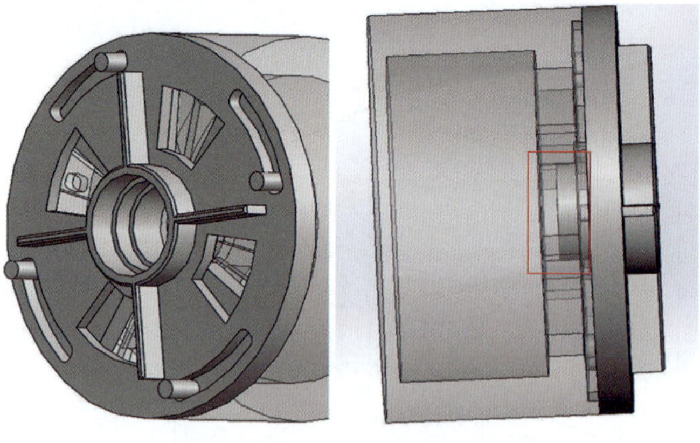

图 12　阀盖装配的防水设计

2.3　产品创新点

如图 13 左图所示，传统家用供水系统的痛点、难点主要在于传统的供水系统多采用焊接或固定连接方式，一旦出现问题需要拆解或更换部件时，需要专业人员进行操作，费时费力，且管道较少，无法满足日益增长的用水需求；而本产品完美解决了这一问题，即插式的管道与阀门彻底解决了管道难以拆卸的老大难问题。

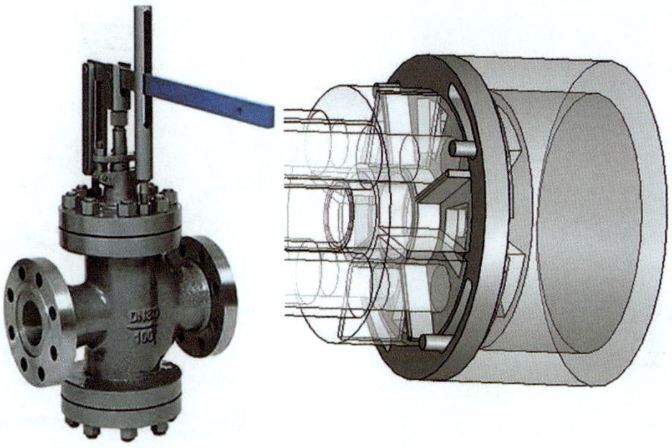

图 13　两种不同的连接方式

同时，在传统供水系统中，水压不稳定是个常见问题，有时候水压过低，无法满足正常的用水需求；有时候水压过高，可能造成设备损坏或者水流溅出造成浪费，本产品设计中，阀叶的滑动可以实现流速和水压的无级调节（图 14）。

与传统设计一样，本产品保留了连通器原理（图 15），进水管的弯曲处在不放水的情况下会将水源与出水口隔离，使异味无法传播。

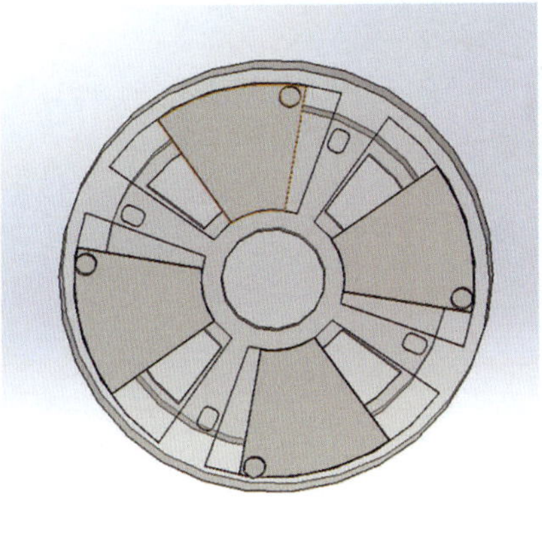

图 14　节流阀使用时的无级调节

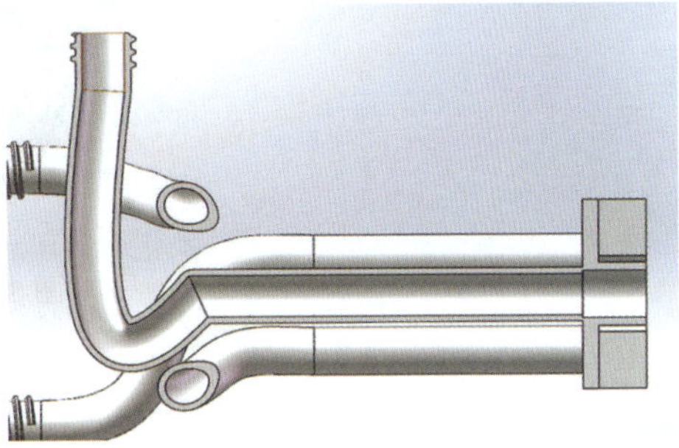

图 15　管路截面图

3　3D 打印分析

3.1　模型分析

（1）管路模型

分析模型结构（图 16），可以得出整个管路部分的零件主要特征有圆形轮廓扫描特征、螺纹特征、孔特征以及大平面特征。

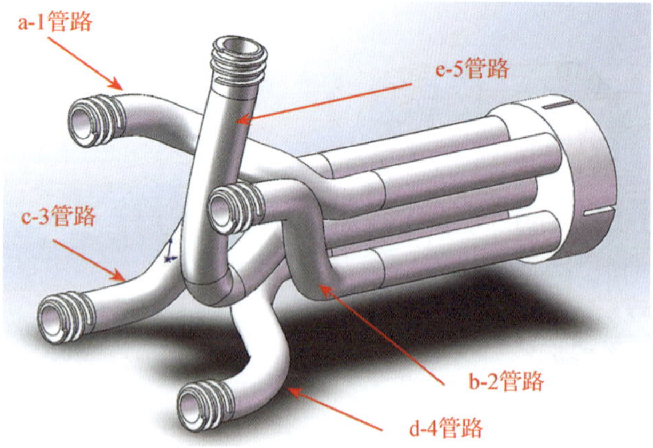

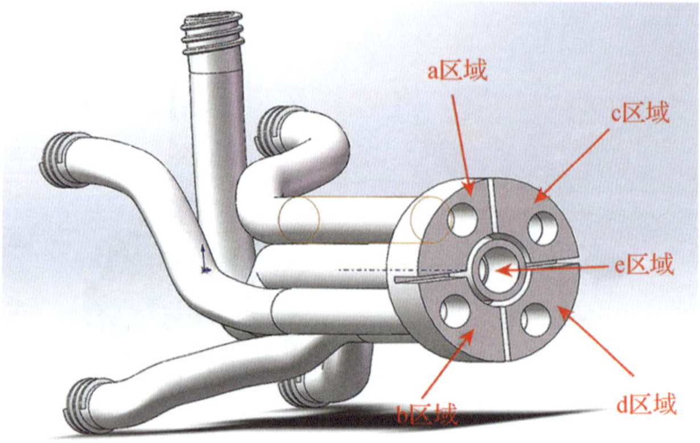

图 16　管路模型

（2）阀盖模型

分析模型结构，可提取主要特征有：位置①②③为拉伸切除特征；位置④⑤为倒角特征；位置⑥为圆角特征（图 17）。

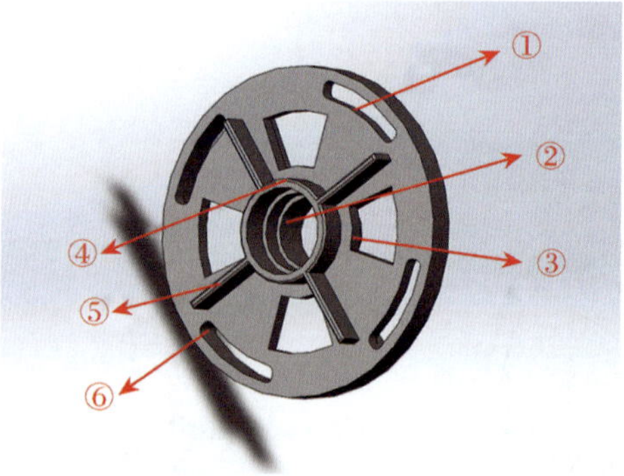

图 17　阀盖模型

（3）阀体模型

分析模型结构（图 18），可以得出阀体的主要特征有拉伸切除特征和大曲面特征。

图 18　阀体模型

（4）阀叶模型

分析模型结构，可以得出阀叶主要由一个扇形和一个圆形的拉伸凸台组合而成（图 19）。

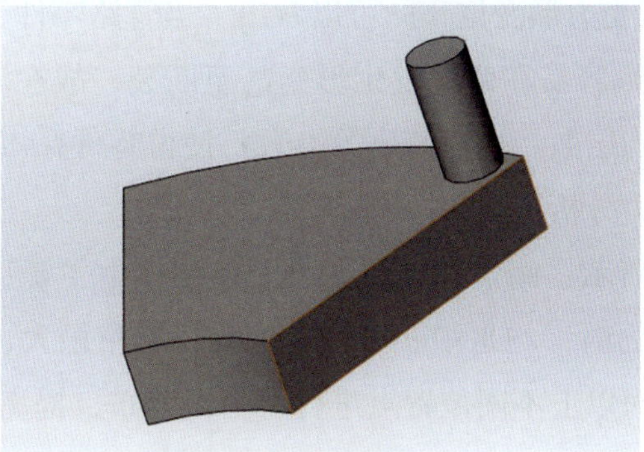

图 19　阀叶模型

（5）垫片模型

分析模型结构，可以得出垫片（图 20）即为一个圆环的拉伸凸台。

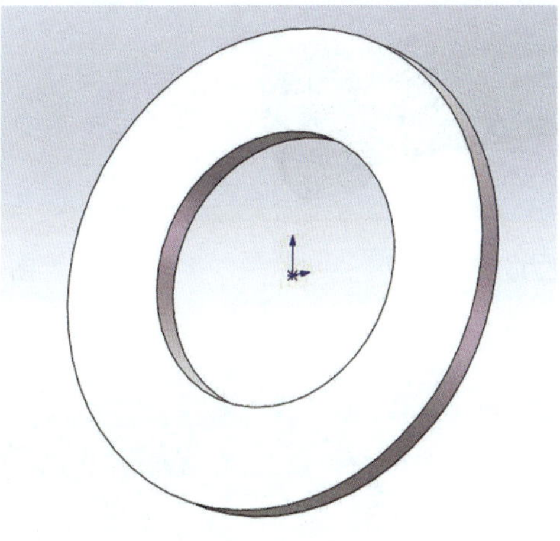

图 20　垫片模型

（6）螺母模型

分析螺母模型结构（图 21），可提取主要特征如下：位置①为螺纹孔特征；位置②和③为倒角特征。

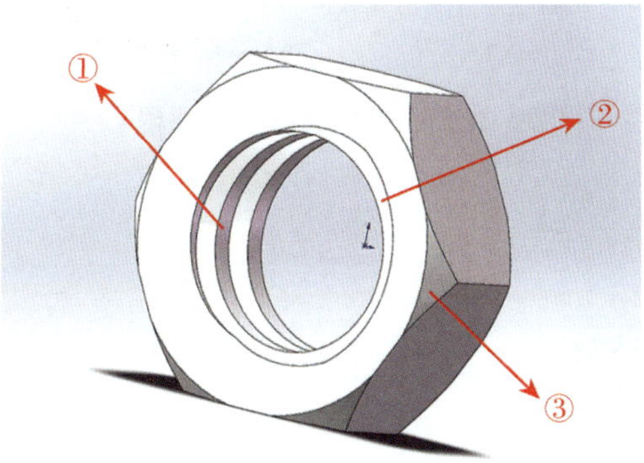

图 21　螺母模型

3.2 模型强度分析

（1）对管路零件进行受力分析

所得结果如图 22 所示：从受力形变位移图可以看出，当管路零件受法向力和径向力时，管路自由端的形变位移量最大，即零件最容易在此处发生形变甚至断裂，故在设置 3D 打印参数时，应针对该部分独立设置合适的层厚、轮廓层数、填充密度等参数，使得零件在该部分的刚度有所改善。

（2）对阀盖和阀体进行受力分析

所得结果如图 23 和图 24 所示：阀盖和阀体在整个装配体中主要受到法向应力，由受力分析结果图可以看出，阀盖和阀体在受力时，均是中心区域的形变位移量最大，为优化模型受力效果，更好地适应零件等强度设计原则，需对以上不同位置点进行材料再分布，提高其综合性能。

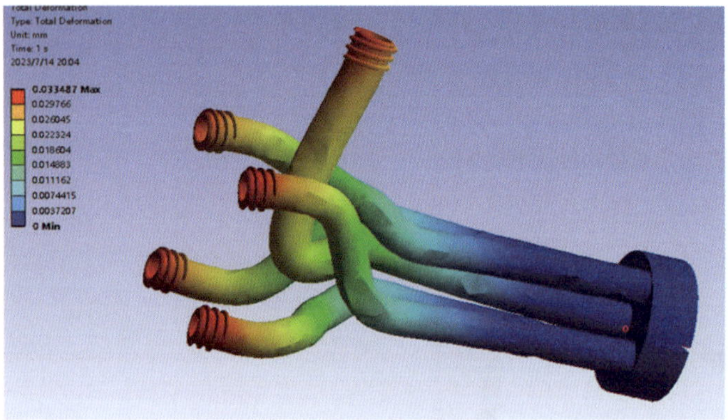

图 22　管路零件受力分析

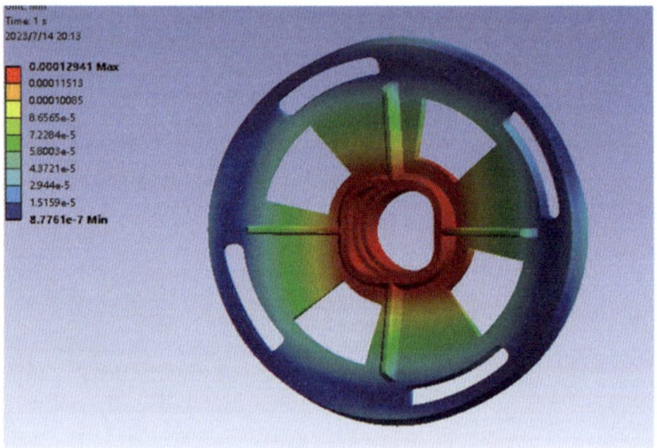

图 23　阀盖零件受力分析

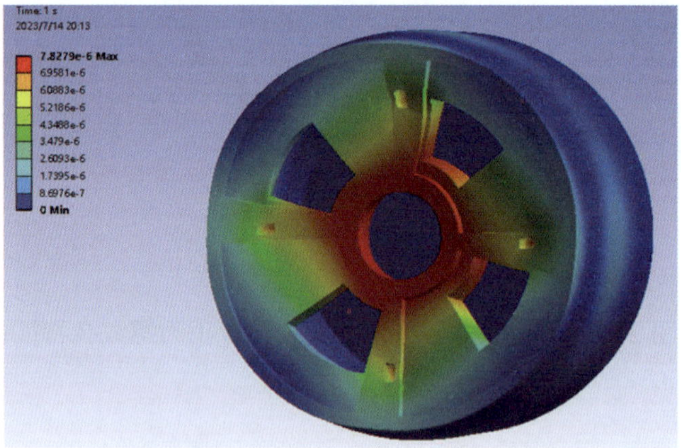

图 24　阀体零件受力分析

4　打印方向选择

综合考虑各模型结构、受力情况、支撑生成、表面质量等因素，选择如图 25 所示摆放方式进行打印，理由如下：

（1）模型大多具有平整底面，且对于有孔的模型（除出水管模型局部结构外），圆孔轴向垂直底面，该摆放位置不但能保证底面的平面度，而且可以保证孔的圆度与精确度。而对于出水管模型，其他摆放形式都会在管的内部形成支撑，不便去除。

（2）各模型整体均处于竖直向上延伸状态，该摆放位置完美地避免了多余支撑，使打印时仅需底面和轮廓的必要基础支撑。

（3）该摆放方式能够使得打印过程中材料均匀合理分布，喷头运动路线可预测，提高模型的质量。

（4）该摆放方式最大程度地体现出模型的优化效果，不干扰零件之间的装配关系，使装配效果与优化效果完美呈现。

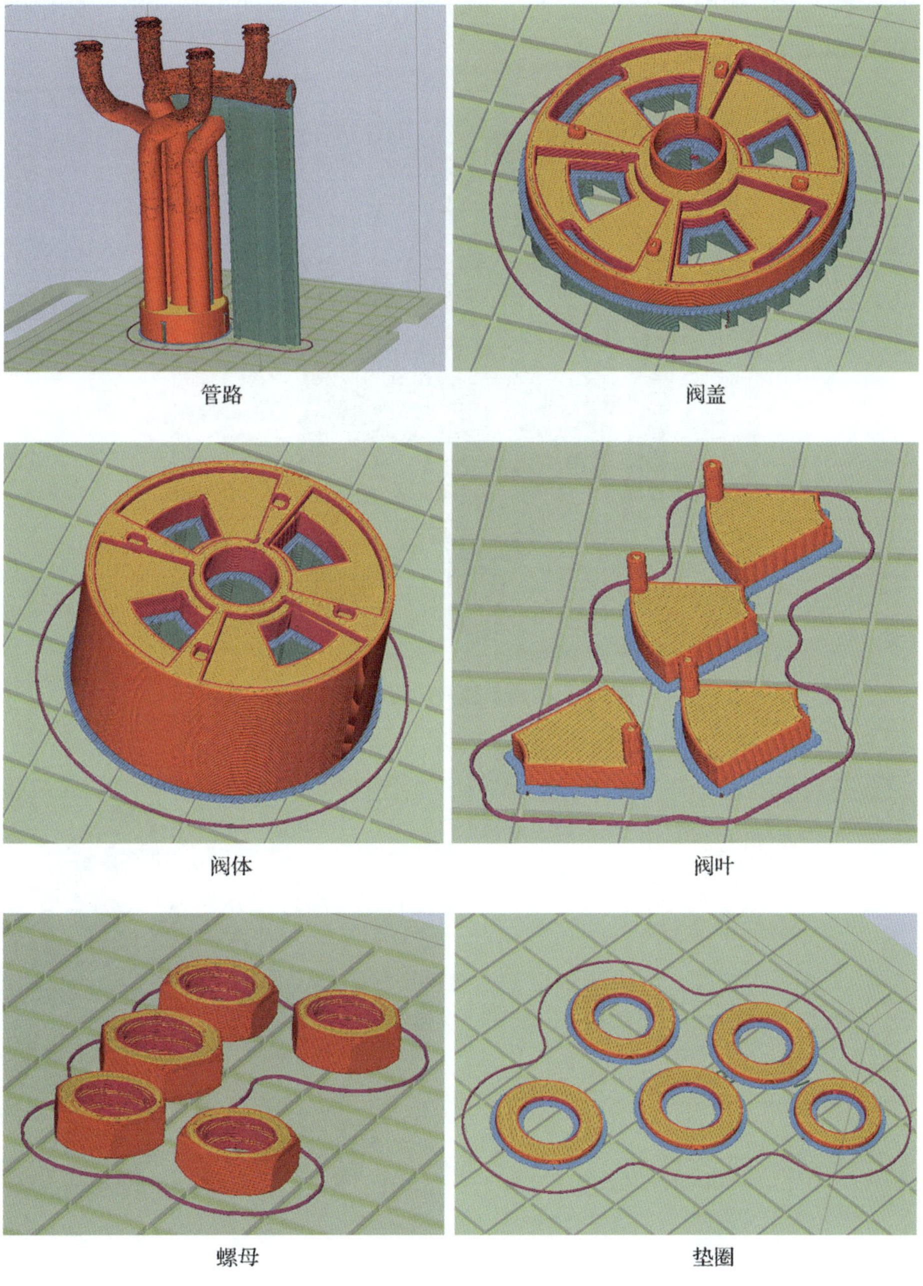

图 25　各模型摆放及打印方向示意图

5 打印参数设置

（1）管路

选择初始参数打印时，会出现在水管内部打印支撑，给模型去支撑造成较大困难的情况，如图 26 所示，故修改参数设置中的密集支撑的角度为 15°，避免在水管内部打印支撑，同时设置密集支撑的层数为 2 层，便于拆除，如图 27 所示。

另外，由于管路模型的端部有大曲面特征，而中部和另一端整体呈较规则的柱形，所以分层设置打印质量，如图 28 所示。

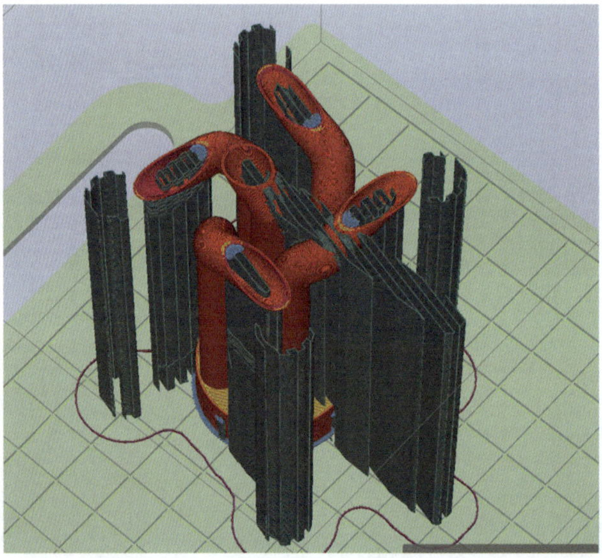

图 26　初始参数打印管路预览图

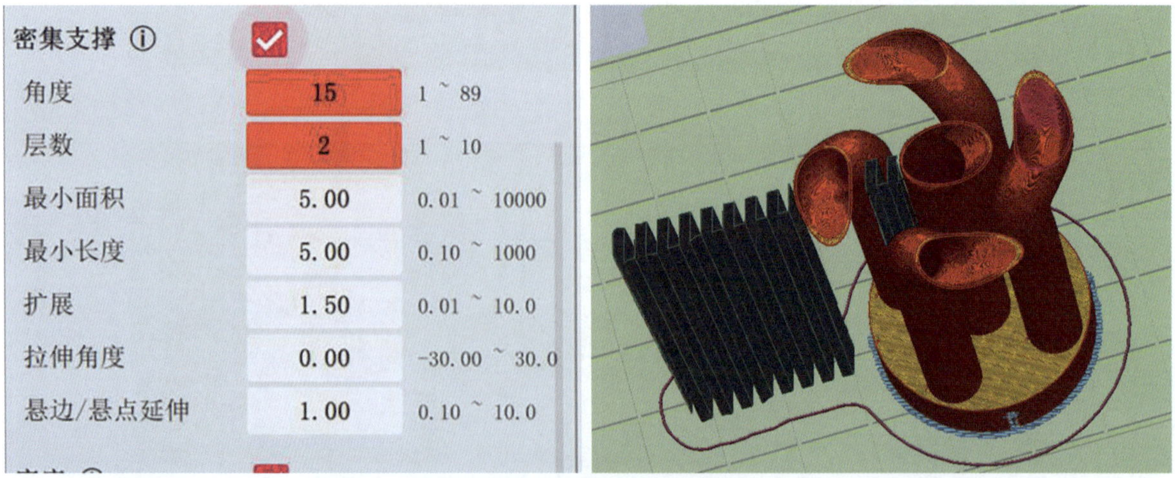

图 27　修改参数避免管内打印支撑

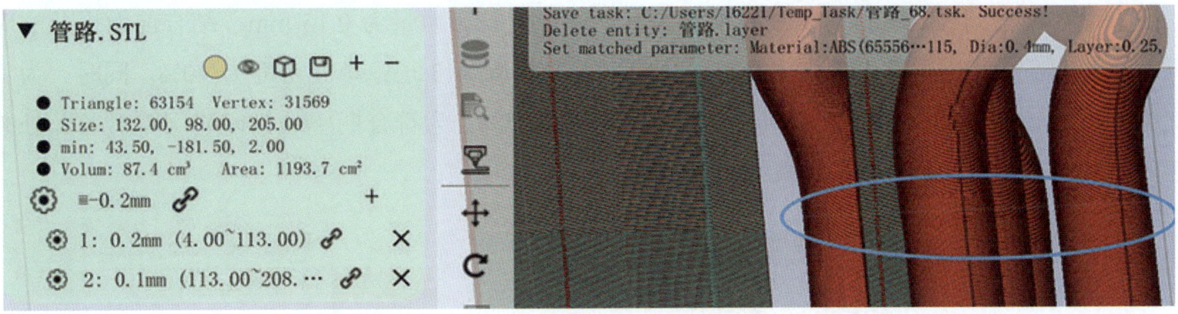

图 28　设置动态层厚

另外，为使打印时间相对较少，对轮廓、内部填充和支撑等不同部分的打印速度做了调整；考虑到水管类似薄壁零件，为增加其刚度，设置轮廓为 3 层，并且填充密度设置为 50%；为使支撑较易拆除，适当减少了支撑密度和支撑的黏合强度，参数设置如图 29 所示。

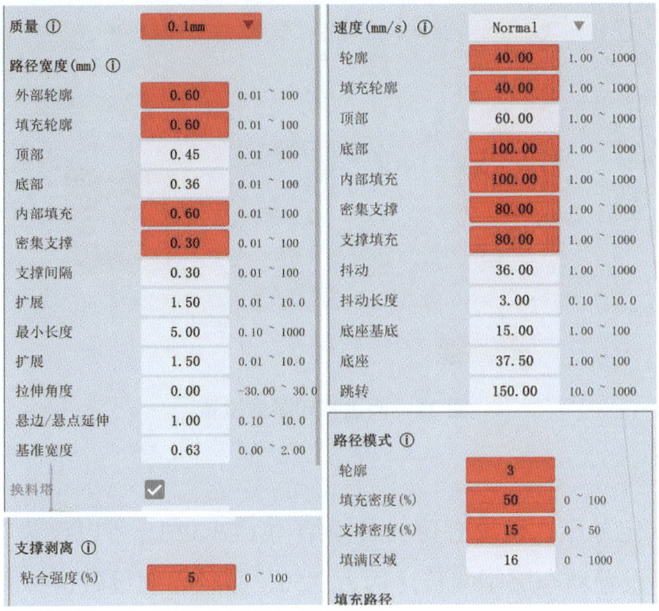

图 29　管路打印参数设置

（2）阀盖

对比图 30 两种摆放方式，左图中打印的支撑均嵌在零件外边缘内，不易拆除，故选择右图的摆放方式。

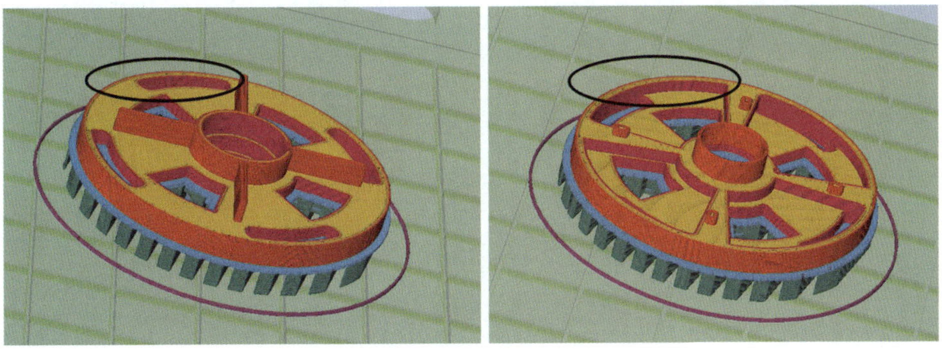

图 30　阀盖两种打印放置方式

由于存在薄壁圆柱，对打印质量要求较高，所以设置打印质量为 0.15 mm，结合前面提及的应力分析，为使阀盖结构更可靠，强度更高，设置打印路径轮廓为 3 层，填充密度为 70%。同时，为了便于支撑的拆除，设置支撑密度为 10%，支撑黏合强度为 5%；为符合期望的打印时间，对各部分的打印速度分别做了调整，具体参数设置如图 31 所示。

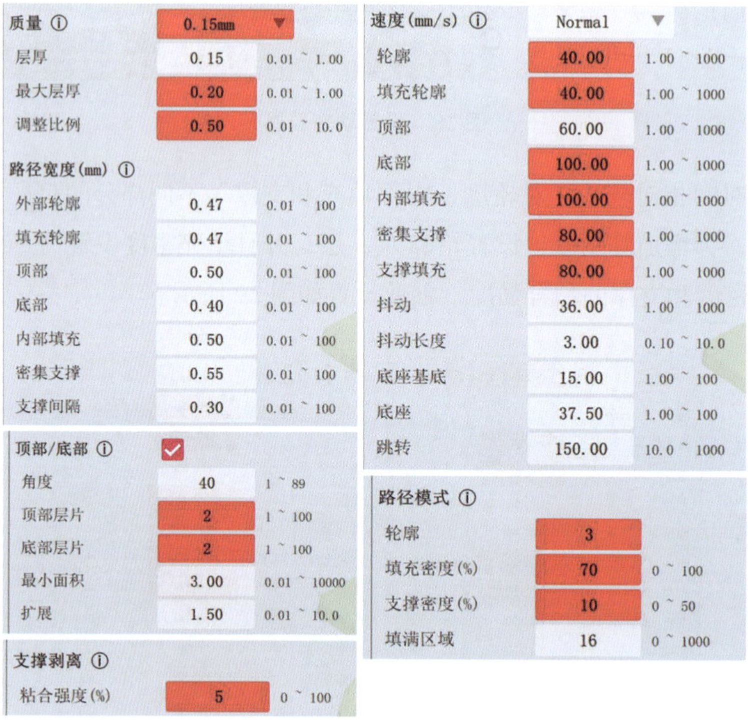

图 31　阀盖打印参数设置

（3）阀体

由于阀体本身具有一定壁厚，且没有薄弱易损结构（图 32），所以设置整体打印质量为 0.2 mm，由于有大曲面特征，所以设置动态层厚调整比例为 0.50，路径轮廓设置为 3 层，同样，为了方便拆除支撑，设置支撑密度为 10%，黏合强度为 5%，具体参数设 置如图 33 所示。

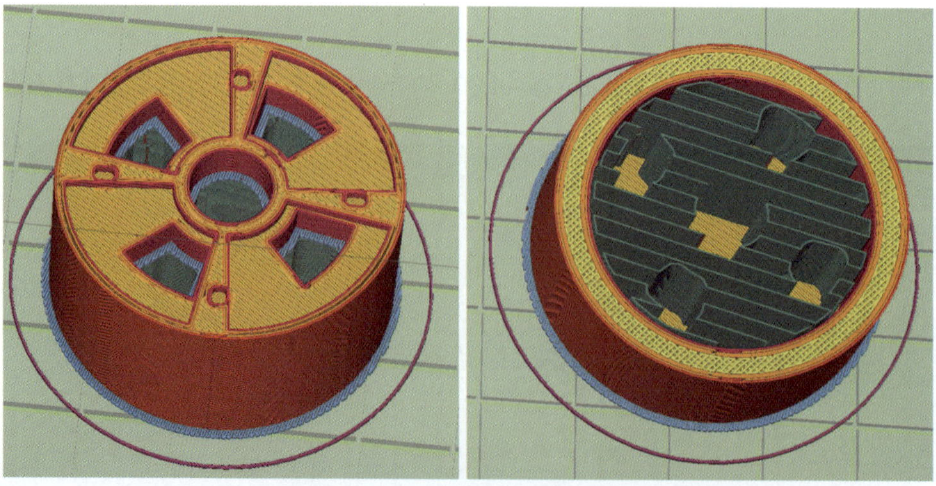

图 32　阀体打印模型分层预览

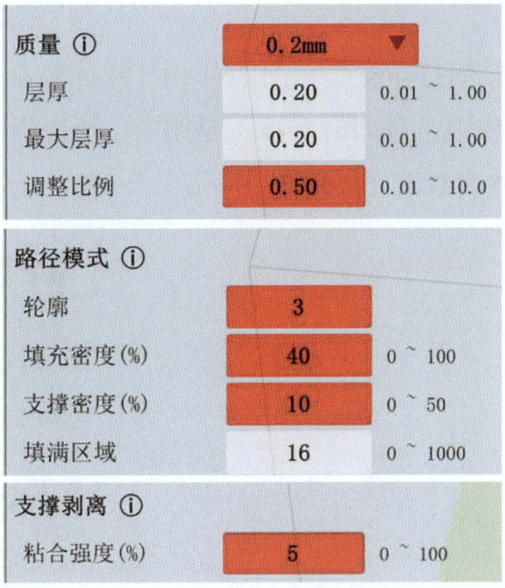

图 33　阀体打印参数设置

（4）阀叶与垫片

由于阀叶与垫片均属于外形较规则且稳定的零件，而且不需要支撑（图 34），所以设置整体打印质量为 0.2 mm，且取消勾选密集支撑选项，参数设置如图 35 所示。

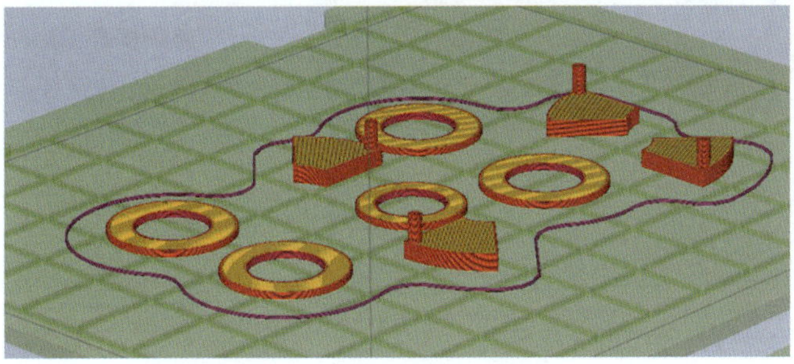

图 34　阀叶与垫片打印模型分层预览

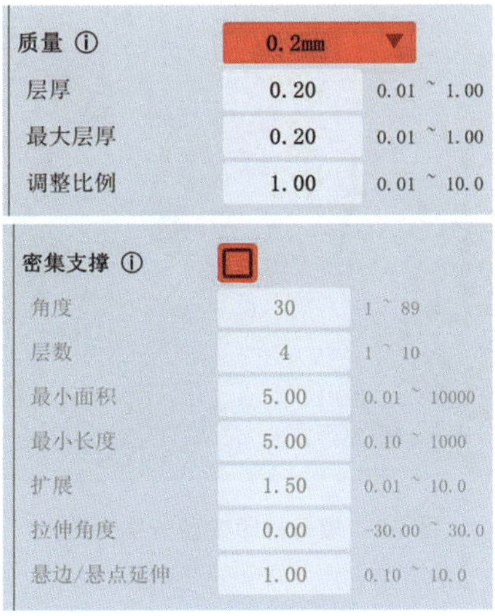

图 35　阀叶与垫片打印参数设置

（5）螺母

初始参数设置会使螺母的螺纹间打印支撑（图 36）由于空间较小，较难拆除，且极易在拆除支撑时损坏螺纹，而实际上螺纹的角较大，打印时支撑不是刚需，所以设置参数时取消勾选密集支撑，整体打印质量设置为 0.15 mm，具体参数设置如图 37 所示。

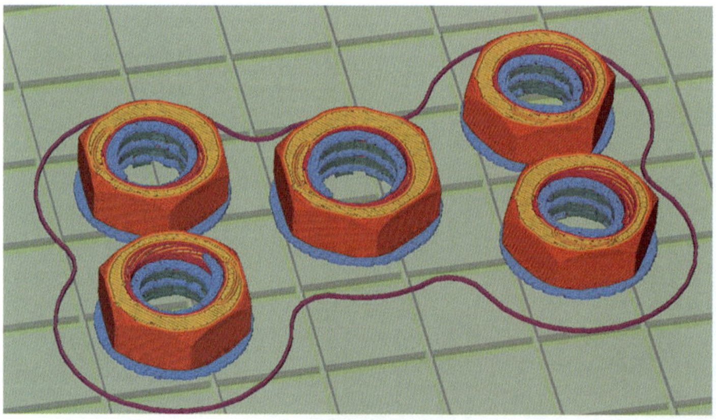

图 36　螺母初始参数打印模型分层预览

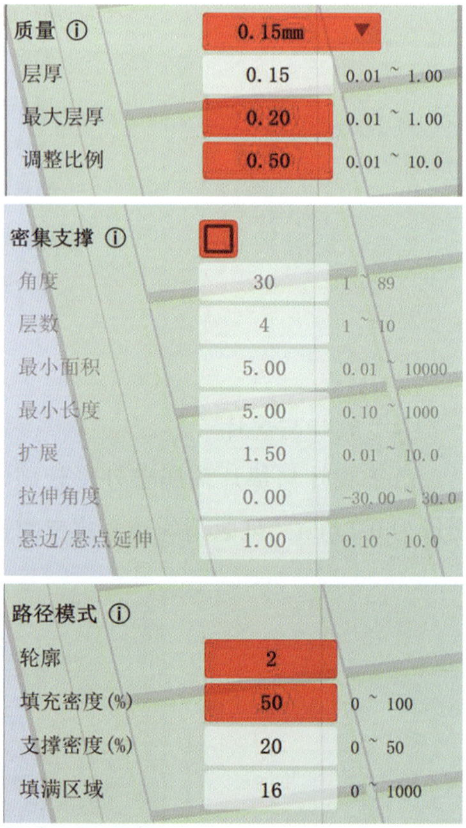

图 37　螺母打印参数设置

分层模型效果如图 38 所示。

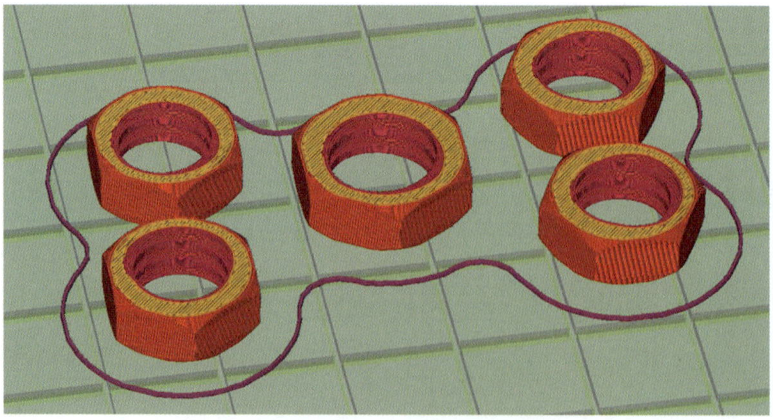

图 38　螺母打印模型分层预览

6 打印过程

管路和阀盖、阀体、阀叶的打印过程分别如图 39 和图 40 所示。

图 39　管路打印过程

图 40　阀盖、阀体、阀叶打印过程

7 成果展示

7.1 模型最终装配体

模型最终装配体如图 41 所示。

图 41 模型最终装配体

7.2 功能测试

（1）4 个开关单独控制 a、b、c、d 4 个区域的开通和关闭

开关均是从左往右拨使水通道关闭，出水管不出水；从右往左拨使水通道打开，出水管出水（图 42）。

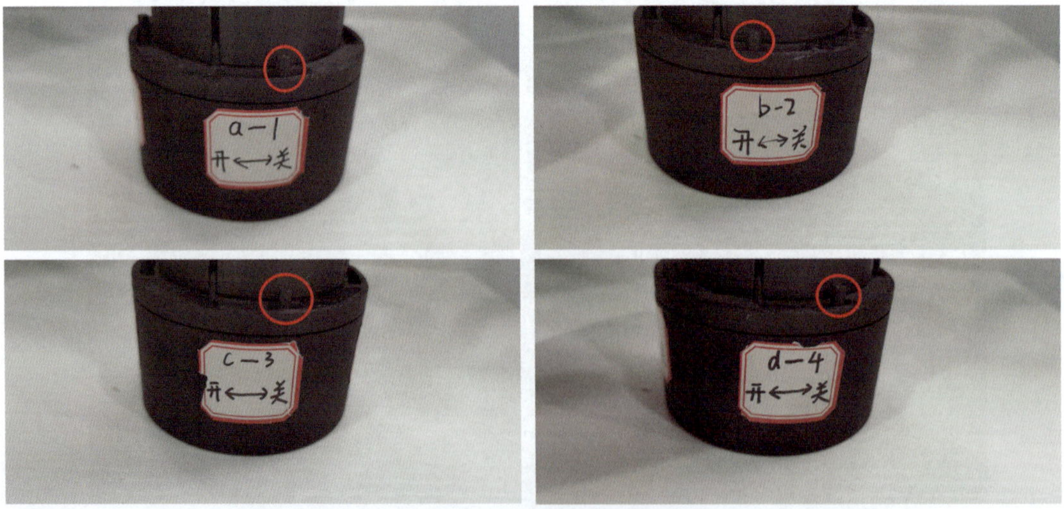

图 42 4 个阀门的开关控制

功能测试演示如图 43 所示。

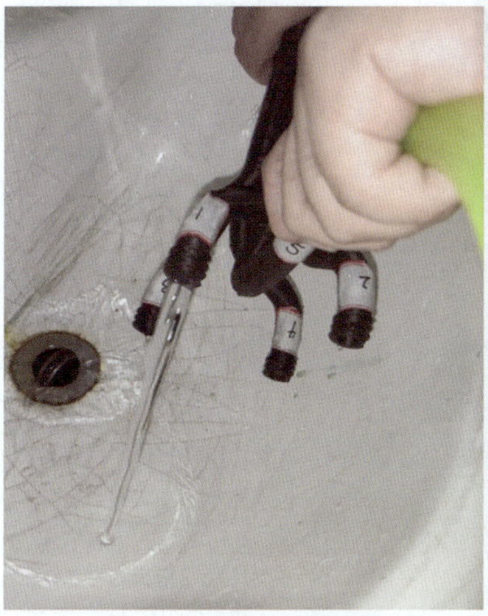

流向1：a-1打开，b-2关闭，c-3关闭，d-4关闭

流向2：a-1关闭，b-2打开，c-3关闭，d-4关闭

流向3：a-1关闭，b-2关闭，c-3打开，d-4关闭

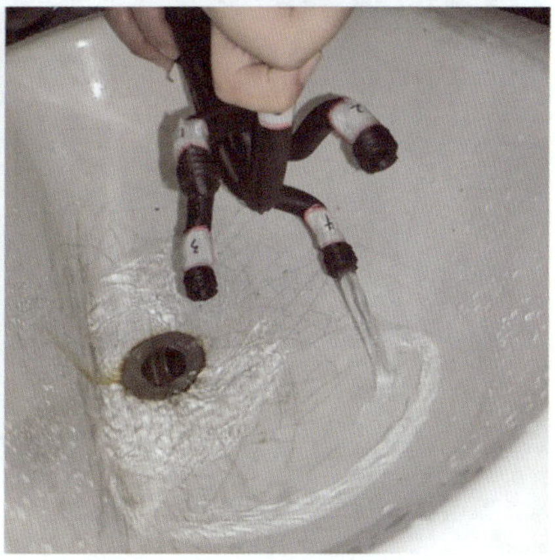

流向4：a-1关闭，b-2关闭，c-3关闭，d-4打开

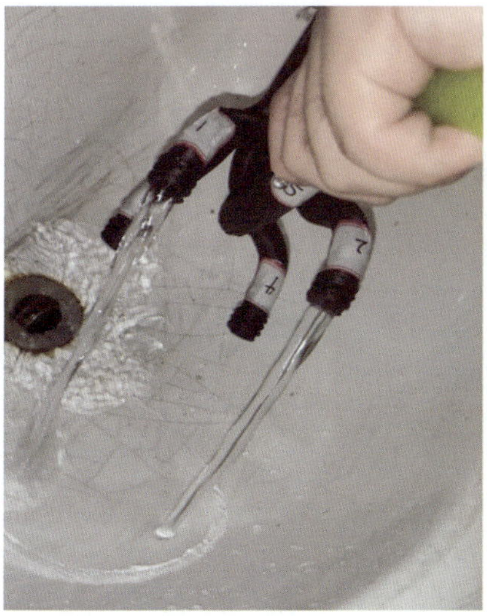

流向5：a-1打开，b-2打开，c-3关闭，d-4关闭

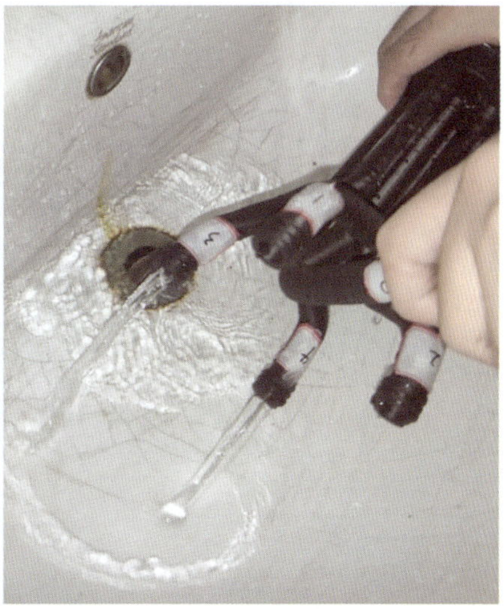

流向6：a-1关闭，b-2关闭，c-3打开，d-4打开

图 43　功能测试演示

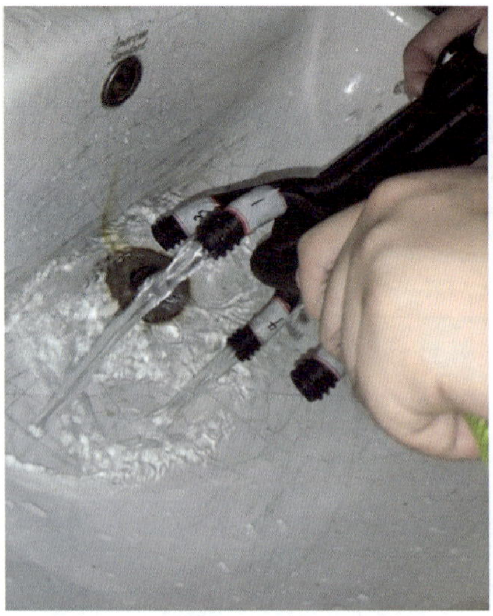

流向7：a-1打开，b-2关闭，c-3关闭，d-4打开

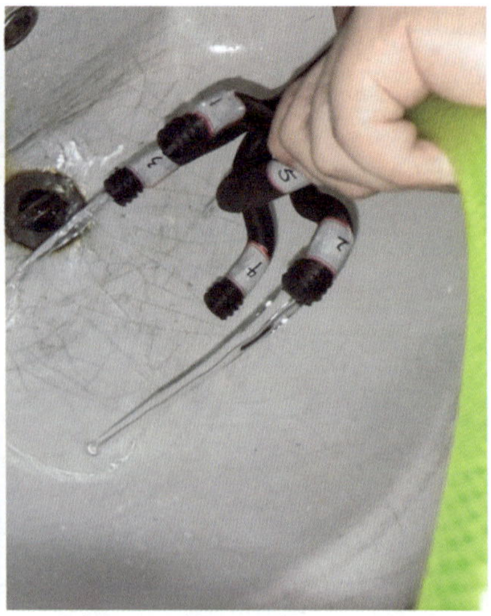

流向8：a-1关闭，b-2打开，c-3打开，d-4关闭

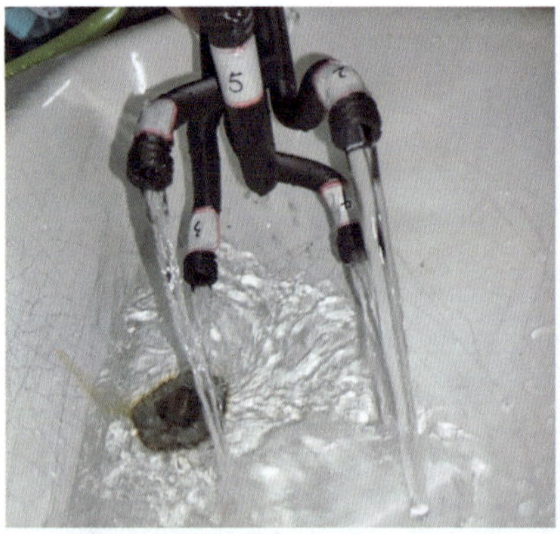

流向9：a-1打开，b-2打开，c-3打开，d-4打开

开关阀体

图 **43**（续）

作品 3　旋钮式家用多管道流向控制阀产品创新设计与 3D 打印制作

工艺说明书

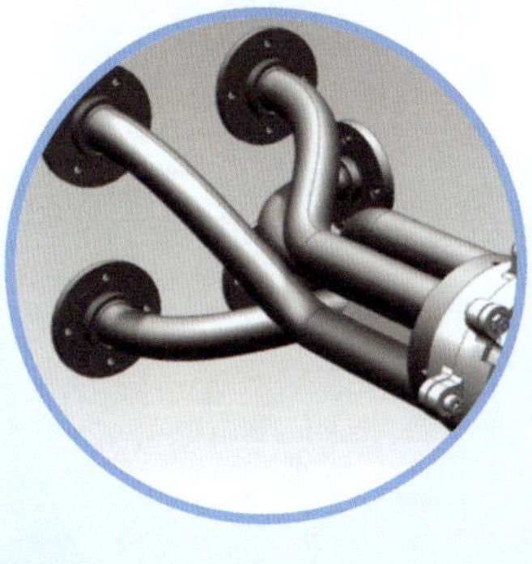
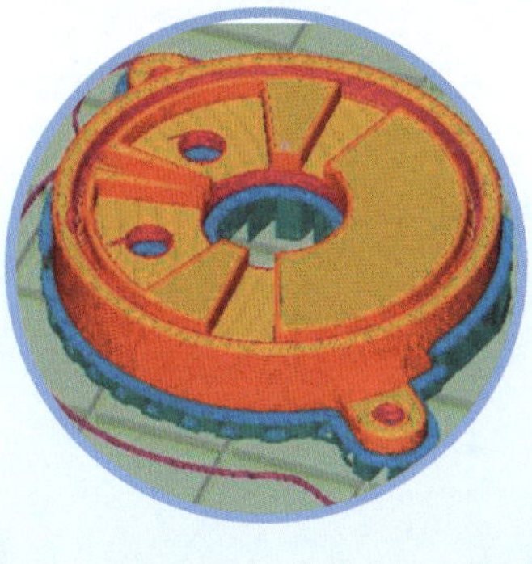

目　录

1 产品设计背景调研

1.1 设计背景

水是人类生活中不可或缺的资源之一，但淡水资源的紧缺（图 1）使人们并不能一味地不加处理地从自然界中取水，而是要经过多道处理将雨水、海水、污水等水资源同样纳入人类用水来源清单之中。然而，随着城市化进程的加速和人口的增长，对于高效、可靠、多样化的水资源管理和分配的需要越来越迫切。一系列诸如蒸馏、过滤、软化、加热等的水处理方式应运而生。这其中不仅有一个源头一个终点、多道工序按顺序依次进行的串行输水过程，同样也有为了提高效率，同一源头的多条管路同时打开并行输送到不同工序中的并行输水过程。

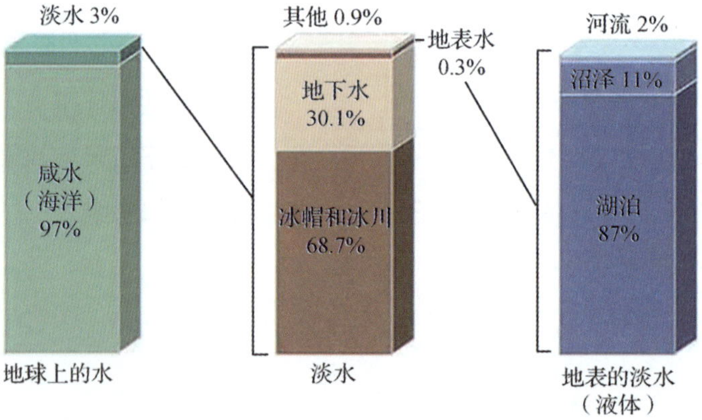

图 1 全球淡水资源占比柱状图

这些需求的提出给管道工程师的设计制造了许多难题：如何在有限的空间中排布起点终点各不相同的复杂交错的输送管道（图 2）？怎样实现多条管道的并行输出与独立输出的可操控性？怎样设计兼具耐用性和易更换性的管道系统？

图 2 复杂交错的输水管道

为了满足以上不断增长的用水需求，本项目旨在针对具体需求设计一套输水系统，以高效、省空间、可变化的方式将水资源从水源地输送到各个用水单位。

1.2 常见输送管道形式

现代的管道系统通常由干管、立管、支管组成。干管是指从室内总阀门（或水表）至给水立管之间的管段，也叫总管；立管是指垂直于建筑物各楼层的管道；支管是从立管上引出，在同层内将输送物配至不同终点的管道，这些管道与不同配水阀门、控量阀门、换向阀门等连接件搭配使用，形成功能各异的管道系统。

1.2.1 枝状管道系统

枝状管道系统是指由干管输水经立管送至各层再由支管分发各处的单向供水形式，根据干管布置位置在建筑的上、中、下部还可细分为上供式、中分式、下供式，一般建筑物中供水管路常用枝状供水（图 3）的形式。这种模式的特点是能够配合墙体形状，将管线埋于墙中，且不需太多设计，造价低。不过这种形式比较浪费管材，浪费空间，过多的直角连接会使管道可靠性差、易损坏、易破损，且由于输水具有单向性，所以管线中一处损坏会致使其后所连管路全部失效，不宜用于重要用水场景。

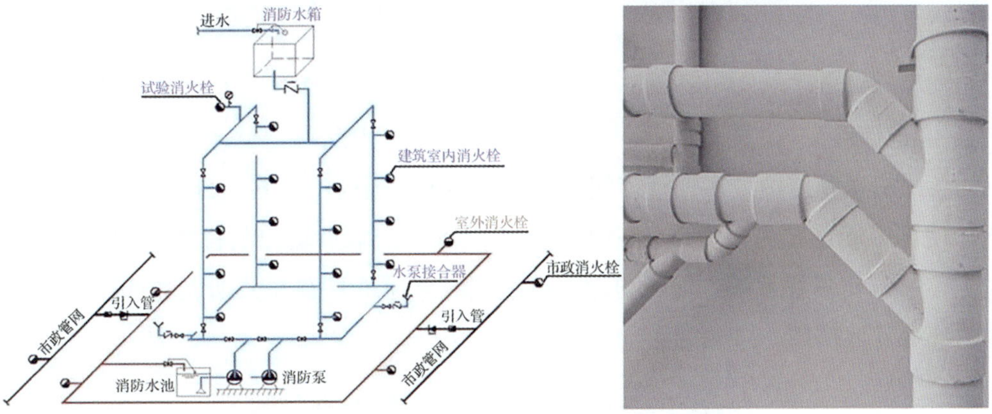

图 3　枝状供水系统示意

1.2.2 环状管道系统

环状管道系统（图 4）是一种管道之间存在相互连通的布局方式，它的管道呈环状或者近似环状，而不是像枝状管道系统那样呈分枝状。环状管道系统的优点是供水安全，当某段管道发生故障时，只要在两端管路阀门关死，断水的范围较小；环状管道的缺点是管线长，布置麻烦，成本高，在急需关断整条管路时需关闭所有阀门，十分麻烦。

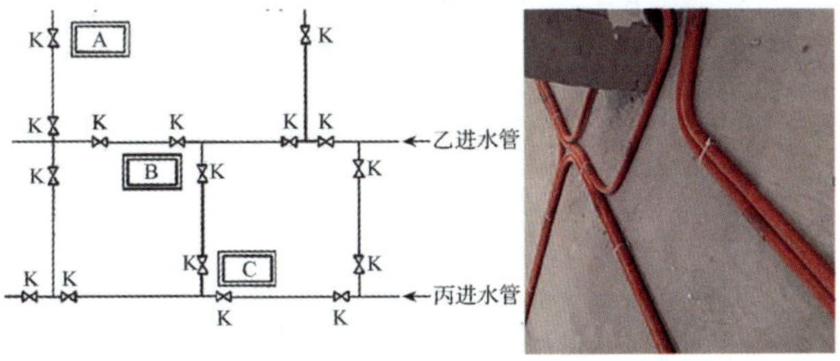

图 4　环状管道系统示意

1.3 常见连接件

1.3.1 开关阀

一般管道，为了实现对管道通断的控制，必定要在管线首尾加装开关阀，在同时具有多个管线时，也只能人为选择要开关的管线，找到其对应的开关阀打开或关闭（图 5），这样虽能实现对不同管线独立的控制，但操作过程十分不便，如若多根管线开关位置接近，很有可能发生开启错误管线的情况。

a 开关阀

b 多个开关阀分别控制的管道

图 5 开关阀

1.3.2 多通连接件

在常见的各式输送管道中，多个管道间的连接依赖于多通这一形式，即一个一对多的连接转换头，如图 6 所示。使用多通连接可以实现从一个端点引出到多个端点输出的操作。但多通连接形式固定，占用空间较大，一旦安装好就不方便再更改线路，同时多通不具有开关功能和选线功能，只能作为固定管线中的一部分发挥作用。

图 6 传统三通

1.4 传统管道系统存在的问题

针对上述对传统管线上两个重要部件的分析，总结出如下问题：

（1）从同一源头输出的多条并行管线不能更改。

（2）多条管线无法用统一开关操控开启和关闭，操作麻烦。

（3）使用多通后，系统占地较大，无法满足狭小空间中的管线布置需求。

有了这些问题，产品的设计目标也就明确了：设计一套能容纳在狭小空间中多管线由一个统一开关控制开启与关闭的管道系统。

2 产品结构设计

2.1 产品整体设计

本产品的整体设计出发点是设计一款节省空间、便于拆卸的水处理设备之间实现流向控制的装置，以做到将家用热水器、净水器和饮水设备等连通起来，利用本产品设计的流向控制阀，仅通过一个旋钮装置，便可以控制不同组合类型的水流流出。

如图 7 所示，产品主要由 5 个部件组成："1、2、3、4、5 号水管""水管连接件""流向阀连接件""流向阀底座""流向阀旋钮"。流向阀底座和旋钮通过精巧设计的角度配合，实现题目中要求的 9 种流向控制。流向阀连接件用于连接流向阀和 1、2、3、4、5 号水管。水管连接件用于连接管路设计区域设计的水管和外界接入的市面上标准的 PPR 国标管材，方便与国标管材的连接，增强通用性。

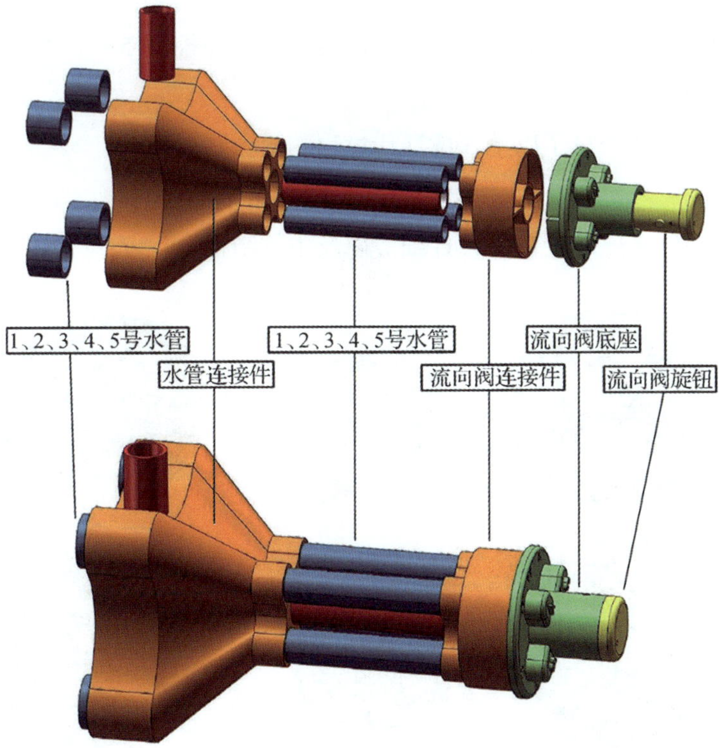

a 模型图

图 7　产品展示模型图与实物图

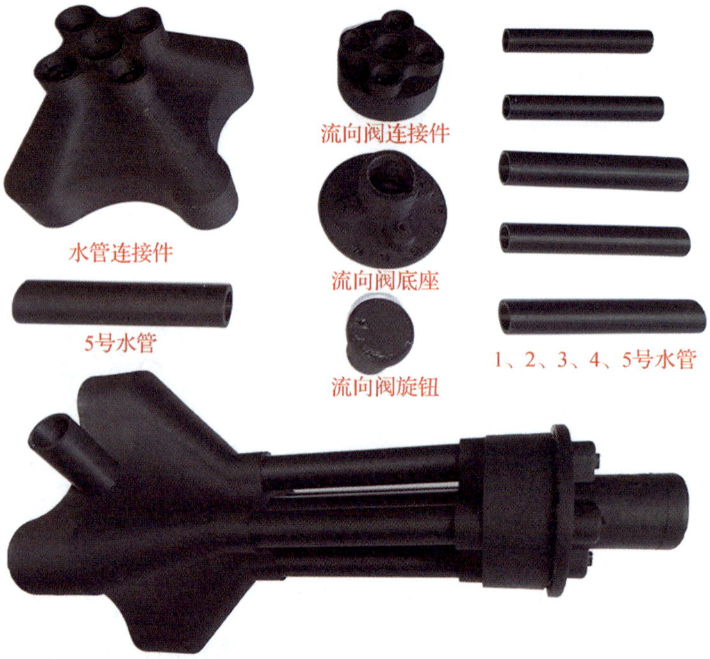

b 实物图

图 7（续）

2.2 产品零件设计迭代过程

本产品主要由 3 个零件装配而成，下面介绍各个零件及其设计迭代过程。

2.2.1 流向阀结构设计

流向阀旋钮和流向阀底座进行配合，通过不同旋转角度从而控制 5-e 进水口向 1-a、2-b、3-c、4-d 出水口组成 9 种不同的流向组合。

流向阀旋钮结构设计主要经过了以下 3 次迭代过程。

1. 第一版

图 8 展示了初代流向阀底座和旋钮的设计细节以及主体结构。

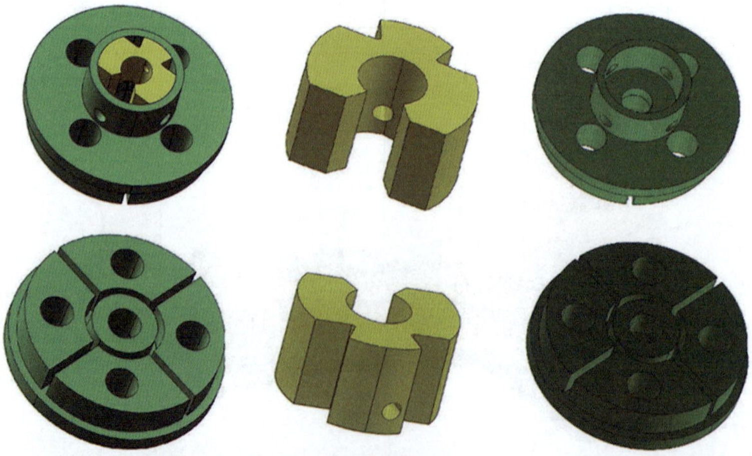

流向阀装配体　　流向阀旋钮　　流向阀底座

图 8　第一版流向阀设计

位于中部的弧形中空结构对应着 5-e 号进水口，侧壁贯穿孔设计为一个特定角度的出水口，旋钮侧面轴向切除了部分结构，流向阀旋钮通过侧面切除部分和侧壁贯穿孔的旋转配合实现控制 4 个出水口的开闭组合情况，进而实现题目中要求的前 8 种流向组合。第 9 种四孔全通的流向情况，通过轴向抬升流向阀旋钮来实现。

利用装配体的剖视图来讲解 9 种流向组合的实现原理。

（1）单孔出水实现原理——流向 1、流向 2、流向 3、流向 4

如图 9 所示，流向阀底座和流向阀旋钮紧贴，将大孔对准出水孔，同时避免小孔对准任意出水孔即可实现单孔出水。

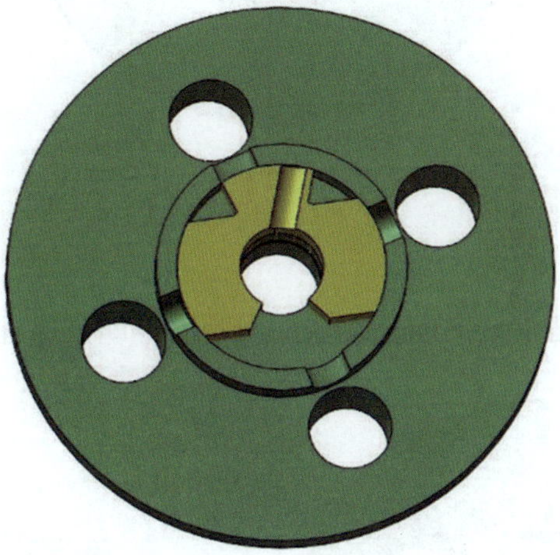

图 9　单孔出水实现原理

接下来为了实现双孔出水，根据任务书要求，将双孔出水的流向控制分为两种情况，在几何关系上，分别是邻近几何关系和相对几何关系。

（2）双孔出水（邻近出水）实现原理——流向 5、流向 6

如图 10 所示，将大孔对准两邻近出水孔同时避免小孔对准任意出水孔，即可实现邻近的双孔出水。

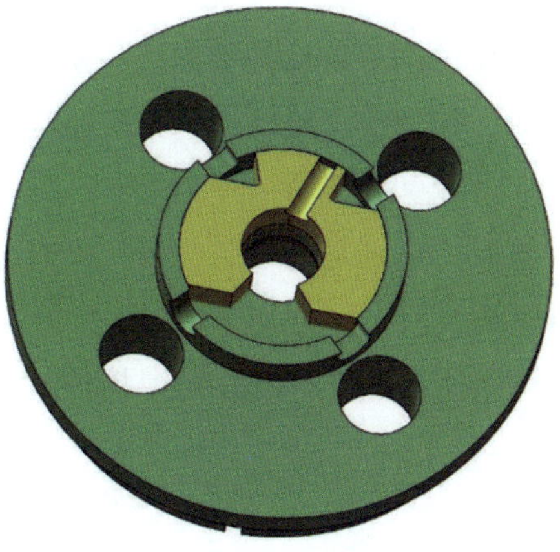

图 10　双孔出水（邻近出水）实现原理

（3）双孔出水（对向出水）实现原理——流向 7、流向 8

如图 11 所示，将大孔对准单一孔的同时让小孔对准另一孔则可满足对向出水。

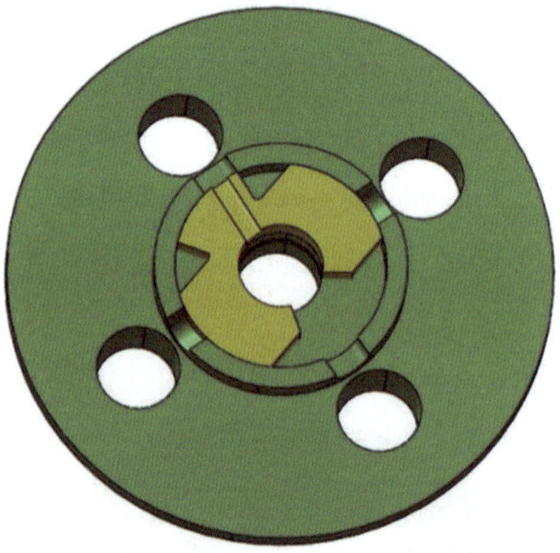

图 11　双孔出水（对向出水）实现原理

（4）四孔出水实现原理——流向 9

如图 12 所示，将流向阀旋钮沿轴向向上提取一段距离，即可保证 4 个孔同时出水。

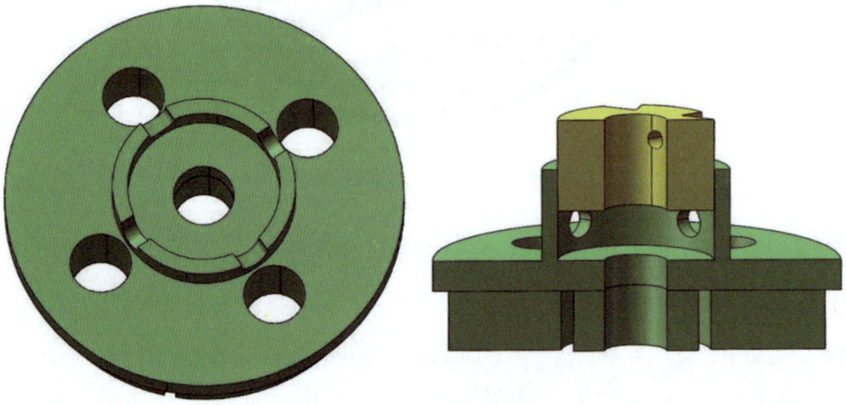

图 12　四孔出水实现原理

经过模型分析，第一版存在如下问题：

模型虽然简洁，但是缺乏很多重要的细节设计，例如挡位切换的时候，旋转角度为多少，应该旋转到什么角度对应相应的挡位。同时，作为一个旋转结构，没有为人提供可供旋转的接触部位，在后续应该增加旋钮接触部分。

该结构也没有考虑防水密封的情况，特别是全通的时候，没有考虑水压的存在，水会由于压力较大直接流出，无法很好地实现流向控制。

同时对于轴向移动没有考虑定位的问题，在移动至第二挡位时，旋钮无法固定，同时也会有很严重的漏水问题。

2. 第二版

旋钮主要是以圆柱体为基础进行设计，方便进行旋转调挡的操作同时也更加容易密封防水，通过圆柱面之间的配合实现初步的密封防水。

如图 13 所示，与第一版分流阀底座相比，该分流阀底座实现了较为不错的密封效果。通过旋钮与底座之间的圆柱配合面实现第一次防水，旋钮顶盖与分流阀底座的配合实现第二次防水，同时下方的管路也实现了密封。在此基础上，在分流阀顶部加上了许多凹槽作为标记，与旋钮上的标记相匹配，以便于后续进行挡位切换。

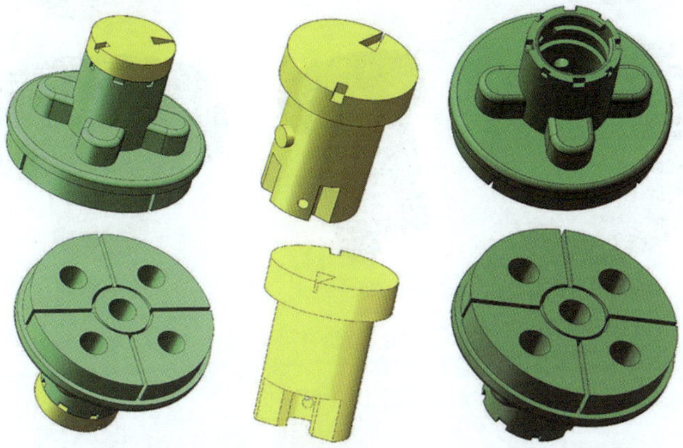

流向阀装配体　流向阀旋钮　流向阀底座

图 13　第二版流向阀设计

存在问题：挡位切换不够明确，出水孔没有进行标号，两个轴向槽口也没有进行标记，实际操作起来较为麻烦，因此还是无法第一时间就确定具体是哪一挡位。

3. 第三版

如图 13 和图 14 所示，与第二版相比，第三版缩减了出料器高度，减少了不必要的空间占用，优化了外形及内腔，不会出现液体存留情况，同时增加了密封区域的高度；将外螺纹改为内螺纹，并增加了螺纹宽度和螺距，增加了耐磨性；增大了旋钮侧壁贯穿孔的直径，与 1、2、3、4 管直径相同，进而增大水流量。

经过三版迭代，第三版出料器解决了前两版存在的问题，具有体积小、耐用性高、耗材少、结构精简等优势，达到了预期的效果。

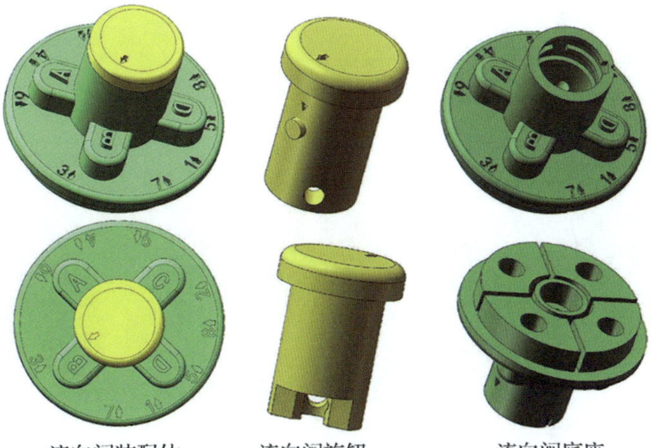

流向阀装配体　流向阀旋钮　流向阀底座

a 模型图

图 14　第三版流向阀设计

流向阀装配体　　流向阀旋钮　　流向阀底座

b 实物图

图 14（续）

通过旋钮和流向阀底座进行配合可以实现 9 种组合的流向控制，具体实现方式通过图 15 至图 23 的半剖视图和局部剖视图展现。

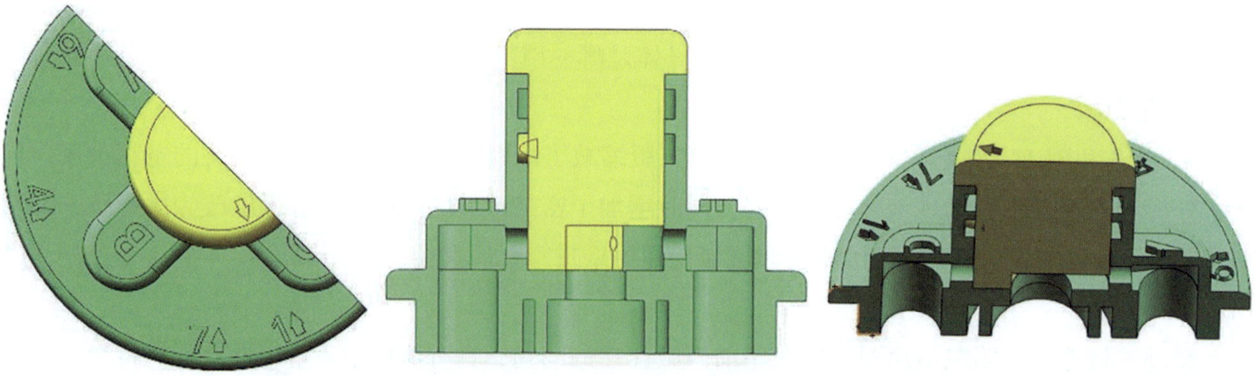

图 15　流向 1 旋向实现原理

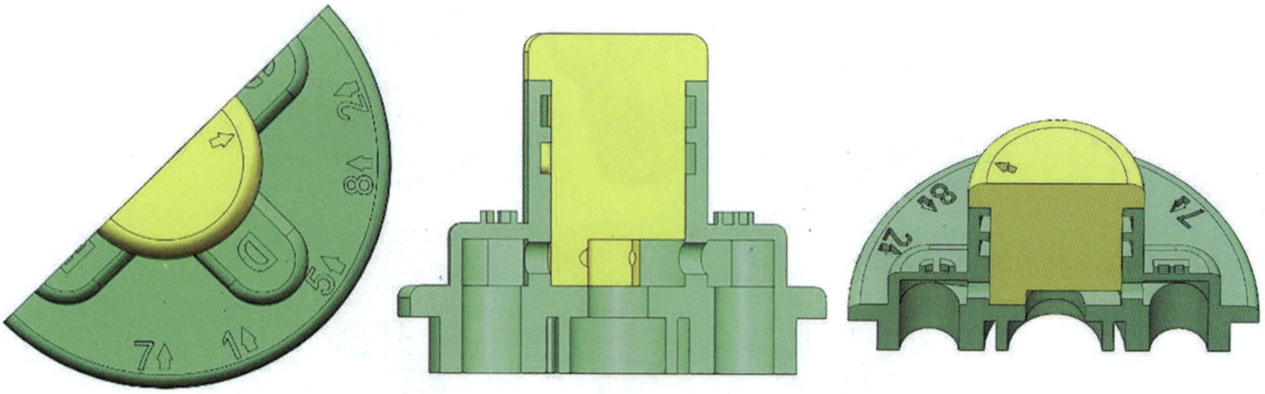

图 16　流向 2 旋向实现原理

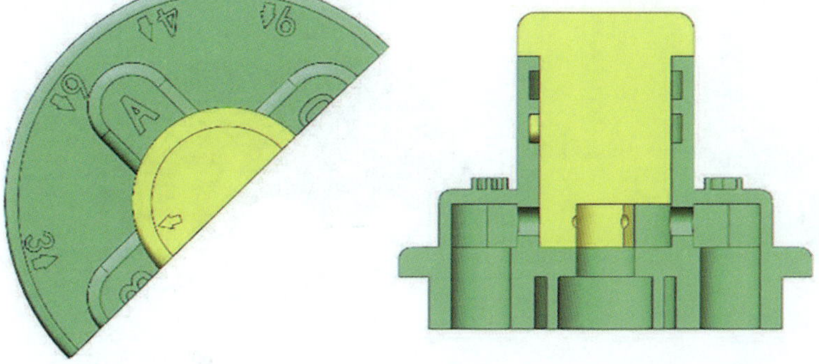

图 17　流向 3 旋向实现原理

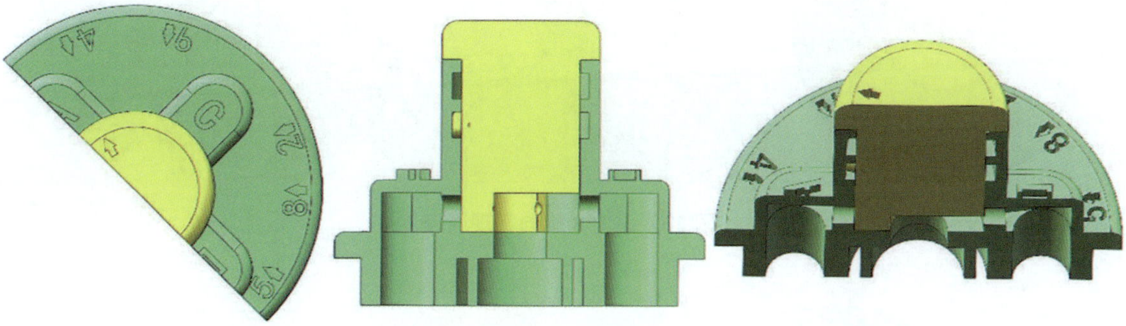

图 18　流向 4 旋向实现原理

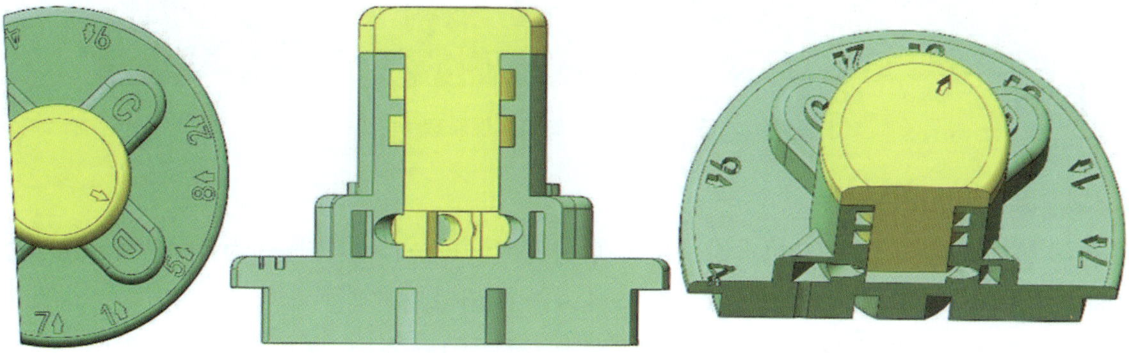

图 19　流向 5 旋向实现原理

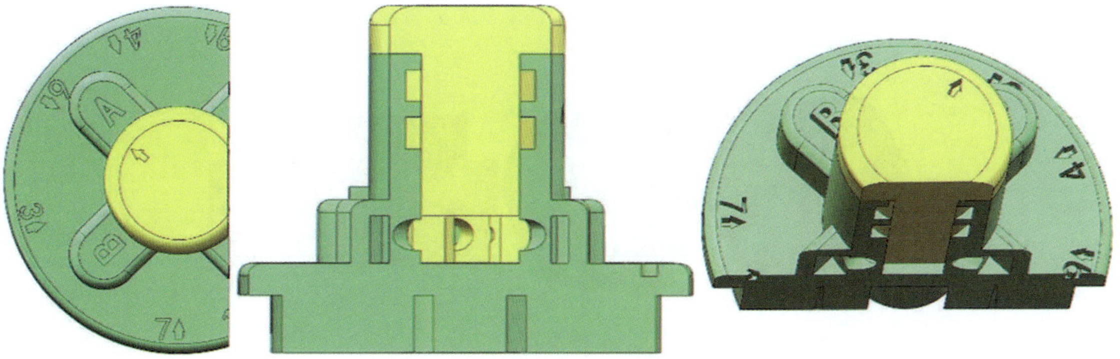

图 20　流向 6 旋向实现原理

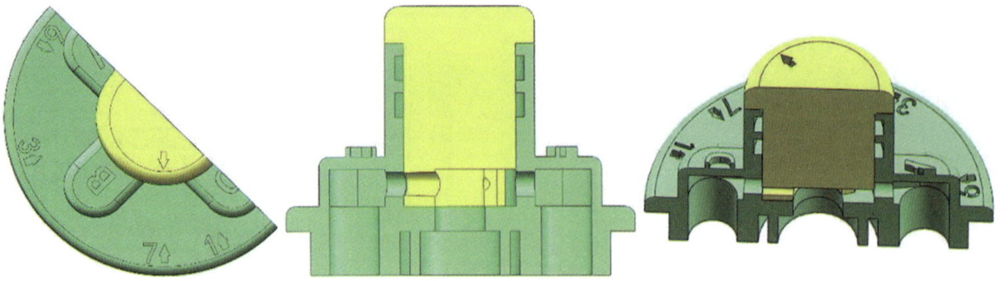

图 21　流向 7 旋向实现原理

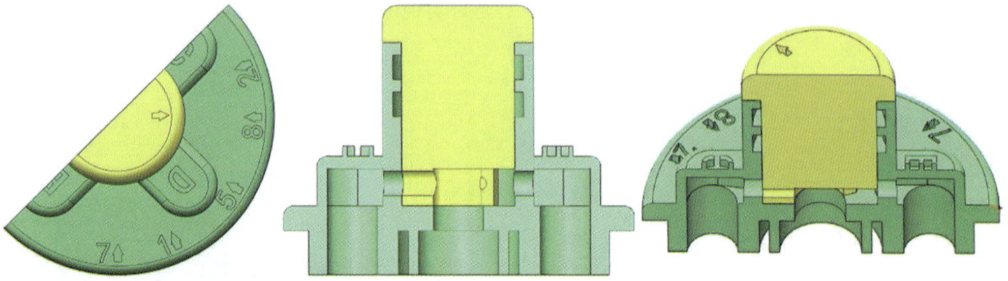

图 22　流向 8 旋向实现原理

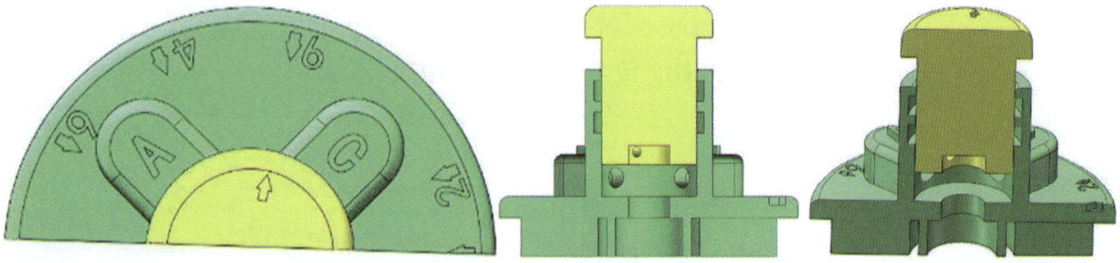

图 23　流向 9 旋向实现原理

2.2.2　流向阀连接件设计

如图 24 所示，流向阀连接件负责连接流向阀结构和管道结构，以支座作为合并装置，将 5 根管在此处汇合，实现题目要求的“至 a、b、c、d、e 合为一个整体结构”。

后续水管连接件和水管结构均为直管，为了实现题目中 1-a 连接、2-b 连接、3-c 连接、4-d 连接、5-e 连接，完全直管结构不能实现上述的连接，故将流向阀连接件中接口设计为错位旋转连接结构，如图 24（a）中右侧图所示，进而实现题目中要求的 1-a 连接、2-b 连接、3-c 连接、4-d 连接、5-e 连接实现出水。

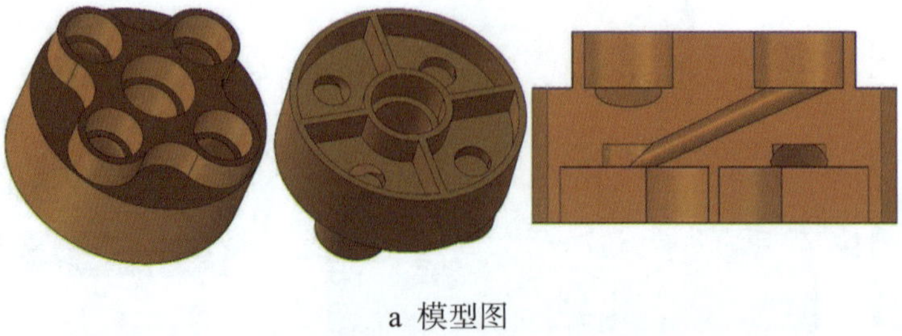

a 模型图

图 24　流向阀连接件实现原理

b 实物图

图 24（续）

2.2.3 水管与水管连接件设计

水管和水管连接件为题目中要求的管道设计内容，负责和流向阀连接件，实现 1-a 连接、2-b 连接、3-c 连接、4-d 连接、5-e 连接。

水管和水管连接件设计经历了 3 次迭代过程。

1. 第一版

如图 25 展示了第一版的水管结构设计。根据液压课程中学到的液压阀结构，本团队最初想采用一体化的空腔阀体结构，满足题目要求的立方体（140 mm × 140 mm × 180 mm）中剖出管道结构。

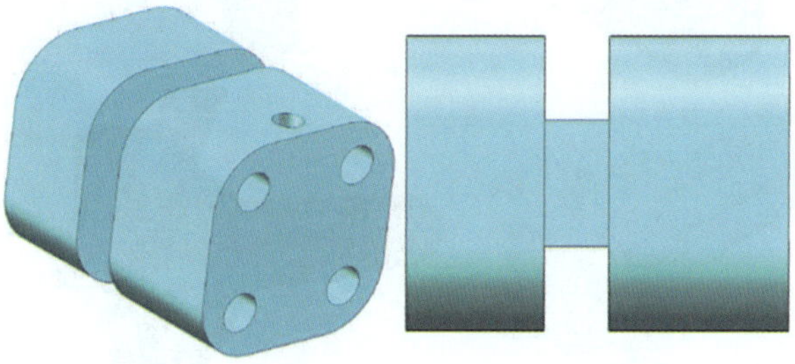

图 25　第一版水管和水管连接件设计

此设计思路简单，结构不易损坏。

存在问题：此设计耗材大而空间利用率低，打印时内部支撑难以去除且无法完全保证质量。一经损坏，整个管路需要维修和更换，难度极大。结构只适用于此种场景，基本不具有实际应用性。

2. 第二版

如图 26 所示，根据第一版本空间占用较大的问题，设计纯薄壁水管结构组成的第二版水管结构。按照题目要求的水管连接要求设计弯管结构。

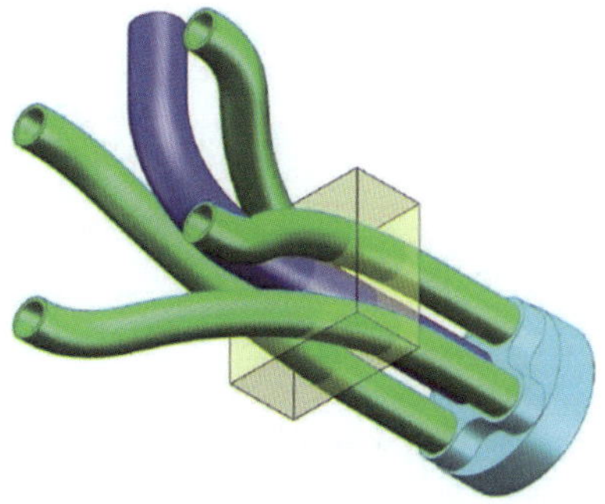

图 26　第二版水管和水管连接件设计

该方案可以大大减少耗材的消耗，便于拆卸，如果水管泄漏便于更换，空间利用率得到极大提高，4 根进水管完全相同具有很强的中心对称性。

存在问题：增加了打印的难度，在直径远小于长度且具有弯折的情况下，打印质量难以保障，需要增加大量支撑结构。可以通过增加壁厚改善，但是流量本就较小，增加壁厚会再次挤压流量。由于题目中的对应关系限制，管道沿各坐标轴的弯折距离受到严格限制，其实际应用范围极其局限（图 26 中淡黄色立方体为题目的限制范围）。

3. 第三版

如图 27 所示为第三版结构设计，该方案采用直管结构，将第一版和第二版的结构模型结合起来，设计了 1、2、3、4、5 号直管结构、集成化的水管连接件结构和上述提到的流向阀连接件结构，使管道在此处实现对应方向的变化，实现便于打印、方便拆卸的题目要求和生活需求。

水管连接件内部结构如图 28 所示。

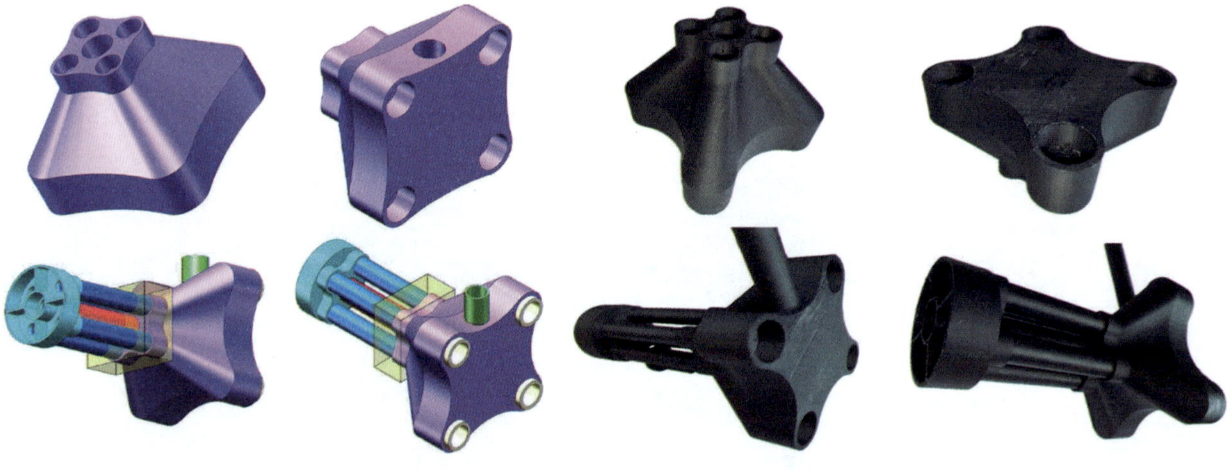

a 模型图　　b 实物图

图 27　第三版水管和水管连接件设计

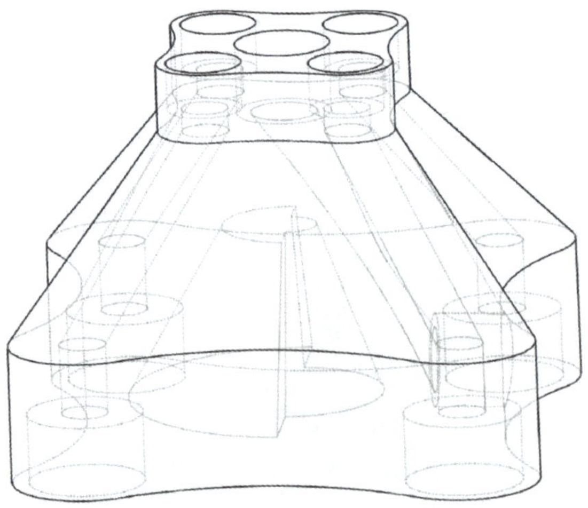

图 28　水管连接件内部结构

本零件可较好地实现题目要求，虽然比单纯的弯管空间利用率略有降低，但是加工难度和成本均能得到降低，并且在管道弯折处增大了强度。

本结构适合于直管的安装固定，更换机器内管道时较为便利。在排查故障时更易发现问题位置，提高效率。根据流体分析管道的曲率变化与水流冲击力关系，设计管道使其受到的冲击力尽可能下降。

此设计也可以满足实际生产生活中的管道连接，标准化后易投入批量生产，依据国家标准管道尺寸、标准，则只需改进尺寸，增加侧孔数量满足较多数量的生活中净水等设备的实际需求。

2.2.4 密封结构设计

本次设计并非一体化结构，对于管道连接和引导水的流向，密封性尤其重要。

密封性需要着重关注的位置是：①流向阀旋钮与流向阀底座的配合；②各管道与零件的连接。

1. 在工艺设计上

针对密封问题，借用如图 29 所示的负泊松比材料、结构，可以在轴表层打印某些特定形状的蓬松的结构，即空间三维纹理，利用弹性，挤压进入。挤压过程中，由于采用负泊松比结构，截面积就会因挤压反而缩小，正好塞入，在塞入后恢复形变，安装轻松且日后满足密封性。

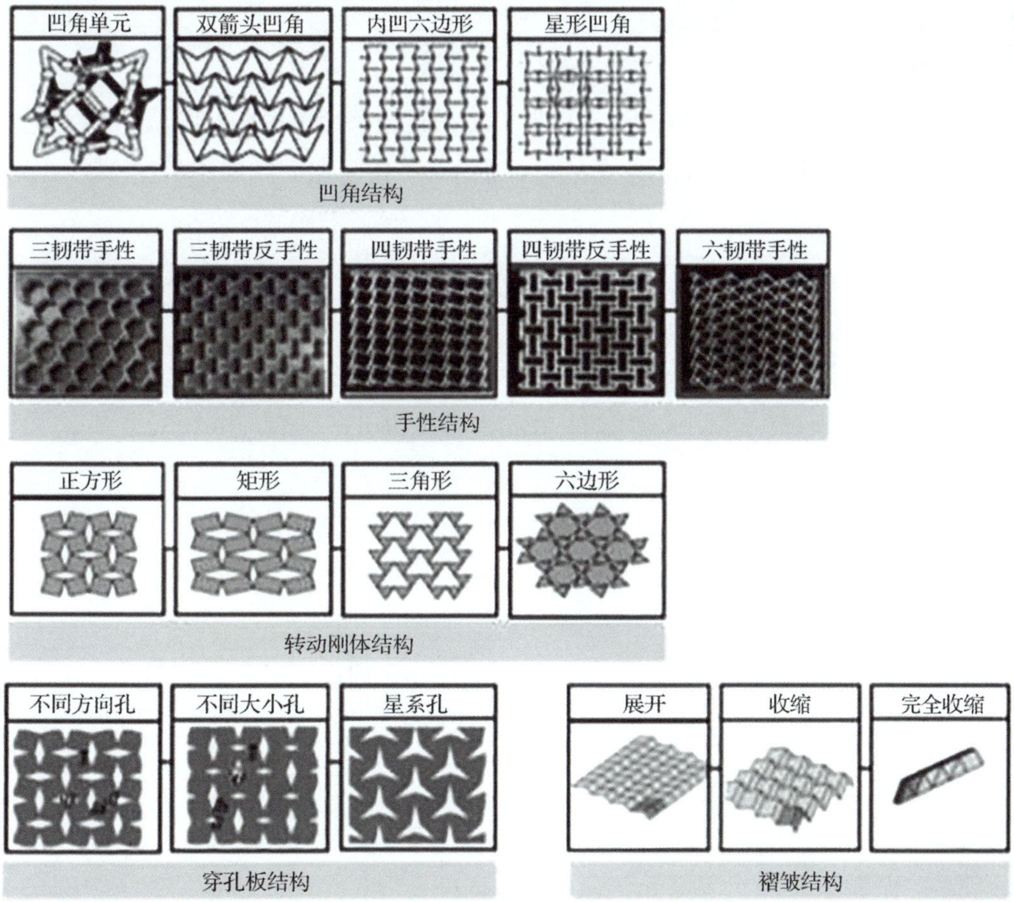

图 29 负泊松比结构实例

采用此方法能够体现 3D 打印优势，若采用机械加工，则几乎无法完成此机构。而 3D 打印由于加工方法的独特，在理论上可以完成此设计。

故本次打印中尝试了负泊松比结构对流向阀进行密封，在流向阀旋钮周围增加一圈负泊松比结构，图 30 所示为打印出的带有负泊松比结构的流向阀旋钮。

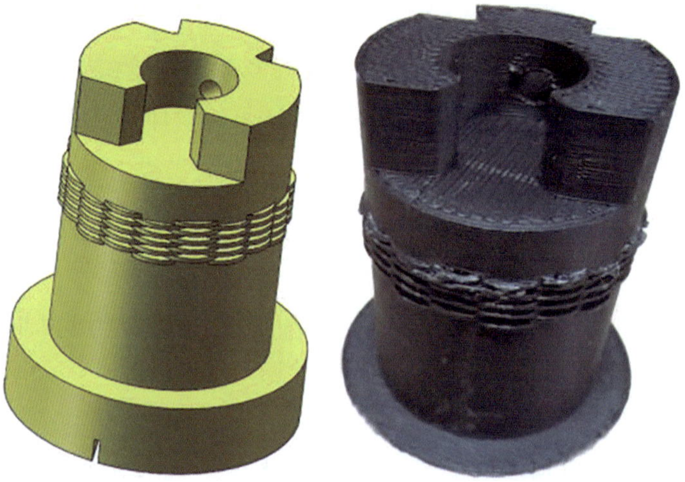

图 30　带有负泊松比结构的流向阀旋钮

但由于 3D 打印出来的负泊松比结构较为坚硬，无法实现负泊松比的密封结构与功能，最终暂时放弃此方案，寻求在结构设计上进行解决。

2. 在结构设计上

为了提高密封性，解决漏水问题，在设计中对需要密封处采用过盈密封配合。在一些既需要实现密封，同时又需要与接触面有相对活动的情况下（流向阀旋钮与流向阀底座的配合），尽可能减小过盈量。

根据以往 3D 打印的经验，考虑 3D 打印材料收缩比例及形状、厚度等的变化，再对三维模型的数据进行微调，留下装配余量，从而提高精度，得到更优装配。

图 31 所示为本次方案采用的过盈密封配合结构，仅采用 3D 打印可以通过该方案进行，但会有一定程度的漏水情况出现。所以后续实际应用时，在密封部位留出密封槽，如图 32 所示，填入密封圈或者生胶带等，完成真正意义上的密封。

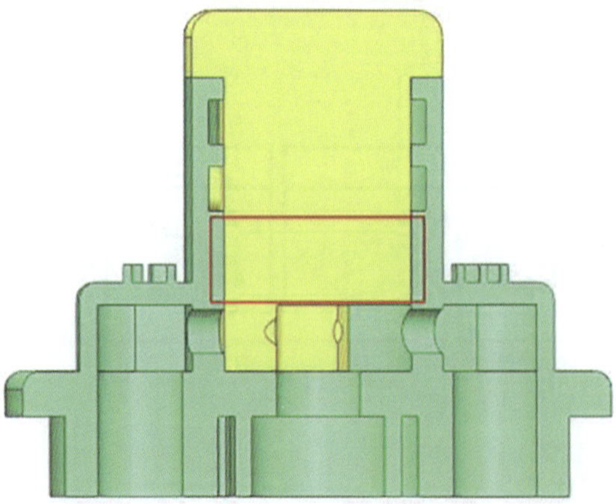

图 31　过盈密封配合结构

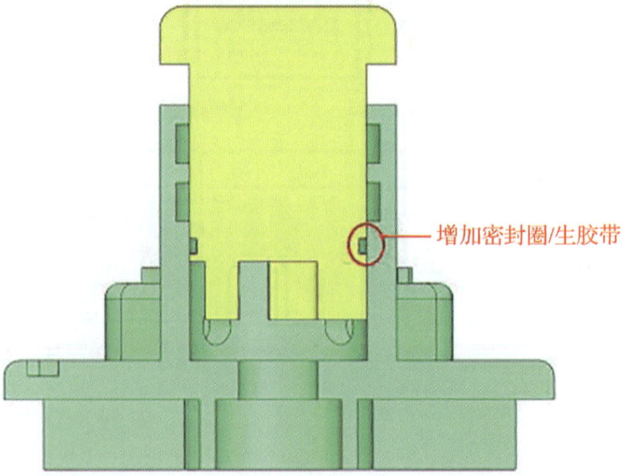

图 32　实际应用中的密封槽结构

3　打印前期准备

3.1　打印机和操作软件

如图 33 所示，选择太尔时代旗下的 Mini3 打印机，根据赛规选择 UP Studio 3 操作软件通过计算机局域网无线连接至打印机，对其进行初始化、参数设置等操作。

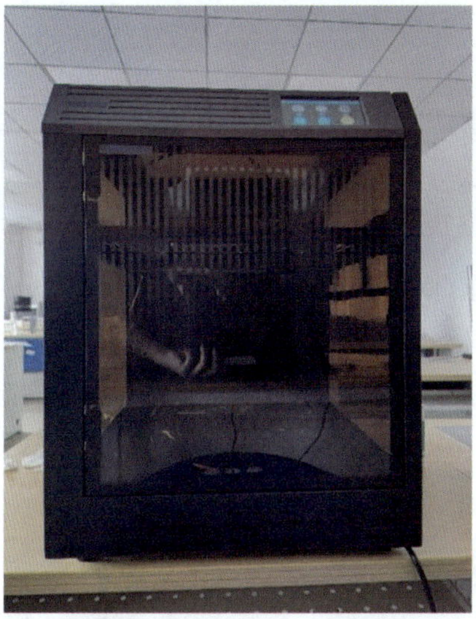

Mini3 打印机

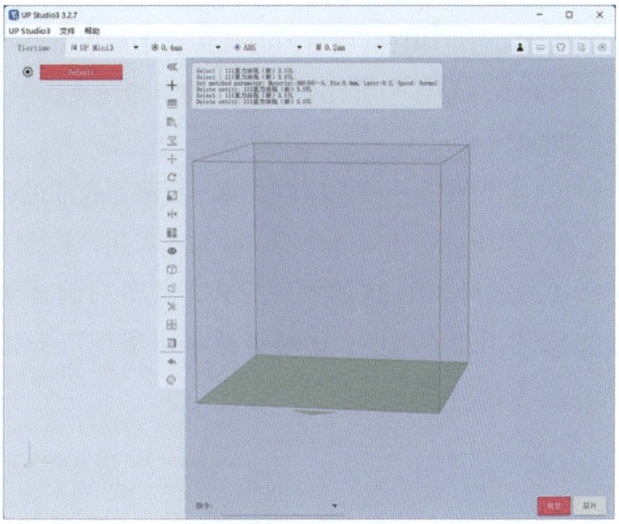

UP Studio 3 操作软件

图 33　Mini3 打印机和 UP Studio 3 操作软件

3.2　处理工具

如图 34 所示，打印前准备好铲刀、水口钳等后处理工具，利用这些工具将打印件从底板上完整取下，并将支撑去除干净。

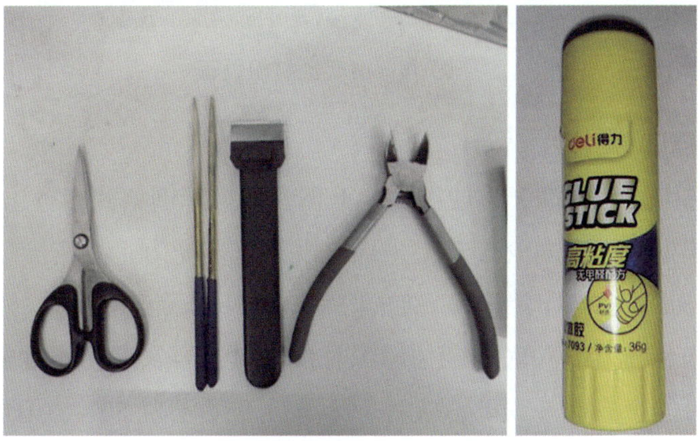

图 34　处理工具套装

为防止打印件底板翘起，提前准备打印机专用胶棒，涂抹于底板上，增大底板黏性，提高打印质量，本次竞赛前期由于没有使用胶棒导致大型零件多次打印失败，这是十分重要的经验。

4 模型打印

4.1 流向阀旋钮的打印

4.1.1 流向阀旋钮放置方向

选择流向阀旋钮打印件放置方向时，主要考虑以下几点：

（1）流向阀旋钮整体为圆柱形，因此为了避免支撑过多造成材料浪费，以及提高打印质量，可将使其倒置，如图 35 所示。

（2）上方小孔对侧有一较大槽口，便于拆除小孔中的支撑。

（3）竖直打印很容易使侧壁光滑，同时此旋钮结构也要求侧壁光滑和内壁相配合，以实现防水。

综上所述，选择如图 35 的放置方式，使流向阀旋钮竖直倒置，既方便后续的支撑拆除工作，也保证了侧壁和小孔的精度，同时能够尽可能地节约材料。打印过程和结果分别如图 36 和图 37 所示。

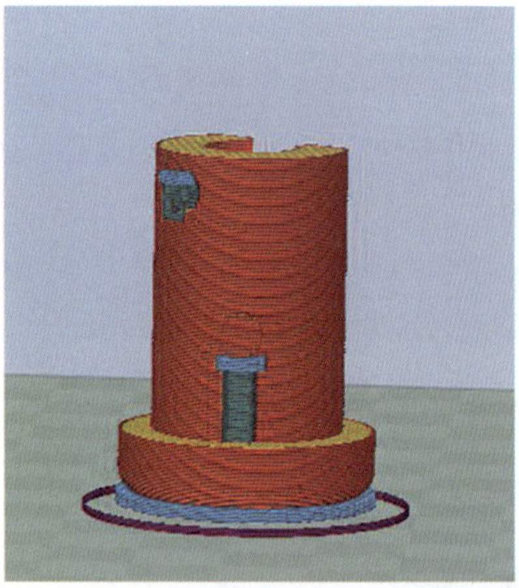

图 35　出料器模型放置示意图

图 36　出料器打印过程

图 37　出料器打印结果

4.1.2 流向阀旋钮模型参数设置

对模型整体采用低密度线性支撑，方便拆除。上下表面采用网格式走丝方式，使表面光滑耐用。

对模型进行密度分层处理，流向阀旋钮上半部分没有过多受力，故密度设置为 25%，既能满足使用需求，也能节省材料，并减轻打印件重量，如图 38 和图 39 所示。

模型下半部分，因为要与流向阀底座圆柱面配合，同时还要实现防水功能，所以会有应力作用在其表面上，加上打印件可能会有制造误差，故将下半部分密度设为 50%，增加硬度；轮廓层数设置增加为 3，增加其受力强度和提高耐用性，如图 40 和图 41 所示。

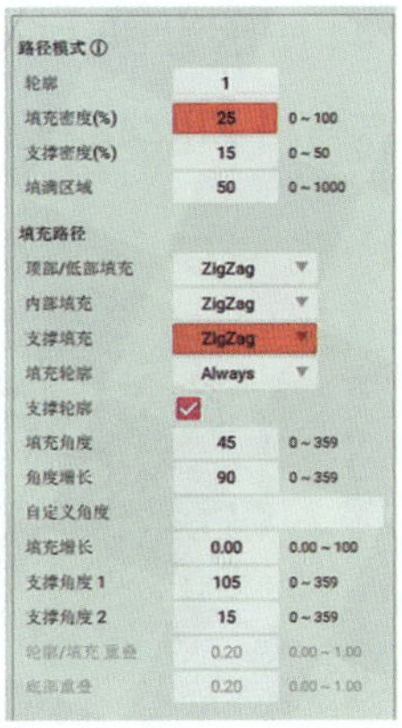

图 38　出料器上半部分参数

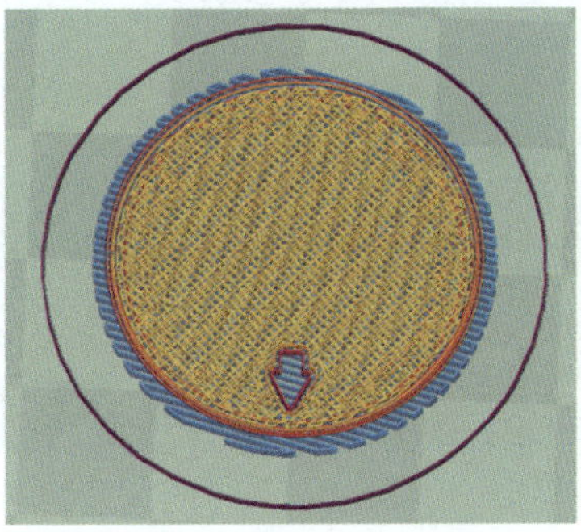

图 39　上半部分切片截面图

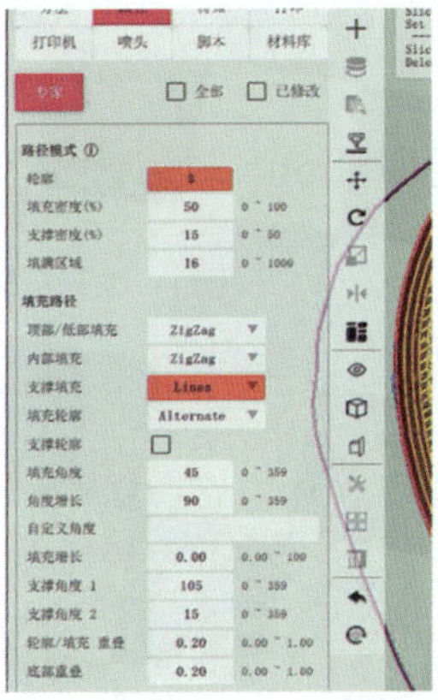

图 40　出料器下半部分参数

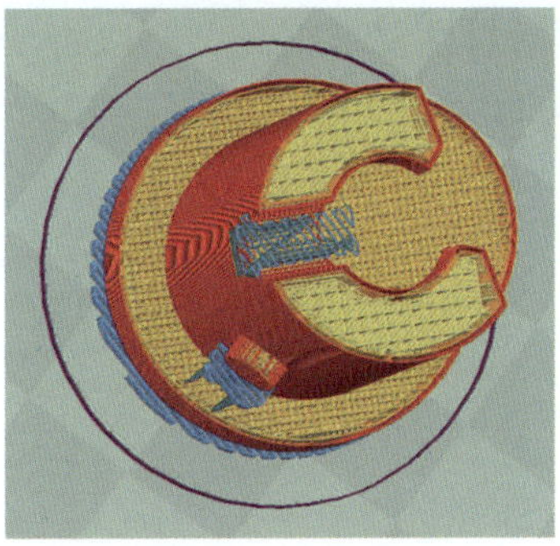

图 41　下半部分切片截面图

4.2　流向阀底座的打印

4.2.1　流向阀底座放置方向

流向阀底座虽然整体是多个圆柱体叠加，但是具有上小下大的结构特征，同时为了减少材料浪费、减小支撑，将大的一端放在下面作为基底进行打印（图 42）。打印结果如图 43 所示。

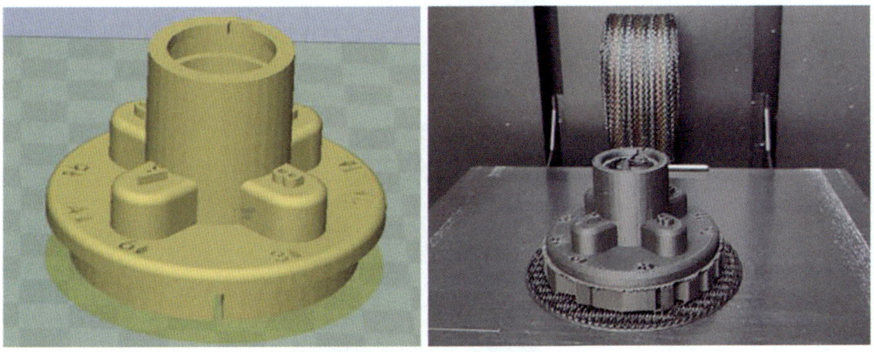

图 42　流向阀底座放置方向示意图

图 43　流向阀底座打印结果

4.2.2　流向阀底座参数设置

最初由于认为模型是类圆柱体结构，觉得用 offset 等距偏置填充效果会更好，但是最终验证打印效果会非常差，很容易产生孔洞，同时表面也会非常粗糙。图 44 所示为切片模型以及打印实物模型。可以看到该填充方式打印效果并没有想象中的好，因此还是考虑利用 ZigZag 填充方式进行内部填充。

图 44　offset 等距偏置填充效果

对模型整体采用与分流阀旋钮相同的低密度线性支撑，方便拆除。上下表面采用网格式走丝方式，使表面光滑耐用。

由于流向阀底座对密封性要求很高，所以将填充密度增加至 50%，以确保不漏水。

参数及效果如图 45 所示。

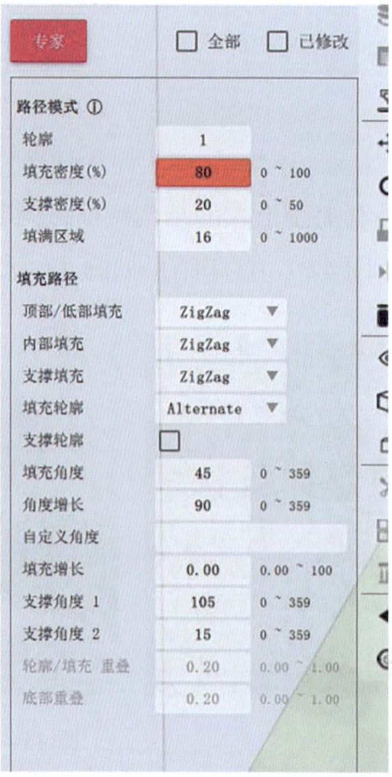

a 填充类型设置

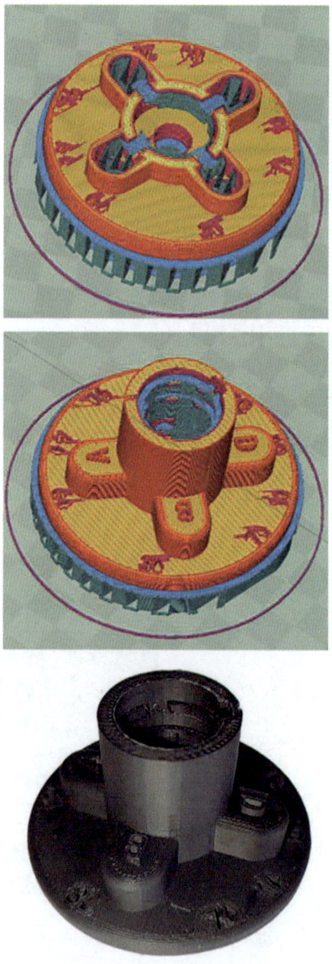

b 填充模拟效果和实物效果

图 45　ZigZag 填充方式及填充效果

4.3 流向阀连接件的打印

4.3.1 流向阀连接件的放置方向

流向阀连接件的放置方向和打印结果分别如图 46 和图 47 所示。

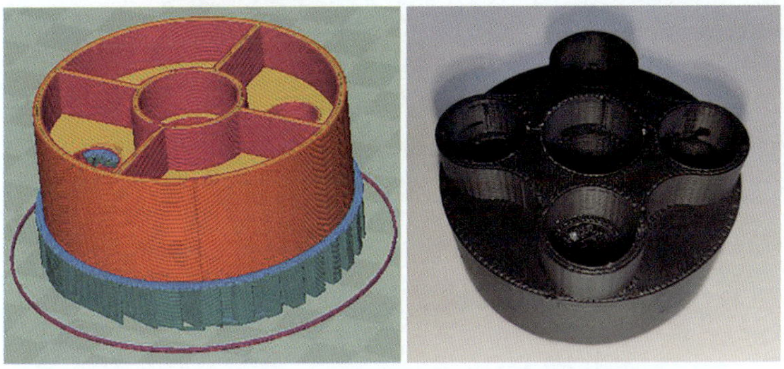

图 46 流向阀连接件放置方向

图 47 流向阀连接件打印结果

4.3.2 流向阀连接件的参数设置

在打印时，无论哪一平面作为基底都不可避免有支撑存在。比较之下，图 48（b）图所显示的完整平面作为基底的支撑更容易拆除，且支撑去除后的毛刺等对装配影响更小，进一步利用软件判断。

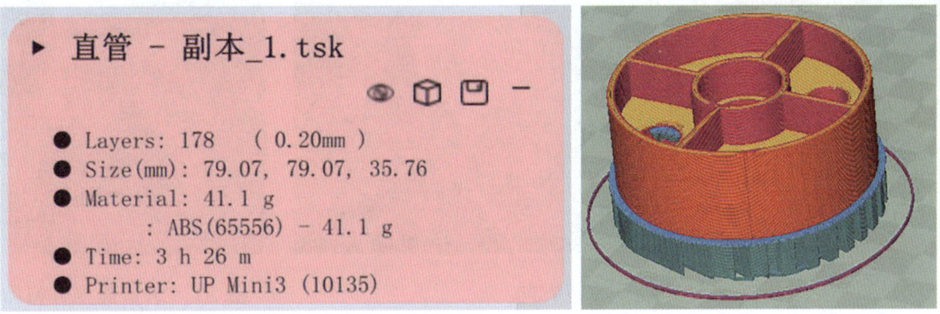

a 小平面作为基底

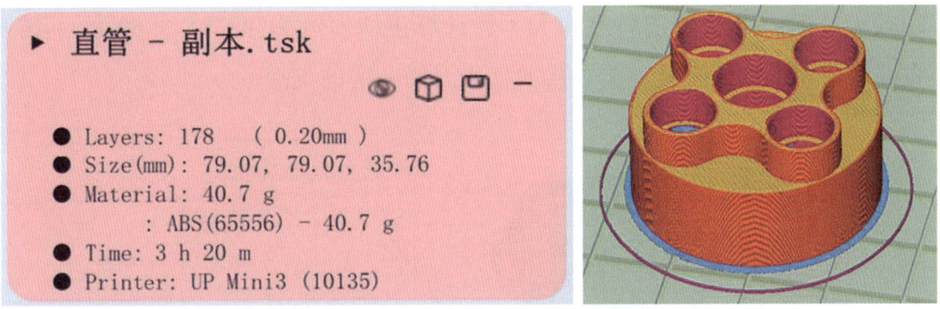

b 大平面作为基底

图 48 不同平面作为基底的支撑数量

分析底部蓝色部分，此特征底部与其他零件平面需紧密配合，同时配合在槽内，因此对强度有较高要求，而其中薄壁相交的部分最需要加强，以防出现形变影响配合和影响密封性。所以在薄壁相交处添加子模型，增大强度（图 49）。

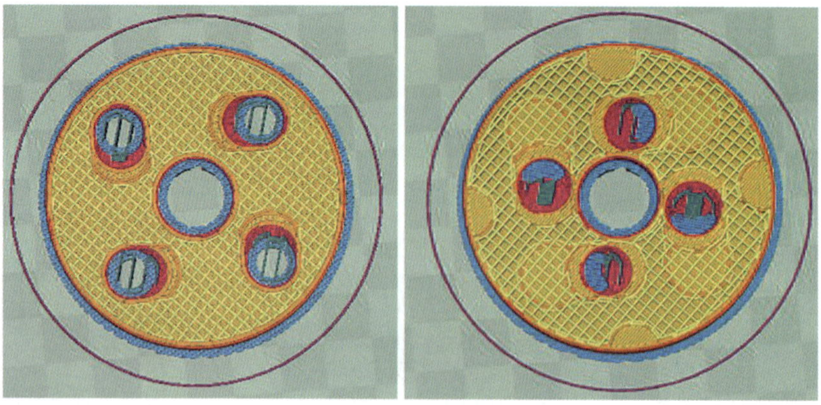

a 添加前　　　　b 添加后

图 49　添加子模型增加局部强度

4.4　水管连接件的打印

4.4.1　水管连接件的放置方向

水管连接件的放置方向和打印结果分别如图 50 和图 51 所示。

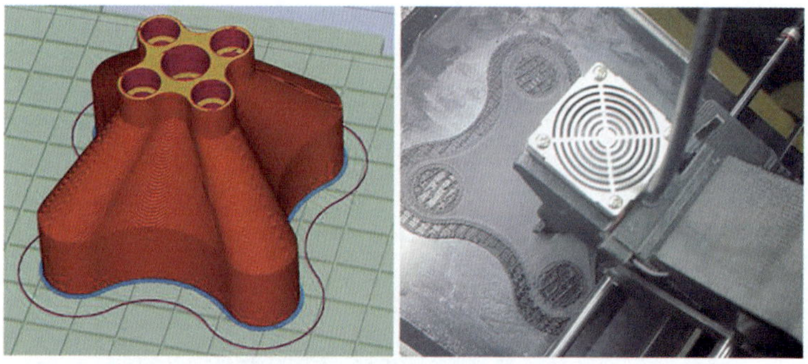

图 50　水管连接件放置方向

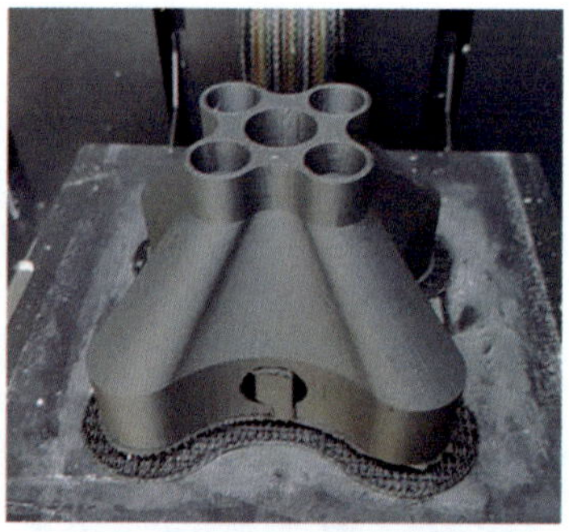

图 51　水管连接件打印结果

4.4.2　水管连接件的参数设置

此零件体积较大，但内部的管道斜度较大（经计算正切值约为 1.5）（图 52），不需要使用支撑即可完成打印，底部连接管道的阶梯孔、5 号孔垂直孔需要一定的支撑。

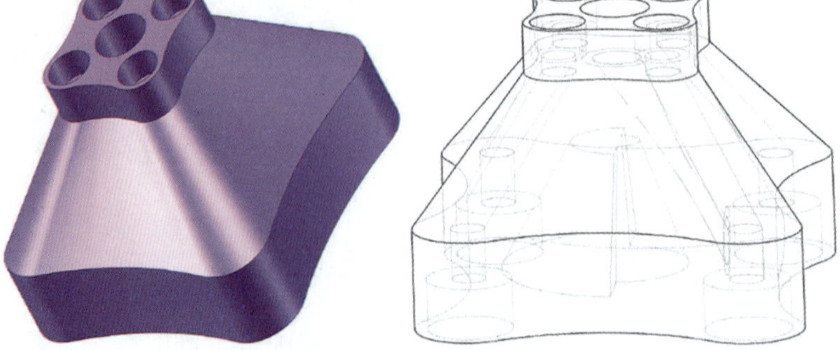

图 52　水管连接件轮廓和内部结构

第一版打印预览参数设置如图 53 所示。

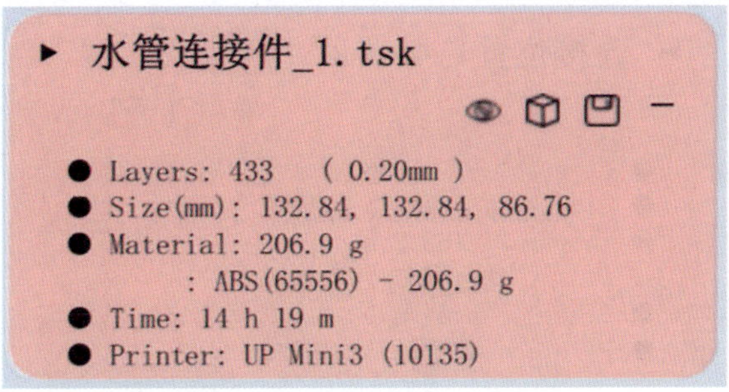

图 53　第一版本打印参数设置

计算模拟后，做出如下改进：

（1）顶部柱体的圆弧半径由 40 mm 改为 18 mm。

（2）底座圆弧半径由 120 mm 改为 80 mm，如图 54 所示。

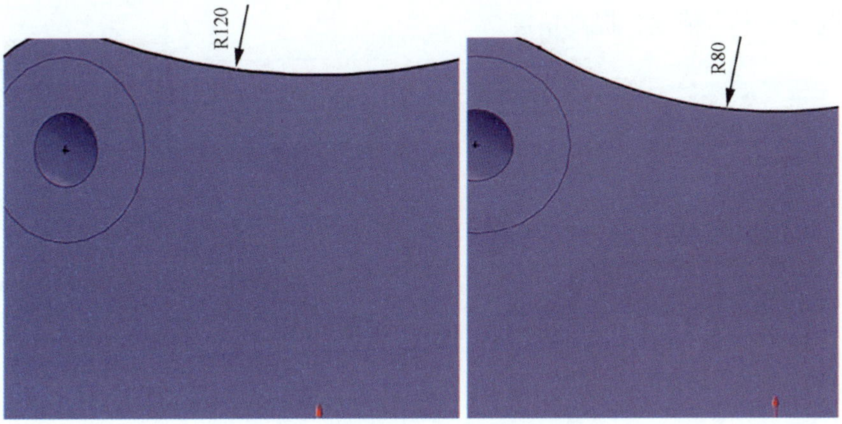

图 54　从底面观察的局部视图变化

（3）经放样的凸台高度由 60 mm 改为 40 mm。

（4）提高打印速度、便于拆卸，支撑密度改为 20%。

（5）将内部不需要的部分掏空，如图 52 右图所示。

（6）在安装管的孔位，应具有硬度更高、不易损坏等特质，故在孔周围的密度设为 50%，轮廓数增大到 2，使硬度进一步增强，如图 55 所示。

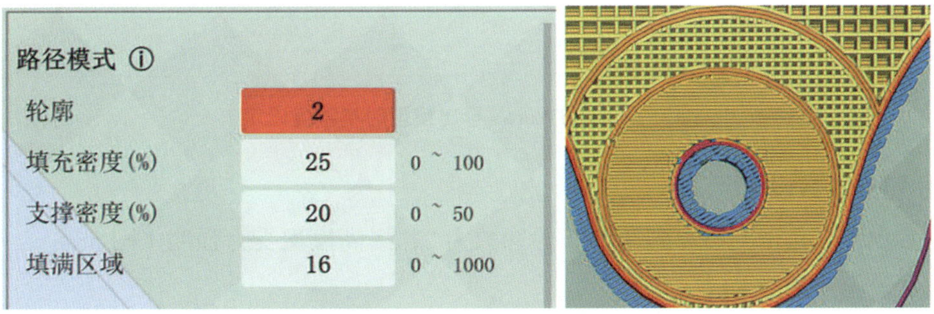

图 55　孔位置局部增强

改进后参数如图 56 所示。

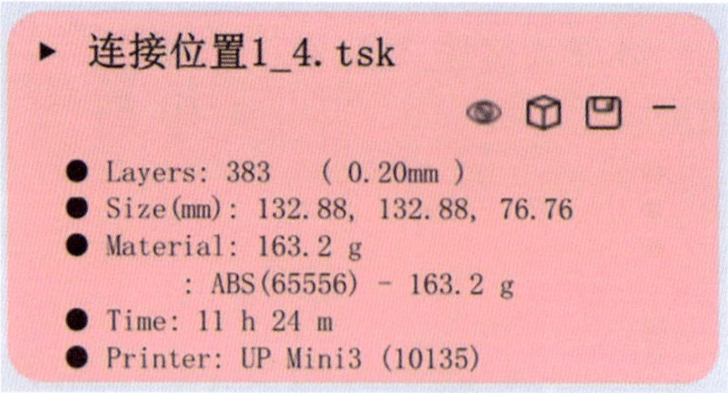

图 56 改进后参数

4.5 水管的打印

4.5.1 水管的放置方向

直管长度是外径的 4~5 倍，打印时很可能出现歪斜、裂纹等情况。为防止歪斜，如图 57 所示在导出 STL 模型时强调分辨率为精细，提高精度。

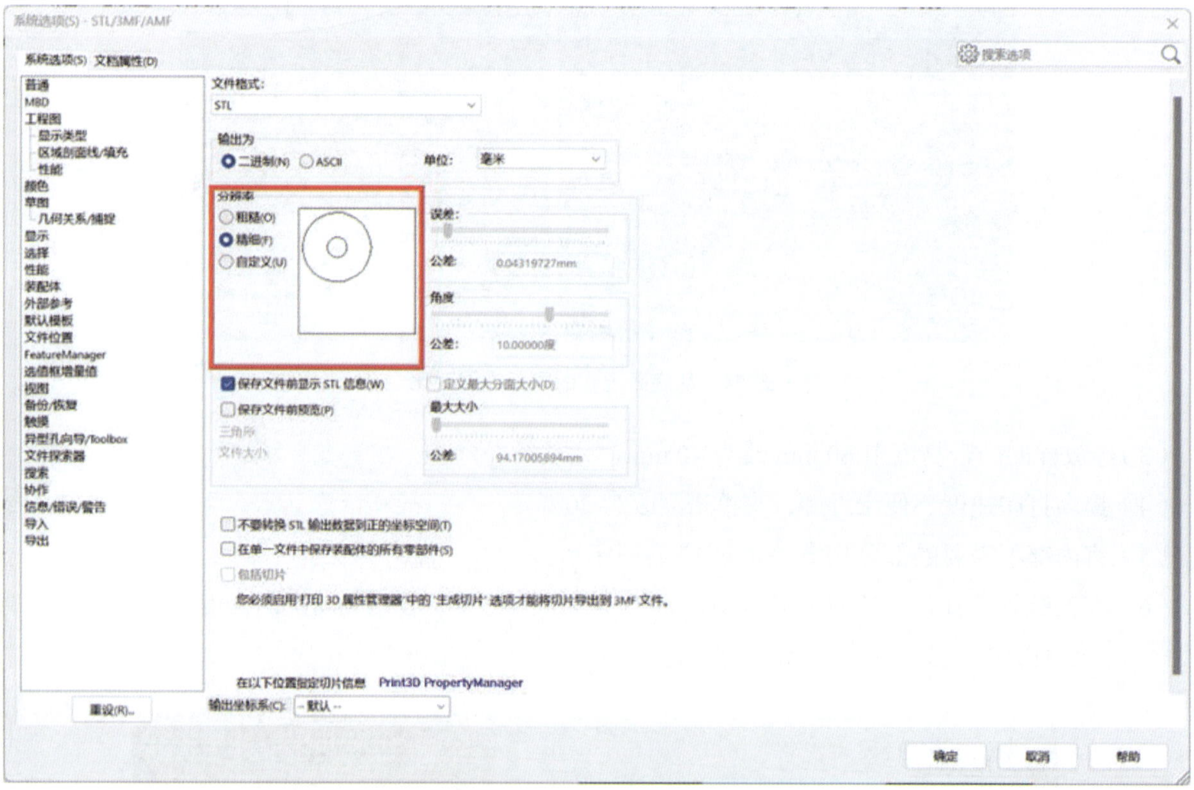

图 57 SolidWorks 导出模型时精密度设定

4.5.2 水管的参数设置

设置打印参数，填充密度提高到 40%，轮廓数为 2，提高模型受力强度（图 58）。

进行起始点优化，如图 59 所示。

若起始位置固定，打印每层可能在终点处都未完全闭合，最终形成一条贯穿的裂纹。故应当考虑起始位置随机。

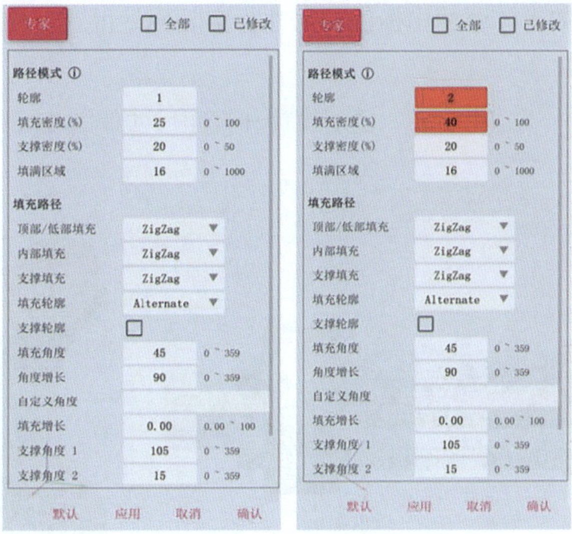

图 58　填充密度参数修改增强模型受力强度

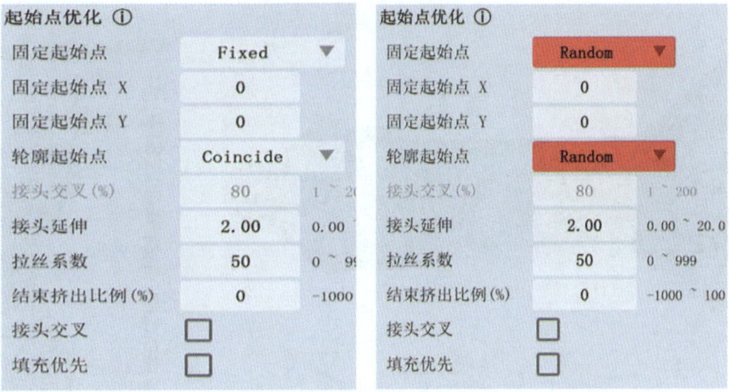

图 59　更改模型起始点，优化模型表面质量

5　打印最终结果与效果展示

图 60 展示了该产品装配后的效果。最后的零件装配配合度高，易于安装拆卸，同时为了零件损坏或者打印失败更换更为容易，将一些可以一体打印的零件拆分成几个简单且较为容易打印的零件，方便快速更换。

图 60　实际打印产品装配效果图

题目中要求的产品尺寸如下（图片中标注的尺寸为实际测量得到，受相机焦点影响可能和尺子实际起始点不对应）：

（1）管道水平长 180 mm、宽 140 mm，模型设计和打印尺寸如图 61 所示。

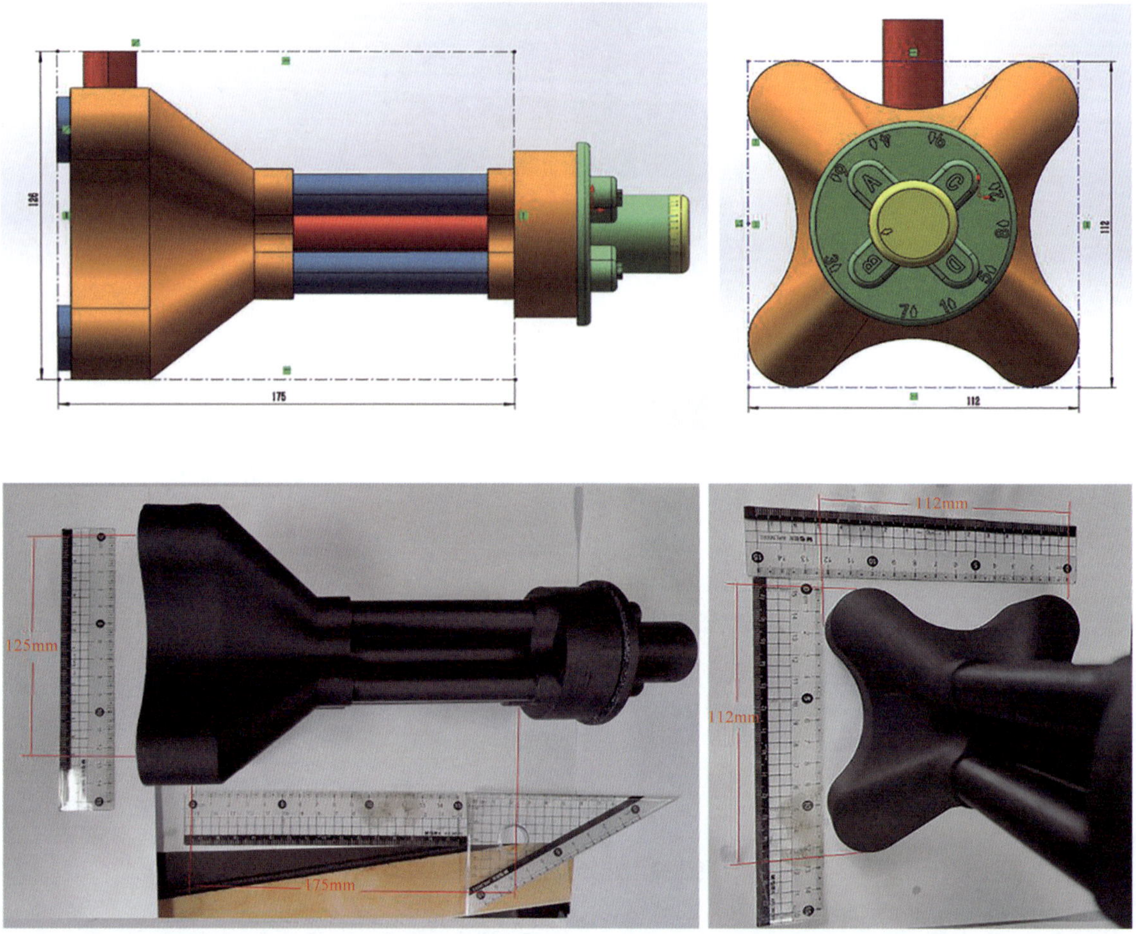

图 61　模型和实物整体长宽高尺寸符合要求

（2）5 根管的空间分布同时必须满足流道通过范围的要求（60 mm × 60 mm × 30 mm 范围），如图 62 所示。

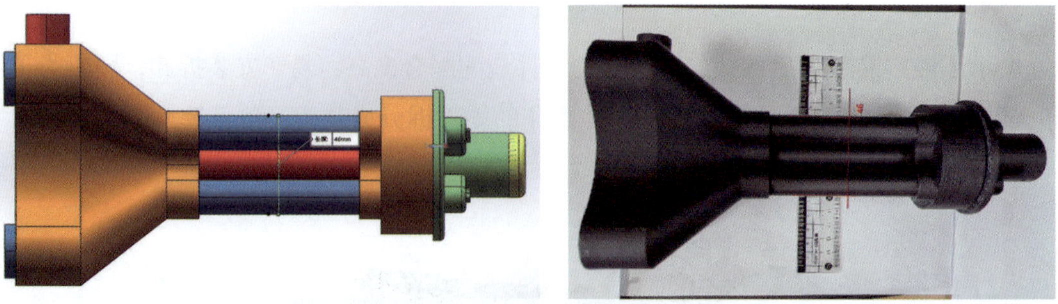

图 62　模型和实物水管处限制的长宽尺寸符合要求

通过上述产品的设计可以实现题目中要求的 9 种流向的控制，具体的 9 种流向控制实现效果如图 63 所示。

流向1功能展示（a-1管路出水）

流向2功能展示（b-2管路出水）

流向3功能展示（c-3管路出水）

流向4功能展示（d-4管路出水）

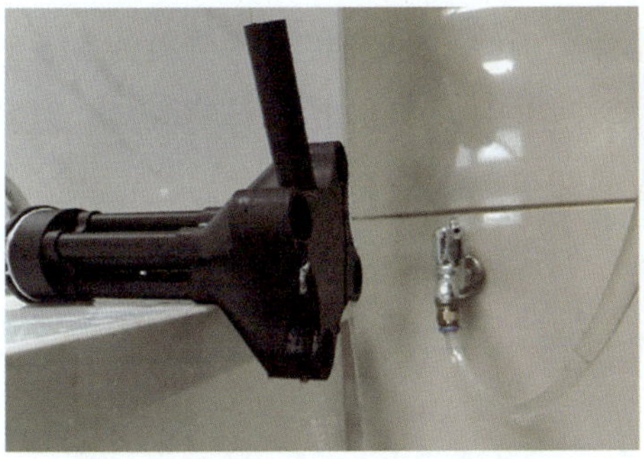

流向5功能展示（a-1、b-2 管路出水）

流向6功能展示（c-3、d-4管路出水）

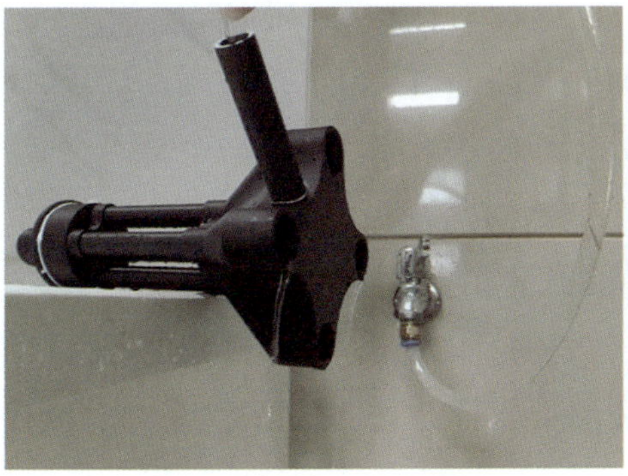

流向7功能展示（a-1、d-4管路出水）

流向8功能展示（b-2、c-3管路出水）

图 63　9 种流向控制实际效果图

流向9功能展示（a-1、b-2、c-3、d-4管路出水）

图 63（续）

实验结果证明，该装置可以较好地实现各个功能。虽然受 3D 打印件的精度和强度限制，但是并不影响整体功能的实现。

本产品设计创新点有如下 3 点：

（1）本产品构型巧妙，仅仅通过改变分流阀旋钮角度即可实现 9 种流向。

（2）分流阀的设计小巧，贴合题意，成本低，空间利用率高。

（3）利用 UP Studio 3.2.7 特有的子模型功能和分层密度等功能，使成品密度分配合理，在实现预期效果的同时能够尽可能地节省材料，减轻重量。经计算最终打印总共消耗材料为 515.3 g。

如图 64 所示，本产品通过 3 次迭代设计与制作，成功实现了最初的设计构想，装置小巧美观，可应用于实际。对照之前的流向图，说明本次设计完成了题目要求的全部内容。

6 打印制作总结

这 5 天的时间里，本团队日夜不停地重复“设计—打印—再设计”的过程，最开始设计出四曲管和简单旋钮装置，发现强度低、不易操作等问题后，把四曲管末端合成为一个整体，增加强度的同时尽可能节省空间，并且设计出有精确定位的旋钮旋转对位选择管路流向的装置。在考虑了减重、紧凑、密封等因素的无数次修缮后，成功迭代出最终版的旋钮式家用多管道流向控制阀。

在打印制作每一版模型的时候，本团队都尝试了多种打印方式，在支撑角度、材料强度等问题上辅以人为计算，最终总结筛选出几乎能够去掉所有不必要支撑并且支撑易拆除、底板黏性合理、强度分配合理的打印方式。每次打印过程中经验的积累，都使本团队后续的打印过程更加顺利，能够打印出表面质量及整体强度更高的零件。

除产出打印文件外，对打印机本身的调试和使用同样重要。每次打印前，本团队都先行用水平仪检测打印底板的水平度，如若不平，分多次微调底板下面的 3 个旋钮，让打印机底板缓缓达到水平。调整后用软件控制打印机初始化，以保证最佳打印状态。打印时把打印机放置在平稳无晃动的桌面上，

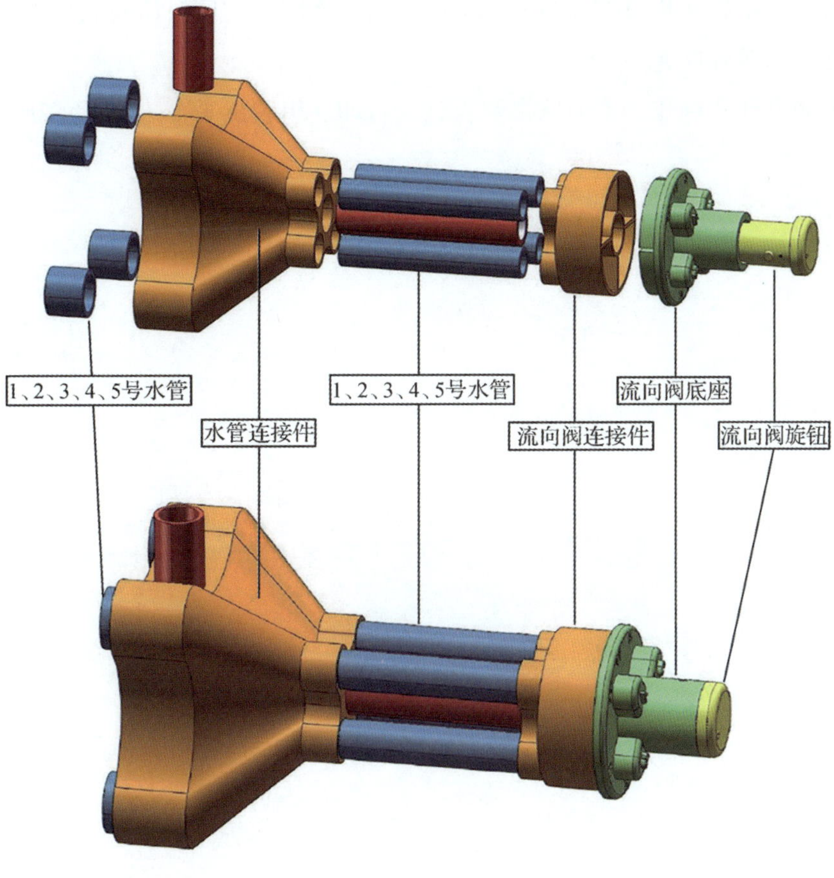

a 模型图

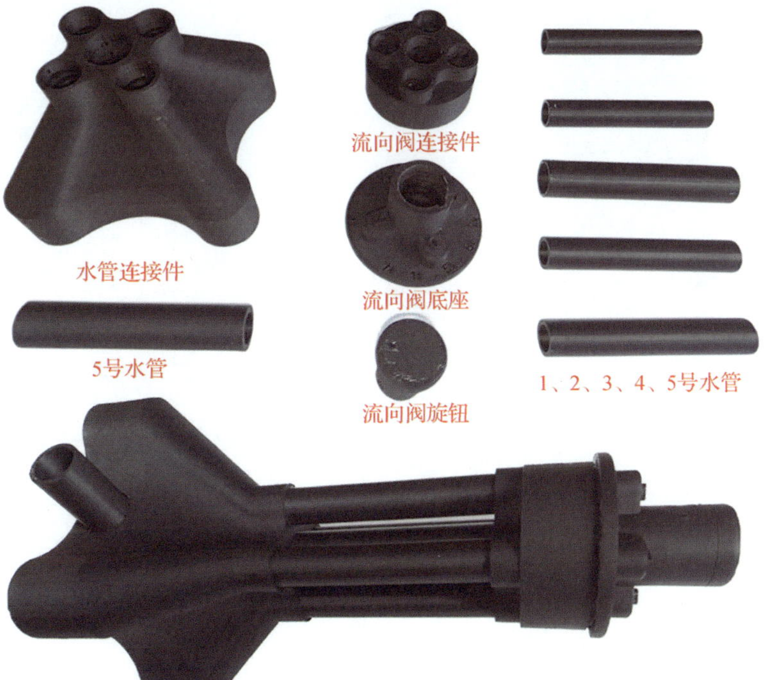

b 实物图

图 64　最终版本效果图

且远离空调出风口，并将打印机所有盖板和门关闭，营造密闭的空间，维持打印机内温度让材料能更好地黏着于底板之上，不易脱落。

经过上述一系列设计和制作，本团队最终设计、打印、组装出了令人满意的旋钮式家用多管道流向控制阀成品。

作品 4　创新设计与 3D 打印制作

工艺说明书

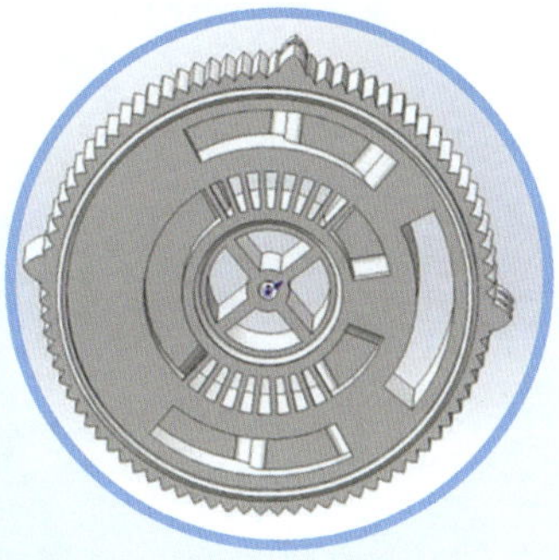

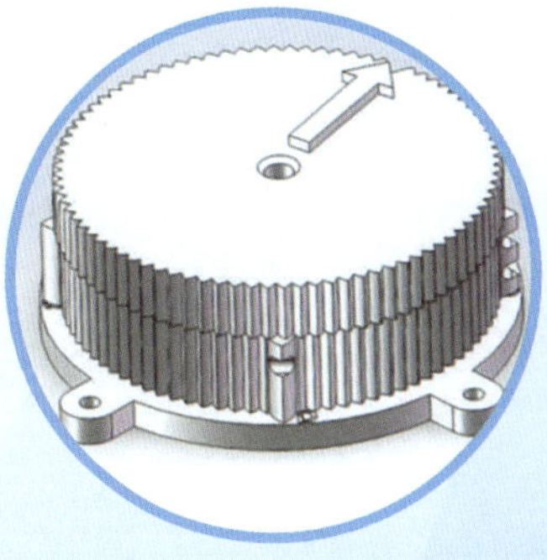

目　录

1 产品创新设计

1.1 产品需求与创新

根据任务书要求，第一需设计一个基于 5 个位置固定的管道并能实现 9 种流向的控制器。我们以花洒为设计灵感（图 1），水由水管进入花洒内部，经内部复杂孔洞导流，旋转花洒的面盖改变内部孔洞的开闭实现水的不同流向。于是本团队设计了一个由底座、分流层和顶盖三部分组成的流向控制器，该流向控制器小型轻便，结构精细。第二需设计由 5 根管道组成的一根多流向管道，且该组合管道需能安装在指定位置处，并具有固定结构。本团队通过 3D 打印，不需要传统的刀具、夹具、机床以及模具就制造出所需零件，由于 3D 打印技术的自动快速、直接、精细，大大缩减了产品研发周期，非常符合我们设计的理念。

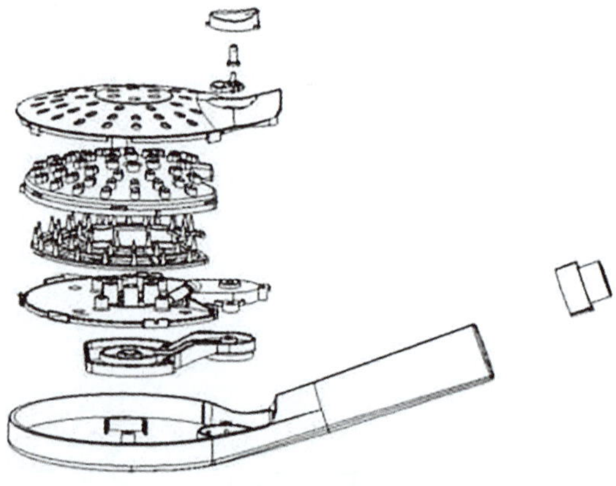

图 1　花洒结构

1.2 产品设计

本团队用 SolidWorks2022 软件对所需设计产品进行三维建模。

（1）流向控制器的底座需实现进、出水和安装固定功能，其三维模型如图 2 所示。

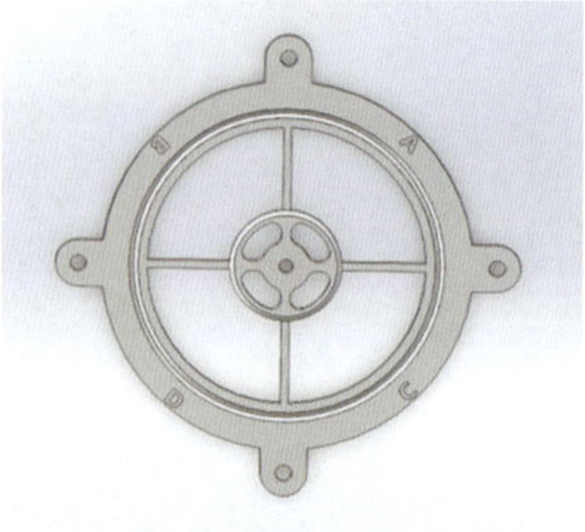

图 2　底座建模

（2）流向控制器的分流层需与底座和顶盖配合实现 9 种流向的功能，其三维模型如图 3 所示。分流层内层孔洞线路较复杂，其三维剖视图如图 4 所示。

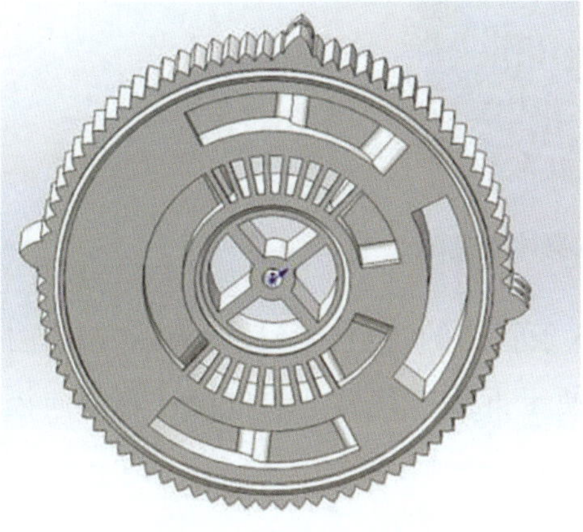

图 3　分流层建模

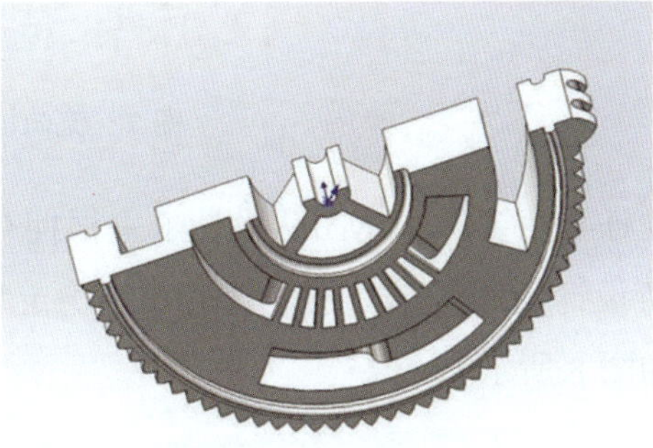

图 4　分流层剖视

分流层内部孔洞结构主要分 3 层，从下向上的设计构思图如图 5 所示。

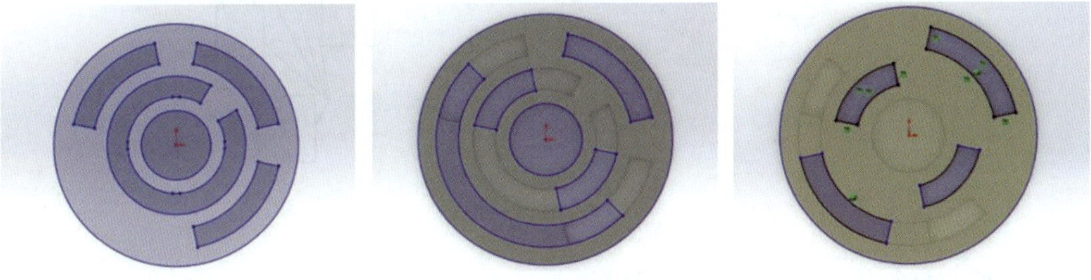

下层　　中层　　上层

图 5　分流层设计构思图

（3）流向控制器的顶盖需旋转实现控制进水口的水流至分流层，最终旋转顶盖实现控制流向的功能，其三维模型如图 6 所示。

图 6　顶盖建模

（4）底座、分流层和顶盖依次装配起来，成为所需对应功能的流向控制器，其三维模型如图 7 所示。

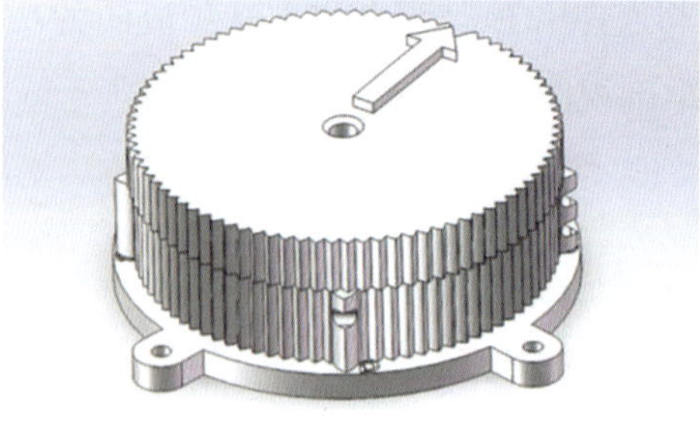

图 7　流向控制器建模装配

（5）根据任务书要求，本团队设计了一根拥有 5 条管路的管道，经过计算能安装在任务书指定位置。该管道所设计的固定结构能使管道安装稳定且便于拆装，其另一端也设计有流向控制器的结构，其三维模型如图 8 所示。

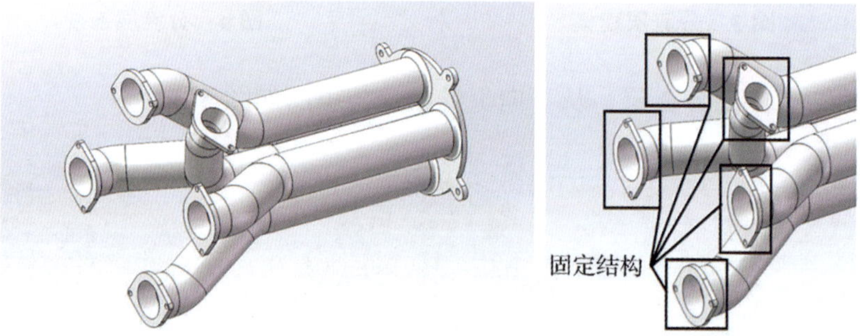

图 8　管道建模

（6）设计的所有打印件装配效果如图 9 所示。

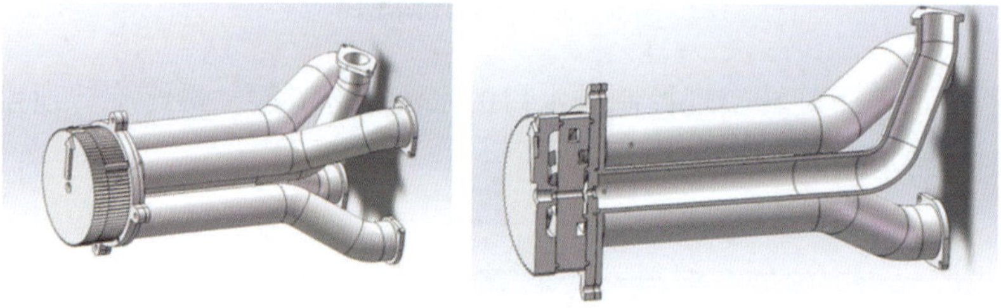

图 9　产品建模装配

2　3D 打印制作工艺

2.1　初步模型打印试验

1. 模型摆放位置

根据开面朝上、平整摆放、模型的受力方向均等的原则，并且保证支撑易拆除、不影响总体结构，且管道整体处于竖直向上延伸状态，因此本次模型的打印摆放位置采用各零件的圆形底面接触热床孔洞朝上的方式，该方式能够使打印过程中材料均匀合理分布，喷头运动路线可预测，提高模型的质量，减少支撑，缩短打印时间和节省打印材料，模型摆放效果如图 10 所示。

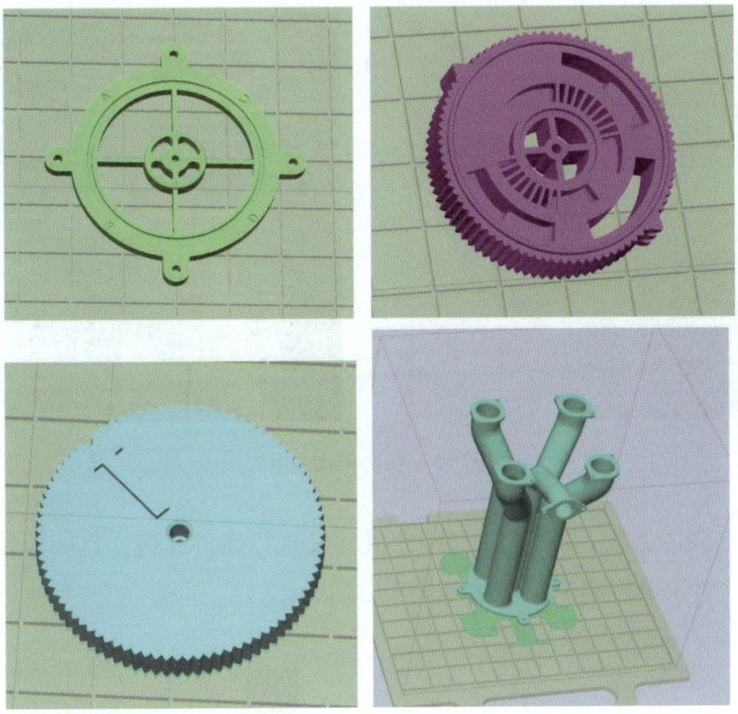

图 10　模型摆放效果

2. UP Studio 3 软件模型切片参数设置

初次打印参数设置如图 11 所示。

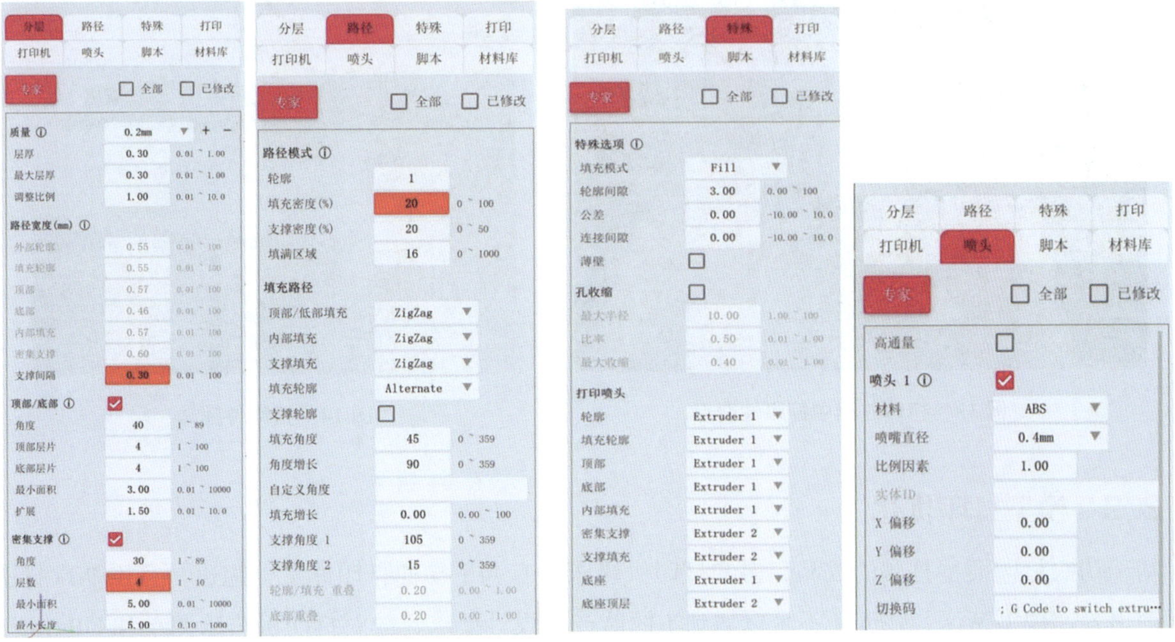

图 11　初次打印参数设置

3. 初次模型打印

启动太尔时代的 UP box 打印机，检查打印材料，测试材料挤出是否正常，正常后开始打印，如图 12 所示。

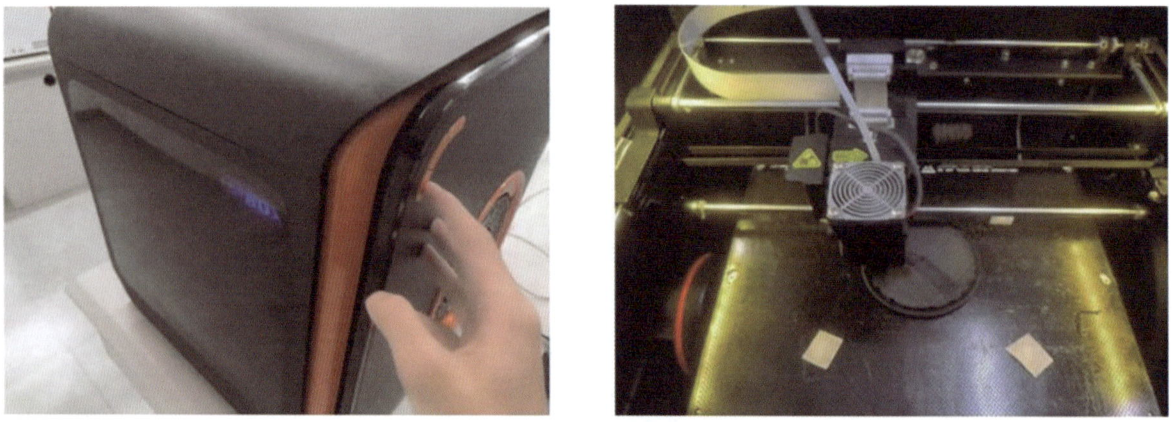

图 12　初次模型打印

打印过程中发现打印件变形（图 13），打印完成后发现打印件翘边，打印质量不过关（图 14），分析后发现是因为打印机热床没有调平和打印参数不够适合。

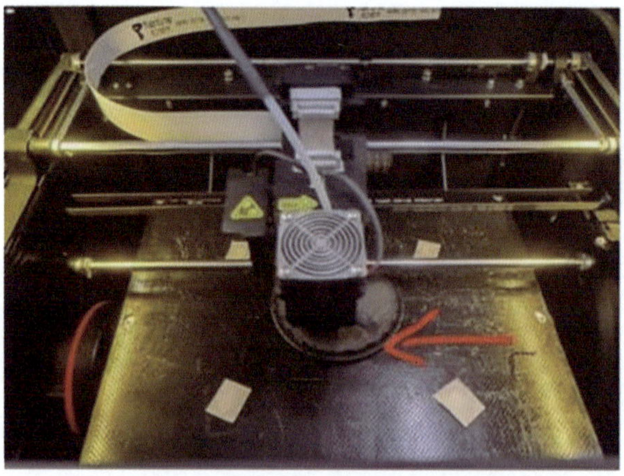

图 13　打印过程中打印件变形

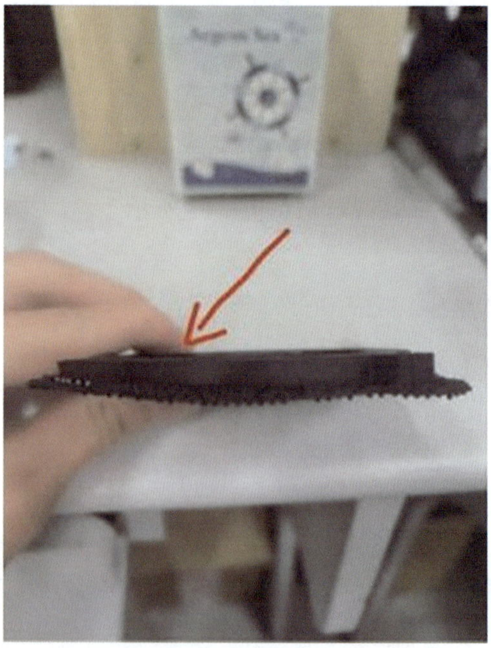

图 14　打印件翘边

2.2　模型打印优化

基于初次打印模型打印的成品，得知打印机热床没有调平易使打印件发生翘边，且由初次打次参数反馈出打印模型密度、强度还不足以达到本团队产品设计要求，故对打印机热床调平和 UP Studio 3 软件模型切片的部分参数进行调整，调整后参数如图 15 所示。

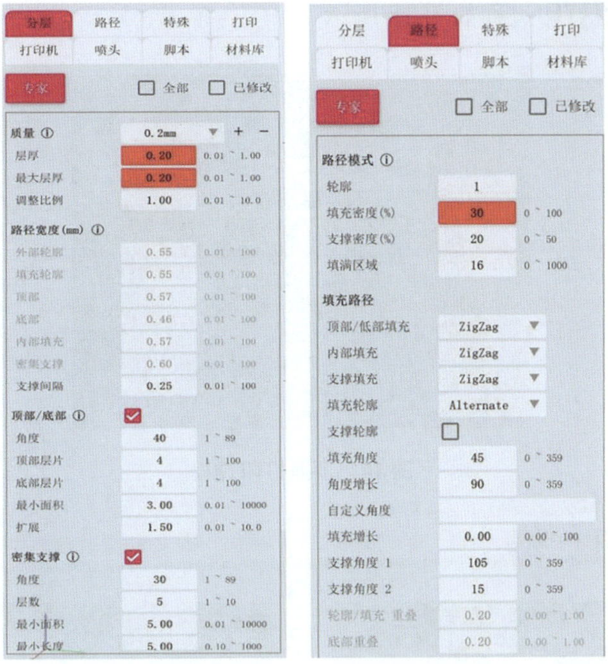

图 15　切片参数调整

2.3　记录模型打印过程

（1）流向控制器的底座打印过程如图 16 所示。

图 16　底座打印过程

（2）流向控制器的分流层打印过程如图 17 所示。

图 17　分流层打印过程

（3）流向控制器的顶盖打印过程如图 18 所示。

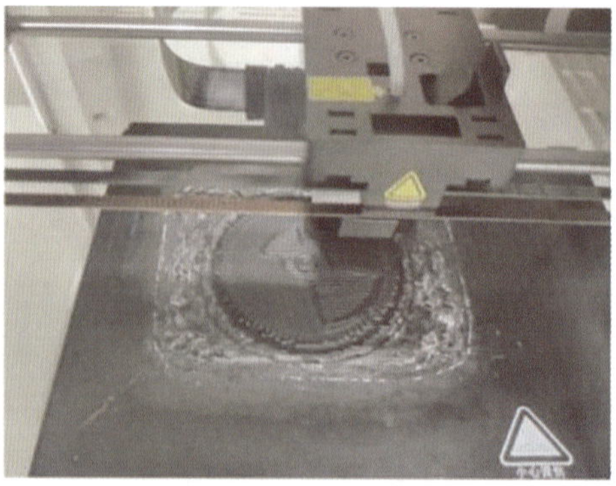

图 18　顶盖打印过程

（4）管道打印过程如图 19 所示。

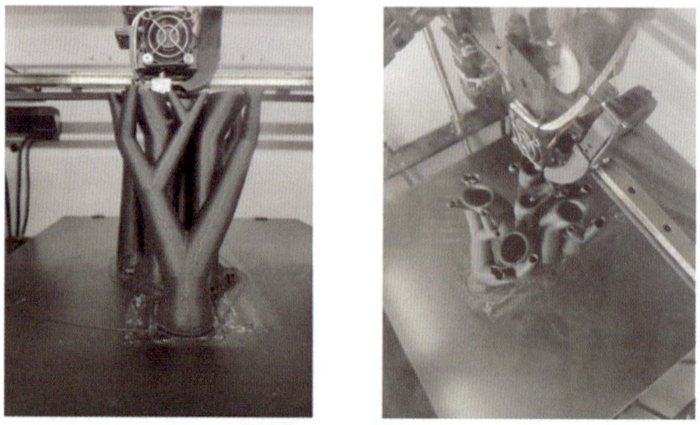

图 19　管道打印过程

2.4　模型打印后处理

将模型从打印机取下，用小平铲、镊子和剪刀等工具将打印件支撑去除的过程如图 20 所示。

图 20　打印件后处理

2.5 主要模型切片参数与工艺说明汇总表

打印参数	层高	0.2 mm	填充密度	30%
	填充模式	Fill	喷嘴直径	0.4 mm
	支撑间隔	0.25 mm	支撑密度	20%
工艺说明	1. UP Studio 3 软件模型切片参数设置。 2. 本打印的各零件方向由圆底面接触热床孔洞朝上的方式开始向上逐层打印。 3. 打印完成后用小平铲、镊子和剪刀等工具将打印件支撑去除。			

2.6 3D 打印实物展示

流向控制器的底座、分流层与顶盖 3D 打印实物分别如图 21 至图 23 所示，管道 3D 打印实物如图 24 所示。

图 21 底座

图 22 分流层

图 23 顶盖

图 24 管道

2.7 3D 打印作品装配展示与功能演示

（1）3D 打印作品用 M3 螺钉和螺帽连接固定，其装配展示如图 25 所示。

图 25　装配展示

（2）3D 打印作品功能演示。分流层圆周上分布有 3 个较大凸起，根据凸起上的缺口数量分别将其命名为“0”“1”“2”，使用流向控制器时需要将顶盖缺口（注：缺口处即箭头指向的方向）与对应的凸起对齐。为通过扭转顶盖与分流层到相应位置实现规定的 9 种流向，并考虑到密封情况，在转动分流层和顶盖时均采用顺时针转动。其具体位置对应关系如下。

流向 1：顶盖缺口先对准分流层“2”凸起，再使箭头对准底座“A”，如图 26 所示。

图 26　流向 1 演示

流向 2：顶盖缺口先对准分流层“2”凸起，再使箭头对准底座“B”，如图 27 所示。

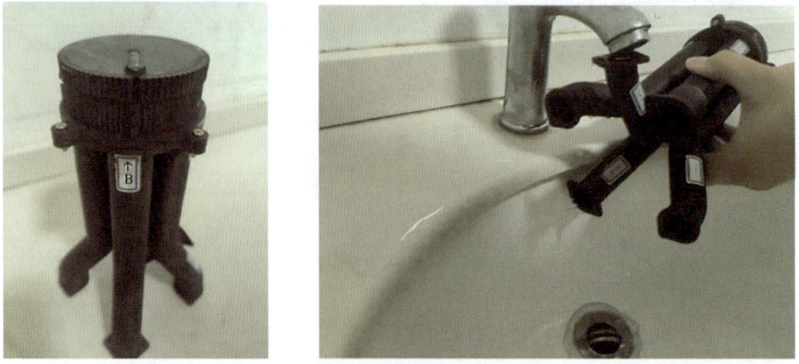

图 27　流向 2 演示

流向 3：顶盖缺口先对准分流层“2”凸起，再使箭头对准底座“C”，如图 28 所示。

图 28　流向 3 演示

流向 4：顶盖缺口先对准分流层“2”凸起，再使箭头对准底座“D”，如图 29 所示。

图 29　流向 4 演示

流向 5：顶盖缺口先对准分流层“2”凸起，再使箭头对准底座“A”与“B”之间的中间位置，如图 30 所示。

图 30　流向 5 演示

流向 6：顶盖缺口先对准分流层“2”凸起，再使箭头对准底座“C”与“D”之间的中间位置，如图 31 所示。

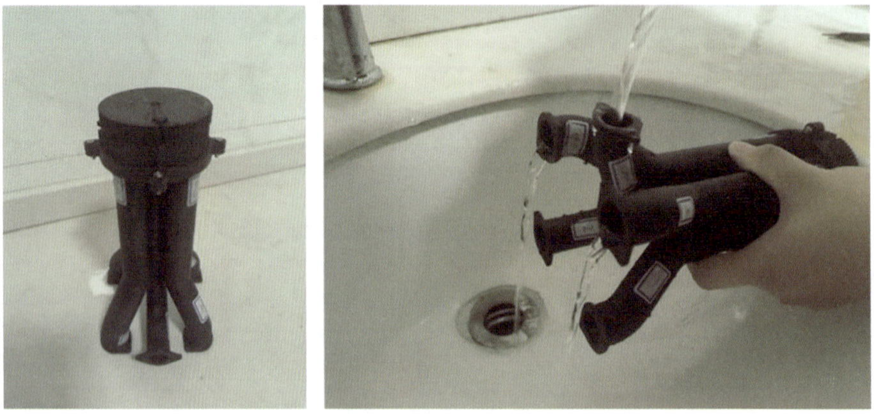

图 31　流向 6 演示

流向 7：顶盖缺口先对准分流层“0”凸起，再使箭头对准底座“C”或“B”，如图 32 所示。

图 32　流向 7 演示

流向 8：顶盖缺口先对准分流层“0”凸起，再使箭头对准底座“A”或“D”，如图 33 所示。

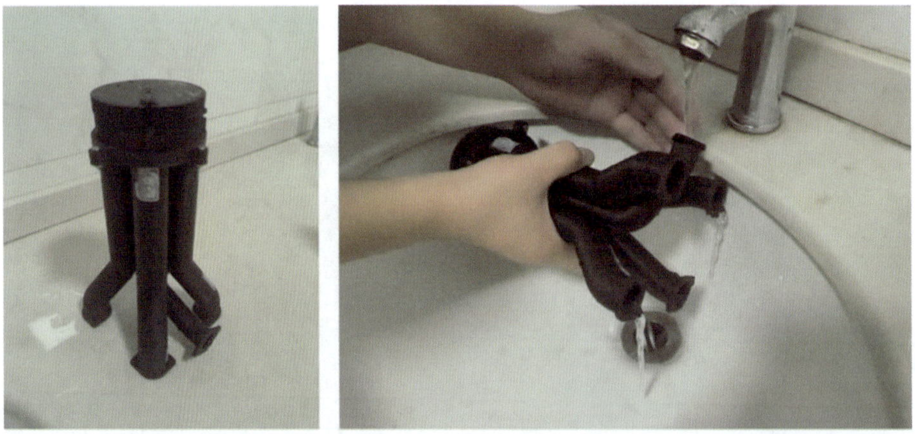

图 33　流向 8 演示

流向 9：顶盖缺口先对准分流层“1”凸起，再使箭头对准底座任意字母，如图 34 所示。

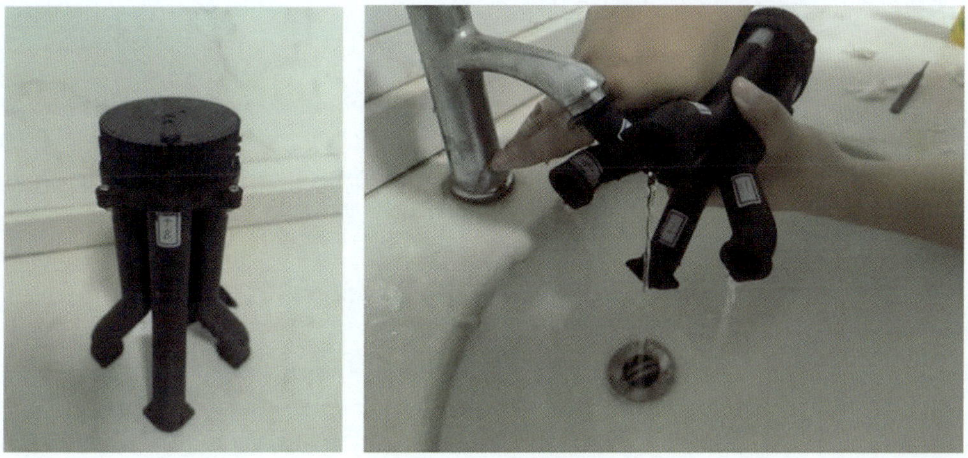

图 34　流向 9 演示

成图轻量化设计分析报告

目　录

第一部分　结果汇总

表 2-1　轻量化设计结果汇总表

零件的初始强度分析选手数值	最大位移 /mm	最大米塞斯等效应力 /MPa	最小安全系数
	0.004 828	44.22	5.2
重构后零件强度校核选手数值	最大位移 /mm	最大米塞斯等效应力 /MPa	最小安全系数
	0.017 37	77.84	3.0
零件质量	重构后零件总质量 /g	优化前零件总质量 /g	备注
选手数值	10.347	34.942	总质量包含前连动杆的设计空间和非设计空间

表 2-2　轻量化设计汇总图

初始强度分析	最大位移 /mm	最大米塞斯等效应力 /MPa	最小安全系数
选手数值	0.004 828	44.22	5.2
选手截图	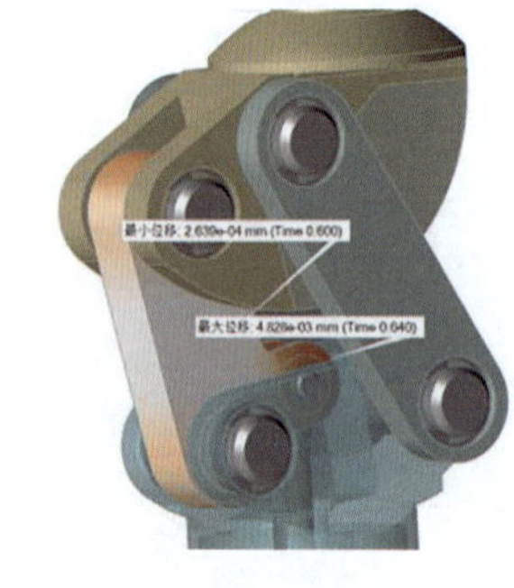	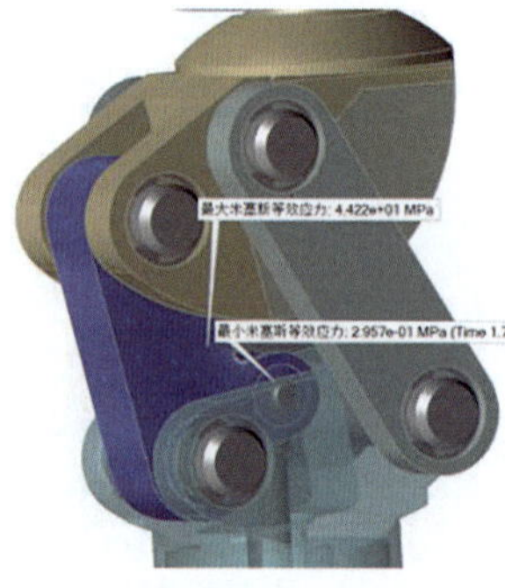	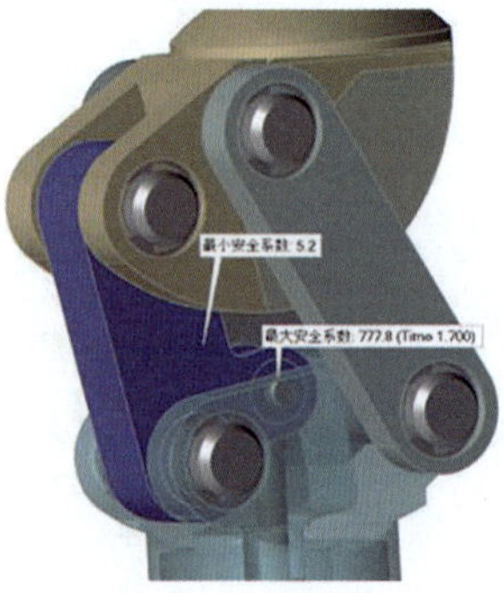
优化方案设计	形状优化截图	分析零件参数设置截图	最优化参数设置截图
选手截图	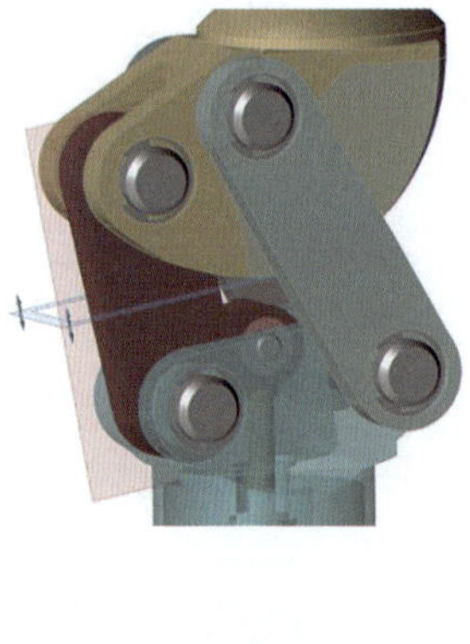	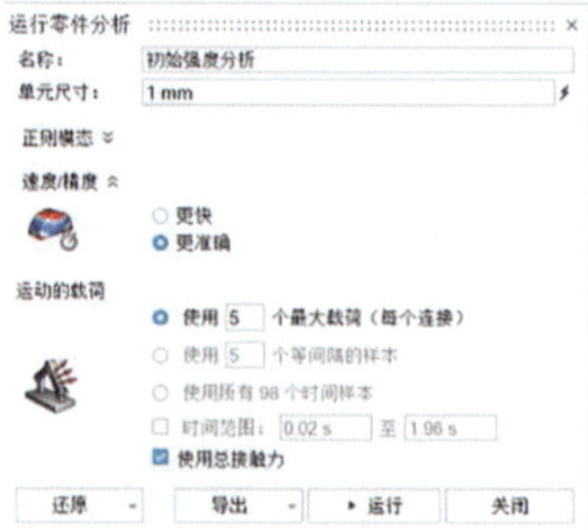	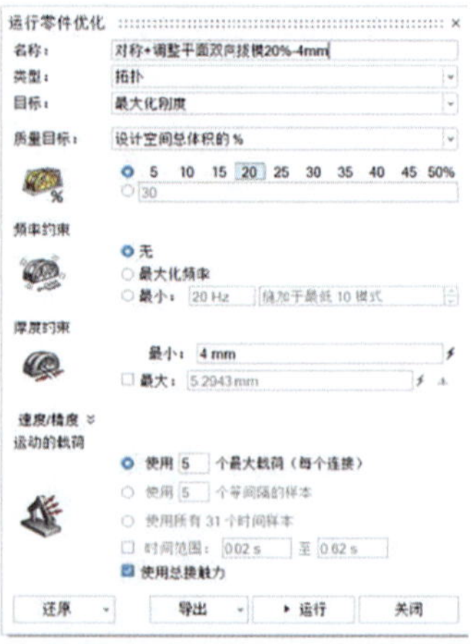

续表 2-2

<table>
<tr><th>几何重构结果</th><th colspan="3">重构后几何多视角展示</th></tr>
<tr><td rowspan="3">选手截图</td><td colspan="3">
最优的拓扑优化后模型图片</td></tr>
<tr><td colspan="3">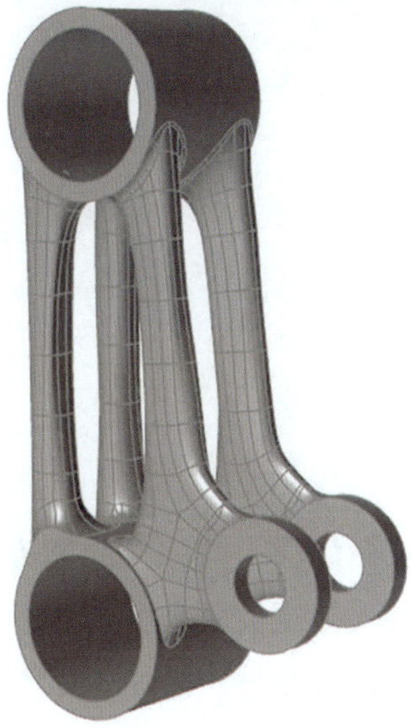
几何重构后的零件模型整体图片（斜视图）</td></tr>
<tr><td>
几何重构后的零件模型
局部放大图片</td><td>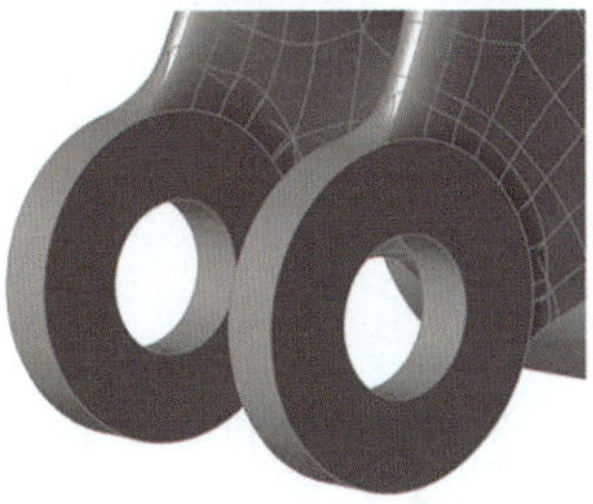
几何重构后的零件模型
局部放大图片</td><td>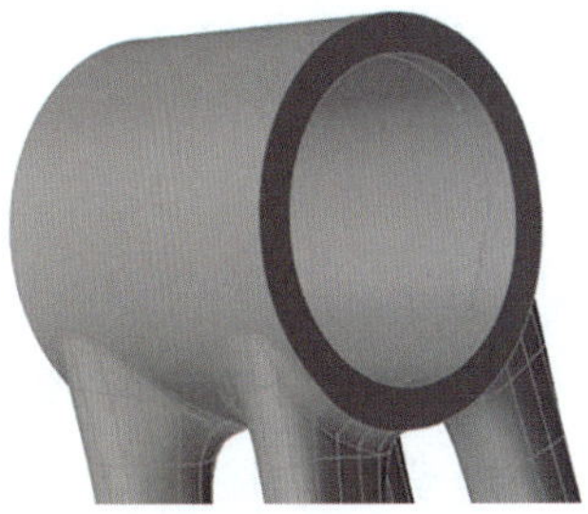
几何重构后的零件模型
局部放大图片</td></tr>
<tr><td>重构后强度校核</td><td>最大位移 /mm</td><td>最小安全系数</td><td>重构后零件总质量 /g</td></tr>
<tr><td>选手数值</td><td>0.017 37</td><td>3.0</td><td>10.347</td></tr>
</table>

续表 2-2

重构后强度校核	最大位移 /mm	最小安全系数	重构后零件总质量 /g
选手截图	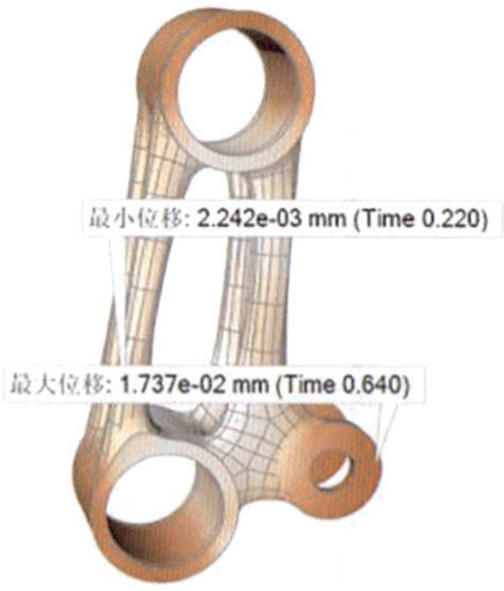	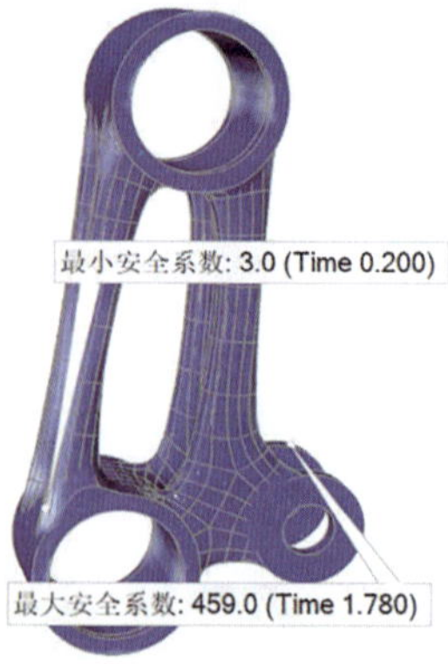	重构后零件：10.347

第二部分　详细分析报告

1　任务概要

1.1　模型说明

现代科技日新月异，假肢在代偿人体缺失功能方面也取得了很大的成绩，尤其是下肢缺失的患者穿戴下肢假肢完全可以达到对人体缺失功能的代偿，使患者生活自理，完成工作，从而回归社会。下肢假肢的主要功能部件是膝关节和假脚，尤以假肢膝关节最为重要。

假肢膝关节运动机构根据实际的受载情况进行适当的简化调整，主要的载荷来自运动过程中的冲击力。其中，螺旋弹簧零件已内置，不允许修改，运动驱动由安装在缸体底面的平动驱动实现。本任务旨在优化假肢膝关节运动机构中的“前连动杆”，利用已分割零件的设计空间与非设计空间的模型进行结构优化。

1.2　任务要求

根据给定的 stmod 模型文件 Prosthetic Kneev.stmod，使用 Altair Inspire 通过运动仿真优化的方法，对前连动杆零件进行再设计，在保证设计美观性、结构合理性、满足实际的刚度和性能要求的情况下，尽可能减轻重量、节省材料。

其中，要求重构后的前连动杆最小安全系数不小于 3.0。

2 分析机构运动

2.1 零件材料及载荷条件设置

零件材料及载荷条件设置步骤及图示见表 2-3。

表 2-3 零件材料及载荷条件设置表

序号	步骤	图示
1	材料定义与设置： 自定义添加材料 CT2023，材料性能设定为弹性模量：弹性模量 110.000e+03 MPa，泊松比 0.31，密度 4.940e–6 kg/mm^3，屈服强度 230.000e+00 MPa。 所有零件的材料均设置为 CT2023。	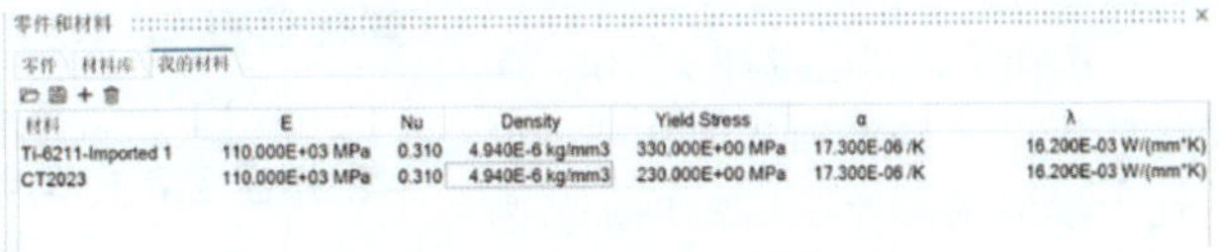
2	约束设置： 选择“关节底座”零件为地平面。	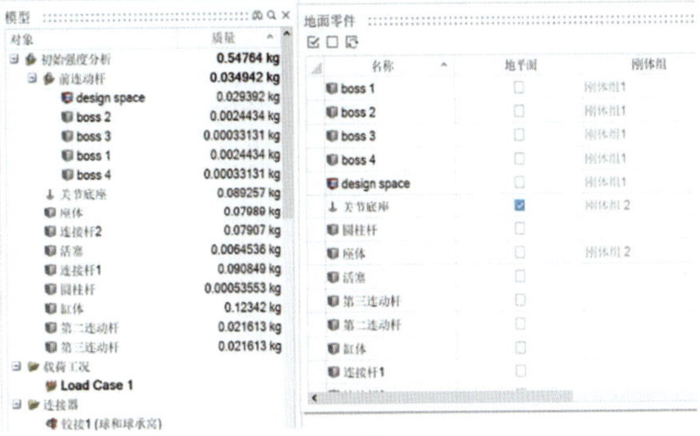
3	重力： –Y 方向。	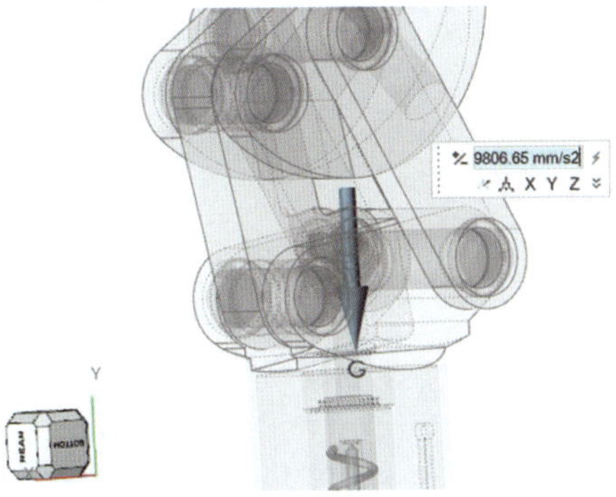

续表 2-3

<table>
<tr><th>序号</th><th>步骤</th><th>图示</th></tr>
<tr><td>4</td><td>刚体组：
选择“前连杆设计空间 design space”与“非设计空间 boss1，boss2，boss3，boss4”创建为1个刚体组，命名为刚体组1。
选择“关节底座”和“座体”创建为1个刚体组，命名为刚体组2。</td><td>刚体组
<table><tr><th>名称</th><th>零件</th></tr><tr><td>刚体组1</td><td>design space, boss 2, boss 3, boss 1, boss 4</td></tr><tr><td>刚体组 2</td><td>关节底座，座体</td></tr></table></td></tr>
<tr><td>5</td><td>连接设置：
选择零件“连接杆1”和“连接杆2”，手动添加几何特征，设置为激活的螺栓连接，并命名为螺栓连接1（不启用预张力）。
选择零件“连杆一”“第二运动杆”和“第二运动杆”设置为激活的铰接，并命名为铰接2。
选择零件“圆柱杆”和“活塞”设置为激活的平面，并命名为铰接7。
选择零件“活塞”和“刚体”设置为激活的圆柱，并命名为铰接8。
其他连接设置根据表格要求进行相同的操作。</td><td>螺栓连接
<table><tr><th>名称</th><th>连接类型</th><th>零件</th><th>材料</th></tr><tr><td>螺栓连接 1</td><td>螺栓</td><td>连接杆1, 连接杆2</td><td>Steel (AISI 304)</td></tr></table>
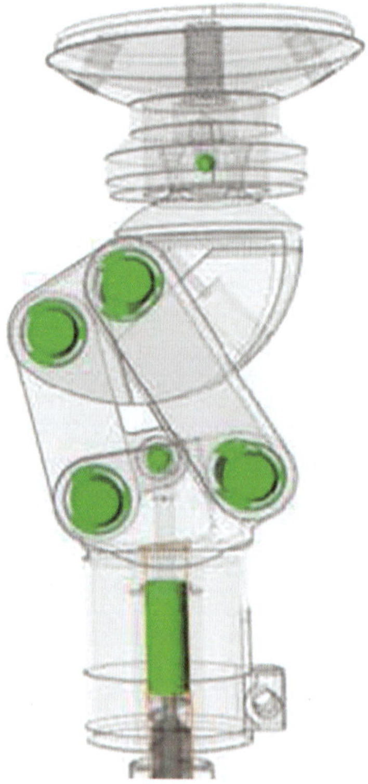
铰接
<table><tr><th>名称</th><th>连接类型</th><th>零件</th><th>状态</th><th>到的几何</th><th>材料</th><th></th></tr>
<tr><td>铰接 2</td><td>铰接</td><td>第三连动杆, 连接杆1, 第二连动杆</td><td>激活的</td><td>对齐的孔</td><td>Steel (AISI 304)</td><td>默认</td></tr>
<tr><td>铰接 3</td><td>铰接</td><td>连接杆1, boss 1, 连接杆1</td><td>激活的</td><td>对齐的孔</td><td>Steel (AISI 304)</td><td>默认</td></tr>
<tr><td>铰接 4</td><td>铰接</td><td>第三连动杆, 缸体, 第二连动杆</td><td>激活的</td><td>对齐的孔</td><td>Steel (AISI 304)</td><td>默认</td></tr>
<tr><td>铰接 5</td><td>铰接</td><td>缸体, boss 2, 缸体</td><td>激活的</td><td>对齐的孔</td><td>Steel (AISI 304)</td><td>默认</td></tr>
<tr><td>铰接 6</td><td>铰接</td><td>boss 4, 圆柱杆, boss 3</td><td>激活的</td><td>对齐的孔</td><td>Steel (AISI 304)</td><td>默认</td></tr>
<tr><td>铰接 7</td><td>平面</td><td>活塞, 圆柱杆</td><td>激活的</td><td>平面副</td><td>Steel (AISI 304)</td><td>默认</td></tr>
<tr><td>铰接 8</td><td>圆柱</td><td>活塞, 缸体</td><td>激活的</td><td>圆柱副</td><td>Steel (AISI 304)</td><td>默认</td></tr>
<tr><td>铰接1</td><td>球和球承窝</td><td>连接杆1, 座体</td><td>激活的</td><td>对齐的孔</td><td>Steel (AISI 304)</td><td>默认</td></tr></table></td></tr>
</table>

续表 2-3

序号	步骤	图示
6	驱动设置： 驱动施加于“缸体”零件，驱动的轴为“缸体”零件的内孔面轴线，驱动的基座安装在“缸体”零件底面。 通过轮廓编辑器修改驱动方程曲线为单波，设置波峰间值 6 mm、开始时间 0 s、振荡持续时间 2 s、频率 1 Hz，增量时间 0.05 s、结束时间 2 s、输出率 50 Hz，驱动类型为位移，初始驱动方向为沿着 Y 轴正方向。	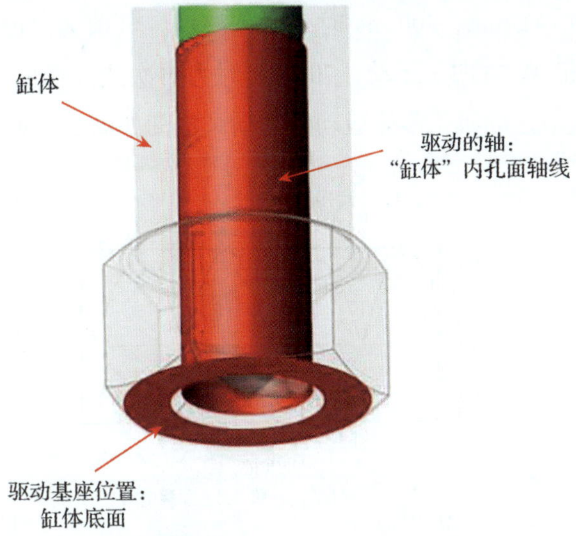 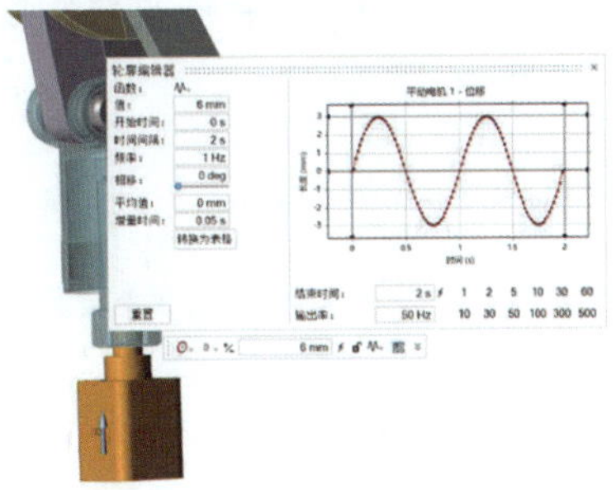

2.2　多体运动仿真分析参数设置

参数设置见图 2-1。

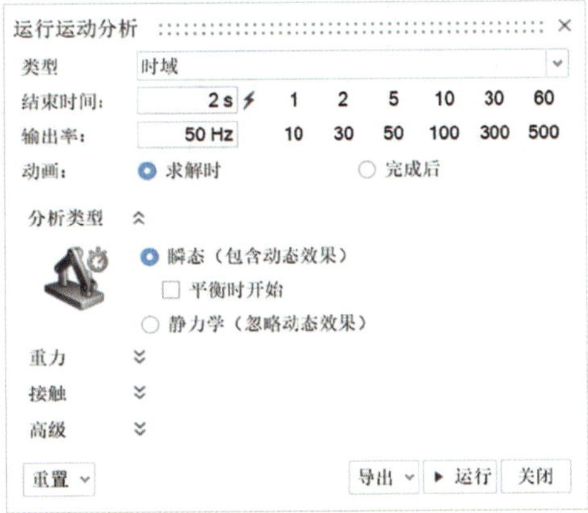

图 2-1　参数设置

2.3　多体运动仿真结果

假肢膝关节运动机构模型中驱动 1 的平动电机由初始位置向关节底座方向以波峰间值 6 mm 和输

出率 50 Hz 的振荡波形方式运动，其多体运动仿真曲线如图 2-2 所示，图中红色为 X 方向，蓝色为 Z 方向，黑色为合成方向。铰接 2 首先向左上（即 +X 和 +Y 方向）运动，240 ms 时位移达到峰值，其值为 0.141 mm，200 ms 时力达到峰值，其值为 740.5 N，440 ms 时力减小到 31.766 N，后向右下（即 –X 和 –Y 方向）运动，700 ms 时力再次达到峰值，其值为 666.99 N，2 s 时铰接 2 返回初始点。假肢膝关节运动机构多体运动仿真动画截图如图 2-3 所示。

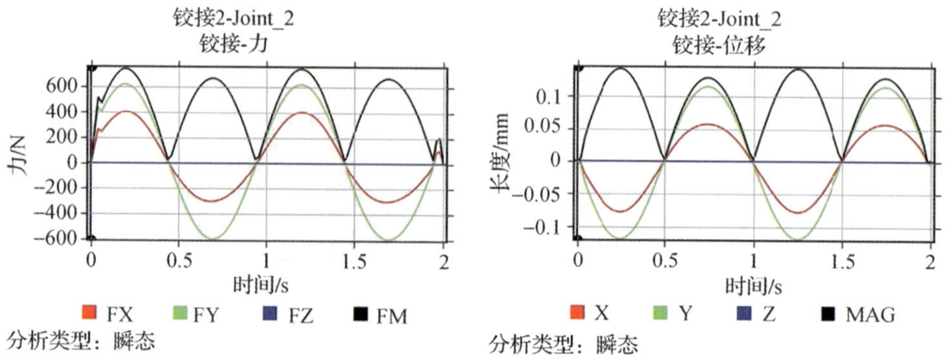

图 2-2　假肢膝关节运动机构多体运动仿真曲线

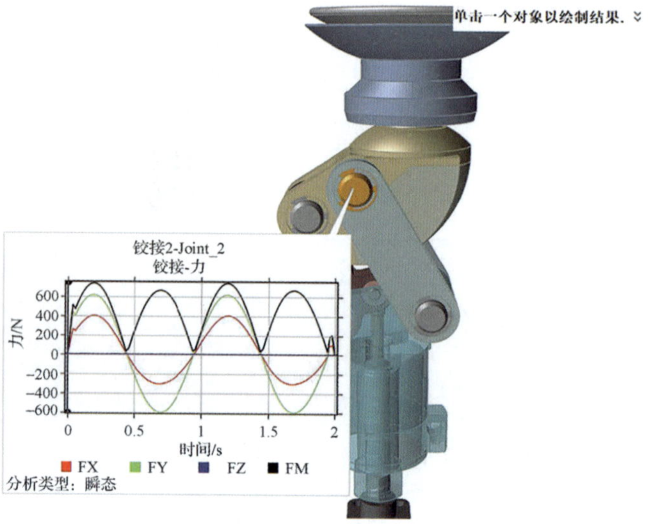

图 2-3　假肢膝关节运动机构多体运动仿真动画截图

3　初始强度分析

3.1　关键操作步骤及参数

首先设置参数，设置单元尺寸为 1 mm，计算速度 / 精度选择更准确，“运动的载荷”选择“使用 5 个最大载荷（每个连接）”，如图 2-4 所示，然后开始运行。

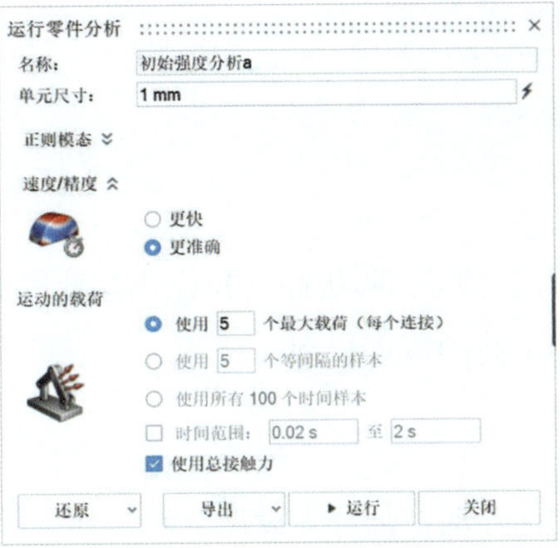

图 2-4　分析零件参数设置

3.2　分析结果

位移分析结果如右图所示 最大位移是 4.828e−03 mm 最小位移是 2.639e−04 mm	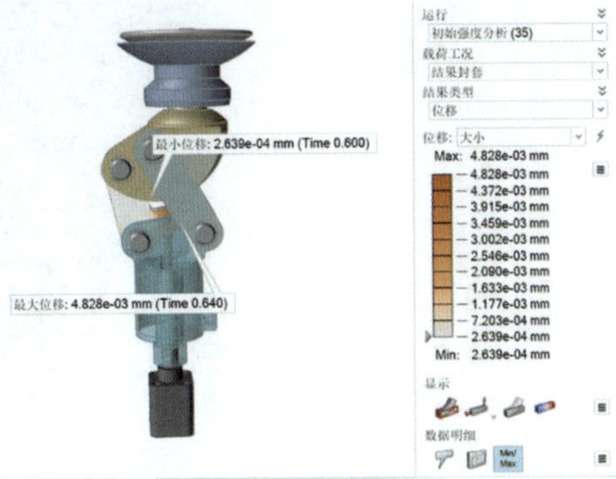
安全系数分析结果如右图所示 最小安全系数为 5.2 最大安全系数为 777.8	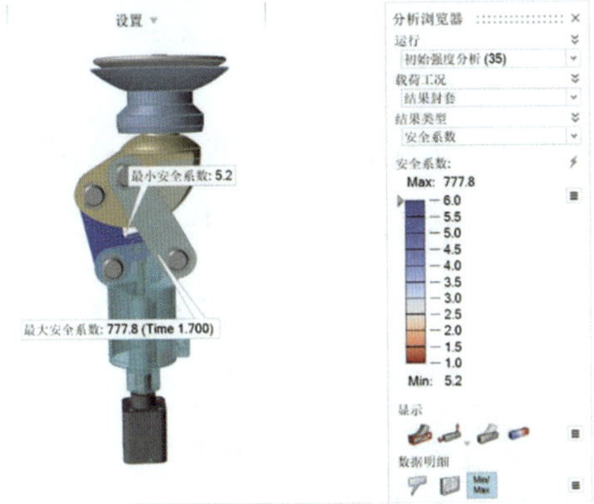
米塞斯等效应力分析结果如右图所示 最大米塞斯等效应力为 4.422e+01 MPa 最小米塞斯等效应力为 2.957e+01 MPa	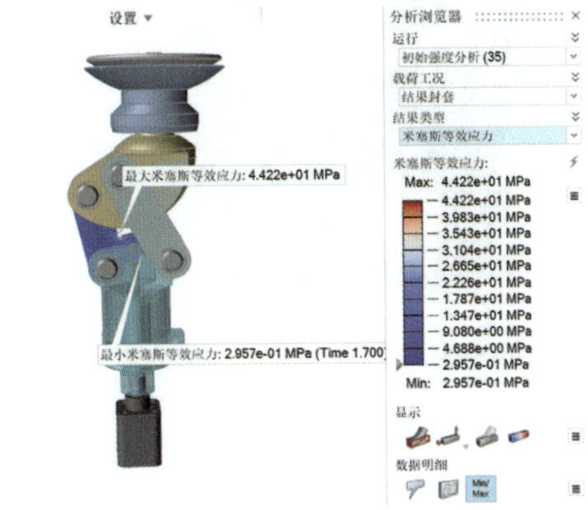

4 拓扑优化

根据任务书要求，描述指定设计空间、形状控制和优化参数等关键操作步骤和参数，并配图；描述探索概念模型操作方式，并配图最终的概念模型。

4.1 指定设计空间

指定假肢膝关节运动机构中的前连动杆部分为设计空间，其余部分为非设计空间，如图 2-5 所示。

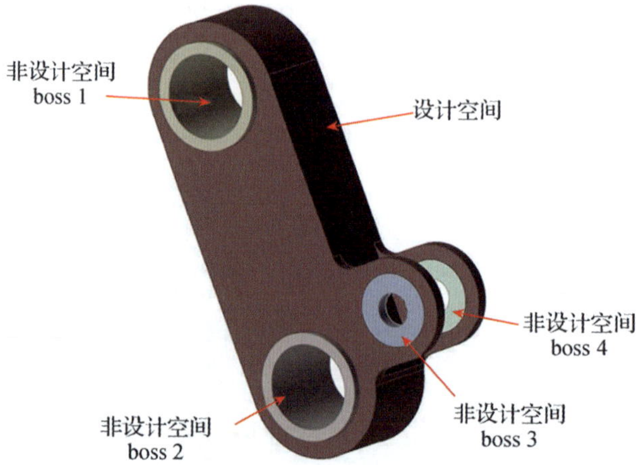

图 2-5 设计空间设置

4.2 优化形状控制设定

对设计及空间进行优化，采用多种形状控制方式：无形状控制、对称、挤出、双向拔模、对称 + 双向拔模、单（双）向拔模（侧边）、单（双）向拔模（中间面）、对称 + 冲压等，如表 2-4 所示。

表 2-4 多种形状控制方式设置

 无形状控制	 对称

续表 2-4

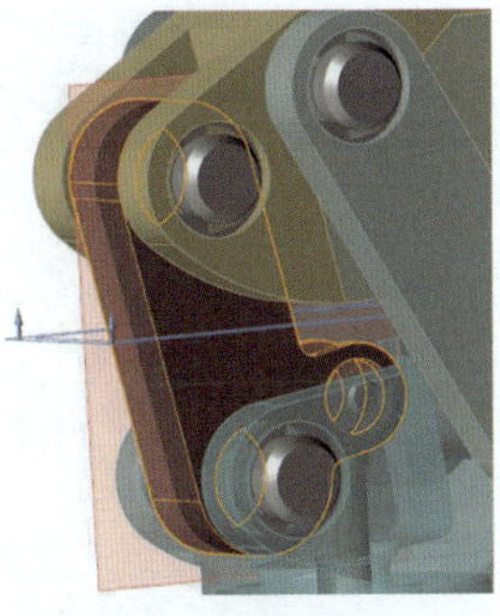 对称＋单向拔模	 对称＋双向拔模
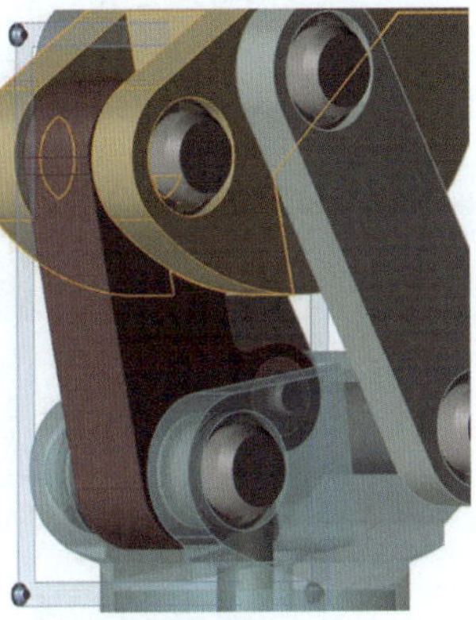 冲压	 对称＋冲压
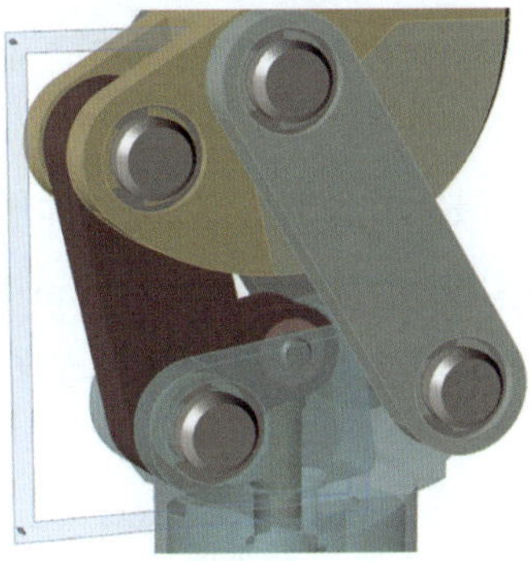 单向拔模	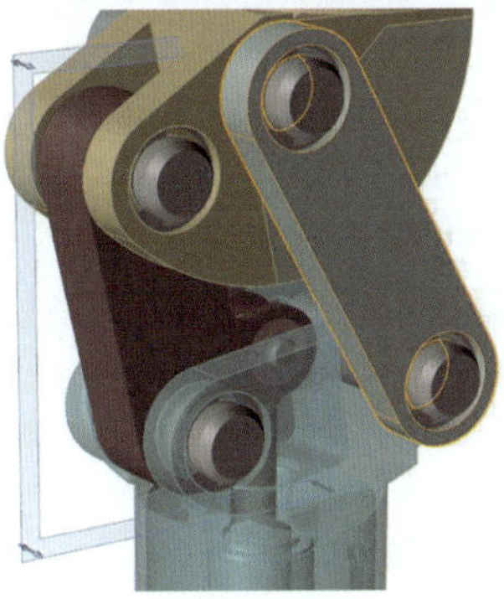 双向拔模
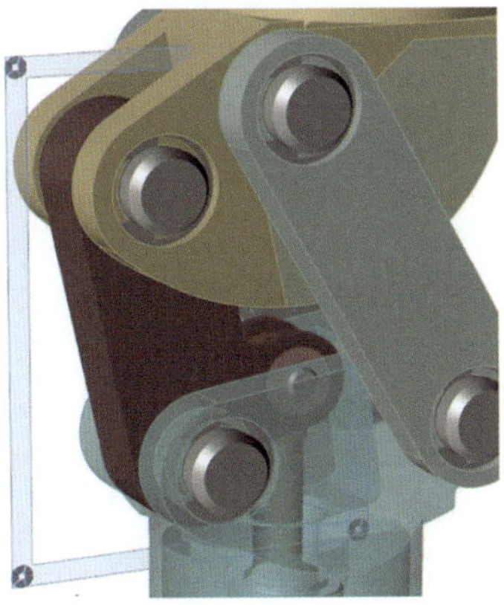 辐射	 对称＋辐射

续表 2-4

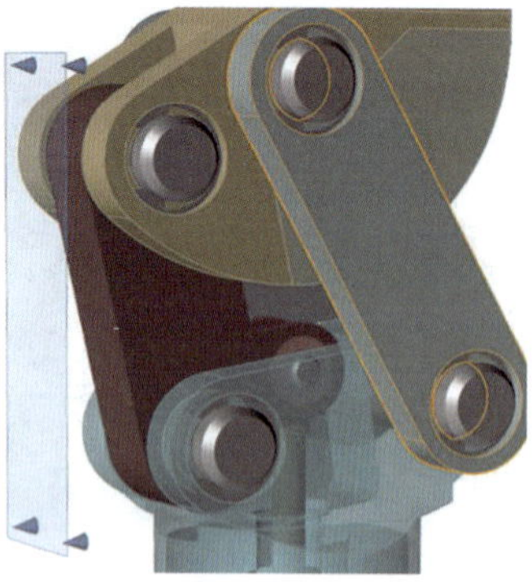 悬空	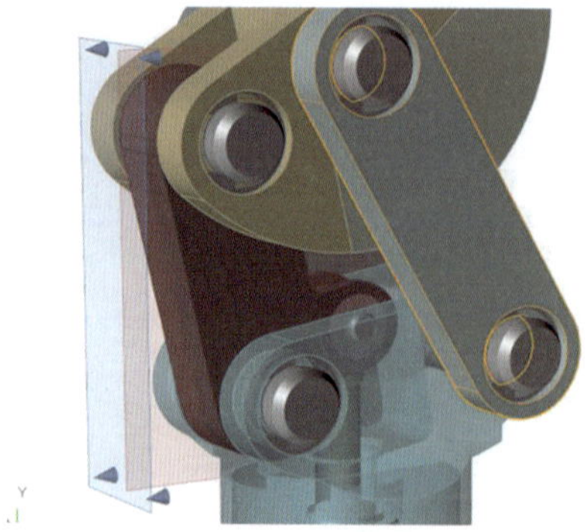 对称 + 悬空
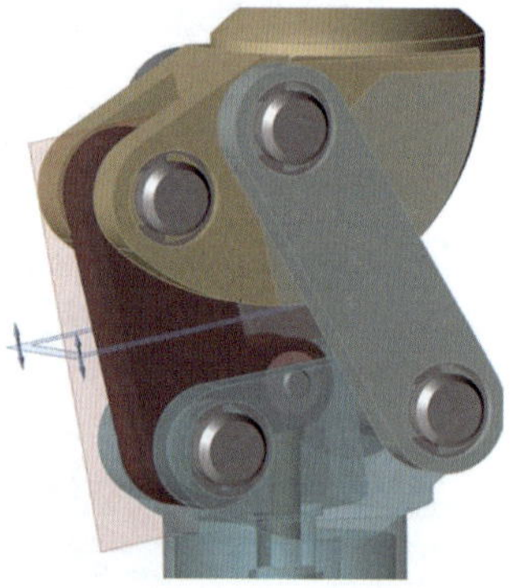 对称 + 调整平面双向拔模	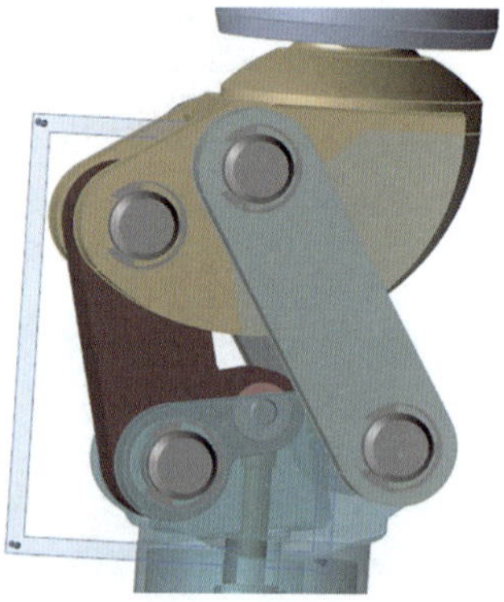 挤出

4.3　优化参数设置

设置类型为拓扑，对于不同的形状控制方式，设置目标均为最大化刚度。对每一种形状控制方式，采用不同的质量约束条件如 10%、15%、20%、25% 和不同的厚度约束如 3 mm、4 mm、5 mm；对于质量约束、厚度约束进行设置对比项，综上，将各种情况罗列出来编上序号，如表 2-5 所示。

表 2-5　优化方案

序号	目标	形状控制方式	质量 /g	体积约束	最小厚度 /mm	安全系数
1	安全系数大于或等于 3.0	双向拔模	10.1	15%	3	3.0
2		对称 + 双向拔模	9.7	14%	默认	1.9
3			10.23	14%	3	2.2
4			10.68	15%	3	2.5
5			11.03	16%	默认	2.3
6			10.23	18%	3	2.2
7			10.9	20%	3	2.7
8		无形状控制	10.619	10%	5	1.4
9			11.787	15%	3	2.4
10			13.12	20%	3	3.1

续表 2-5

序号	目标	形状控制方式	质量 /g	体积约束	最小厚度 /mm	安全系数
11	安全系数大于或等于 3.0	单向拔模	11.531	20%	5	1.9
12		对称 + 单向拔模	10.657	20%	5	3.1
13			13.647	15%	5	2.3
14		对称	11.062	10%	2	2.2
15			11.909	15%	3	2.3
16			12.17	15%	5	1.9
17			12.506	25%	4	3.7
18		对称 + 悬空	7.745 1	15%	5	1.7
19			9.473 5	20%	4	1.6
20			10.275	25%	4	2.2
21		挤出	10.193	20%	5	2.8
22		冲压	13.997	15%	5	3.2
23		对称 + 调整平面双向拔模	12.377	20%	默认	3.2
24			12.31	20%	4	3.7
25		对称 + 冲压	12.312	20%	5	2.5
26			10.81	15%	5	1.9
27		（周期）对称 + 辐射	10.719	15%	4	1.7

4.4　优化结果

拓扑优化结果如表 2-6 所示。

表 2-6　优化结果

序号	概念模型	最大位移 /mm	最大米塞斯应力 /MPa	最小安全系数
1	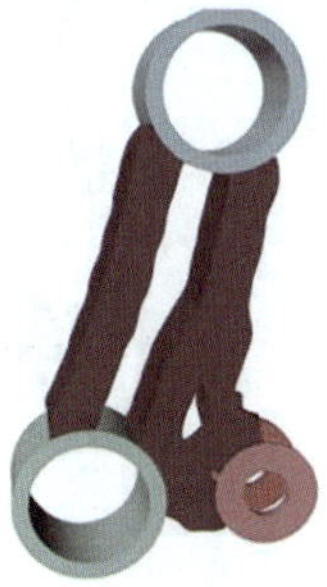		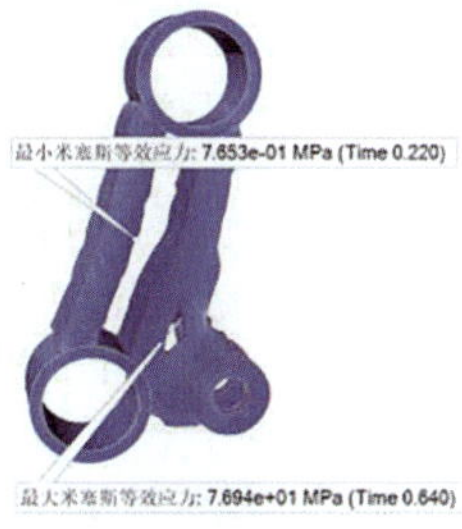	
2		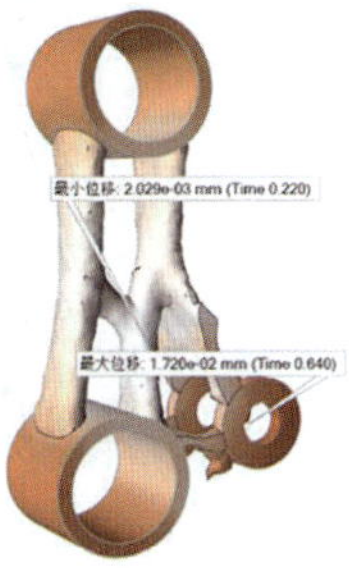	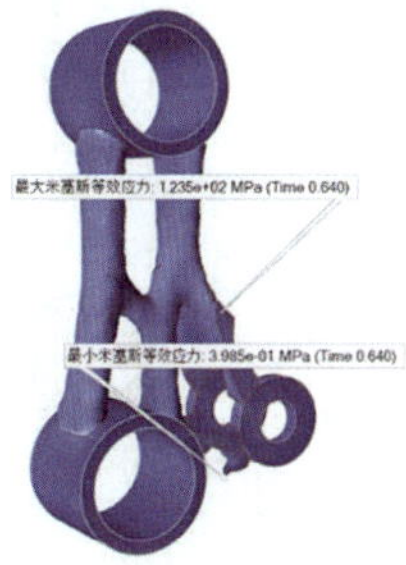	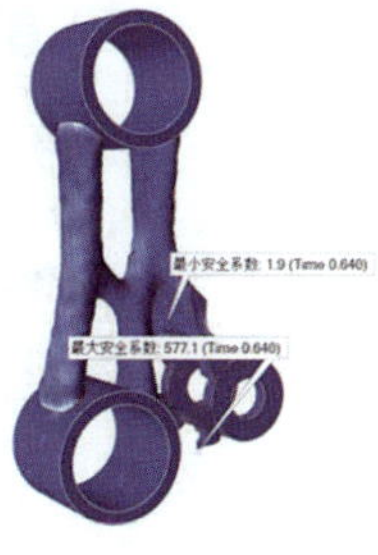

续表 2-6

序号	概念模型	最大位移 /mm	最大米塞斯应力 /MPa	最小安全系数
3	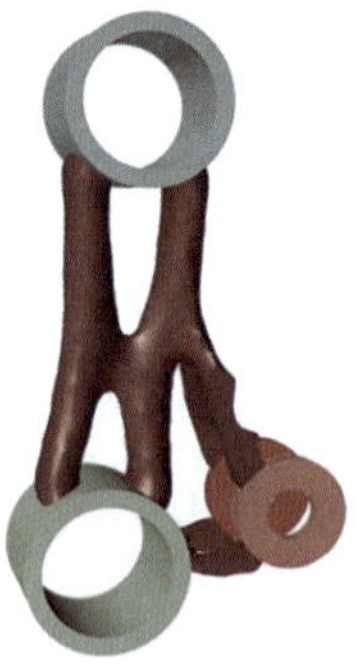	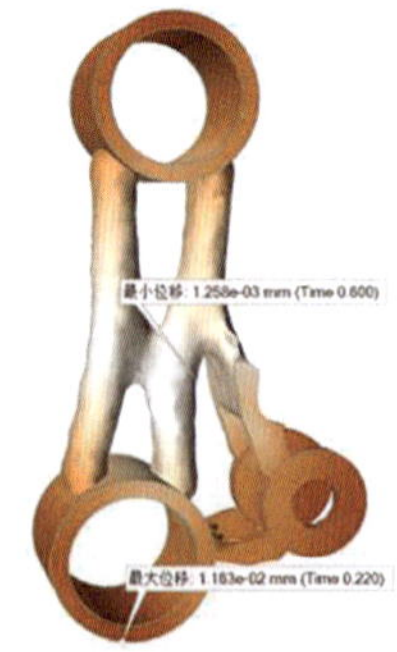	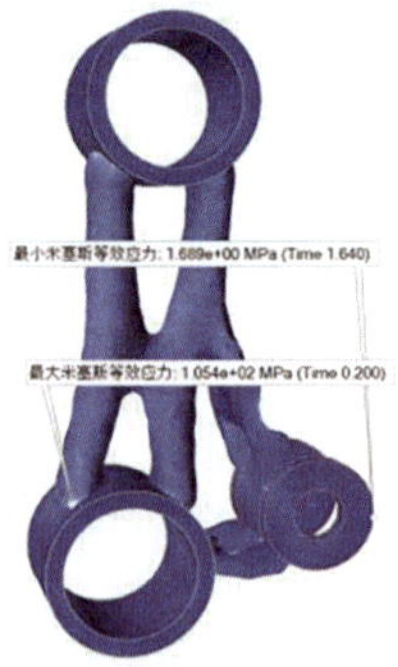	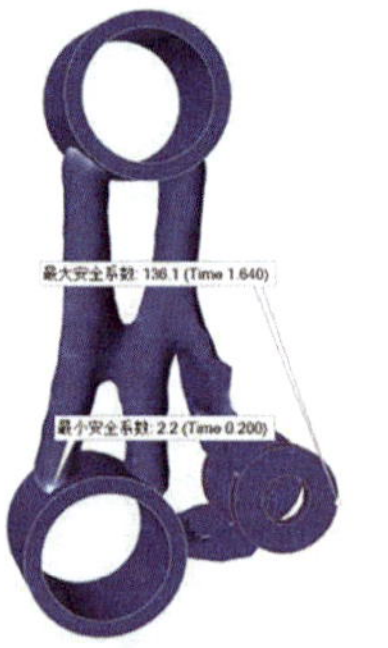
4		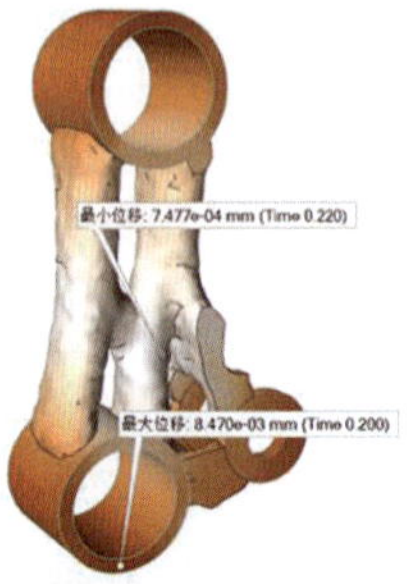	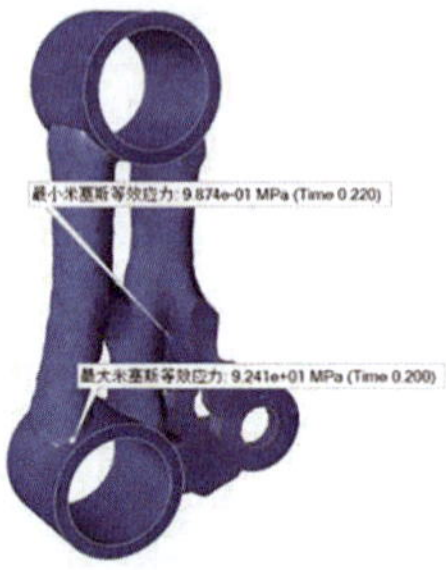	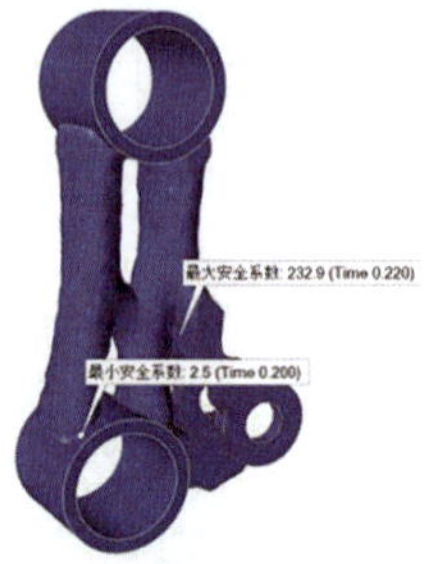
5		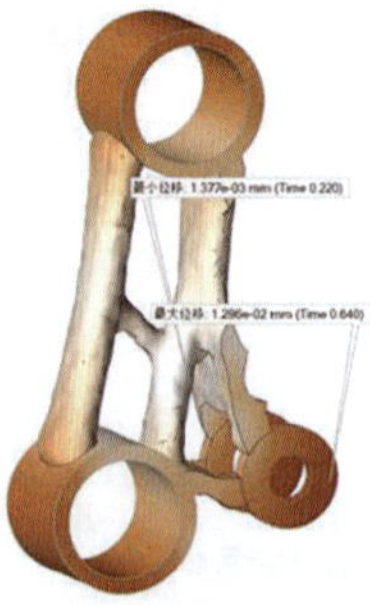	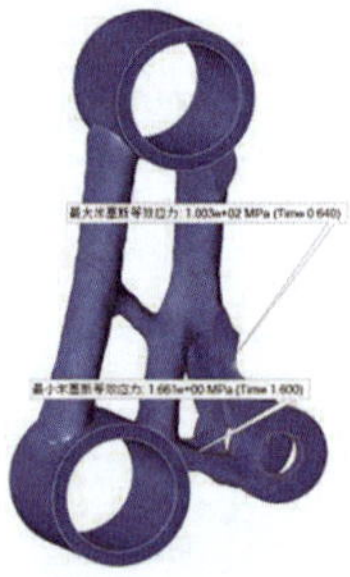	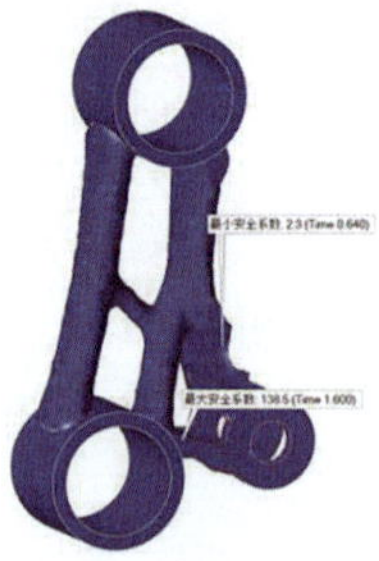
6		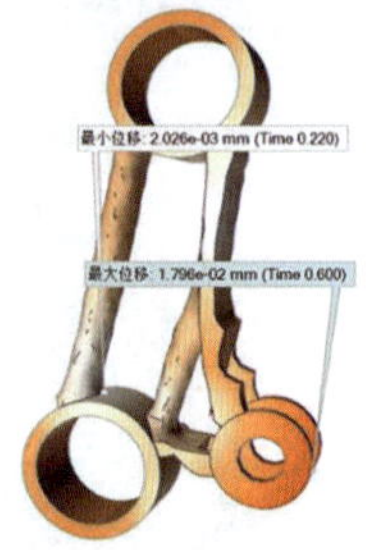	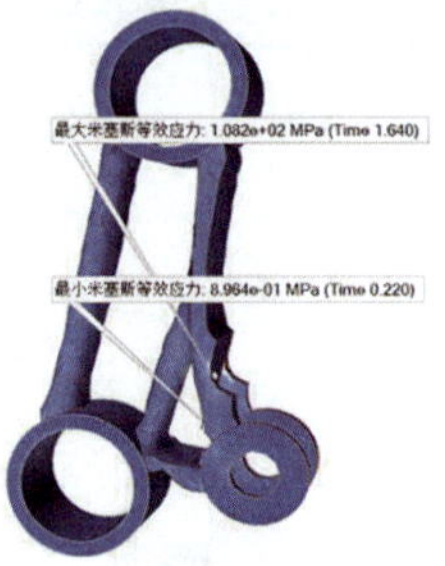	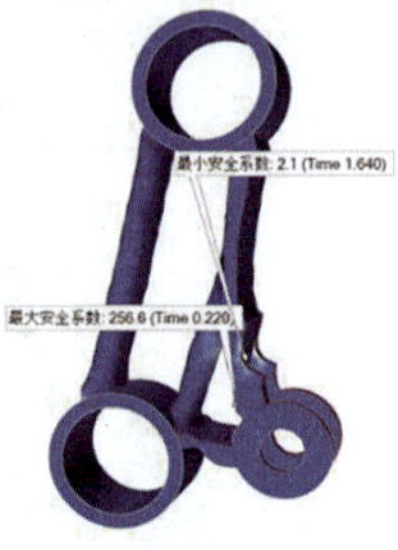
7		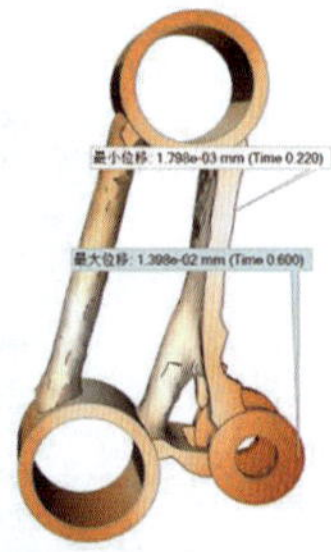	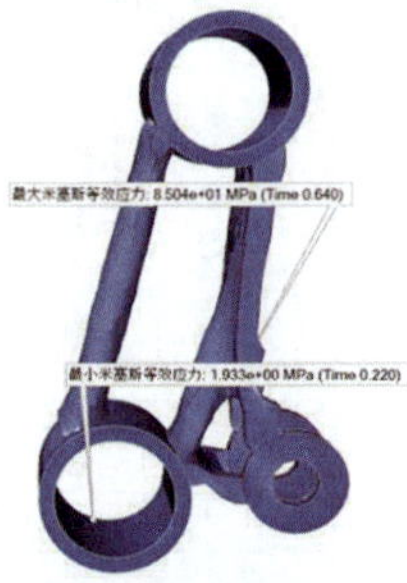	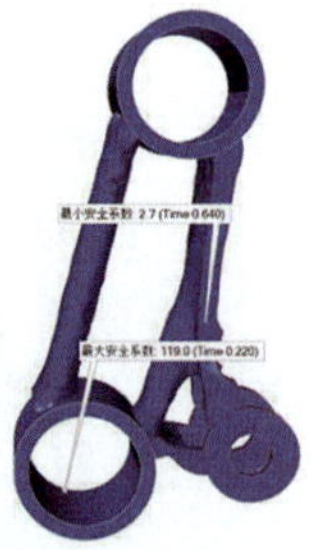

续表 2-6

<table>
<tr><th>序号</th><th>概念模型</th><th>最大位移 /mm</th><th>最大米塞斯应力 /MPa</th><th>最小安全系数</th></tr>
<tr><td>8</td><td></td><td>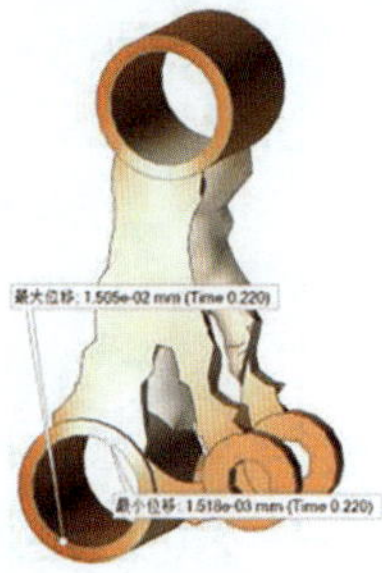</td><td>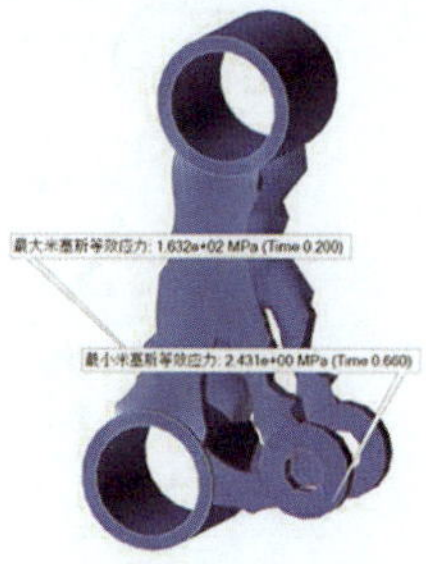</td><td>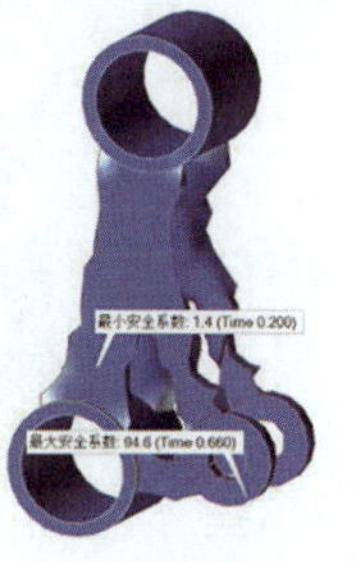</td></tr>
<tr><td>9</td><td>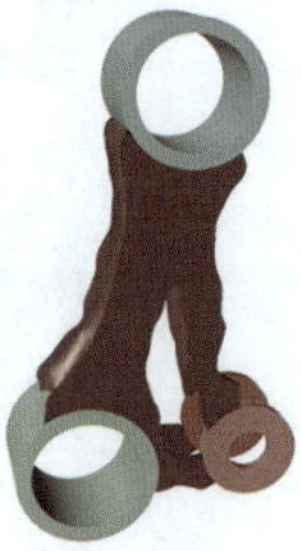</td><td>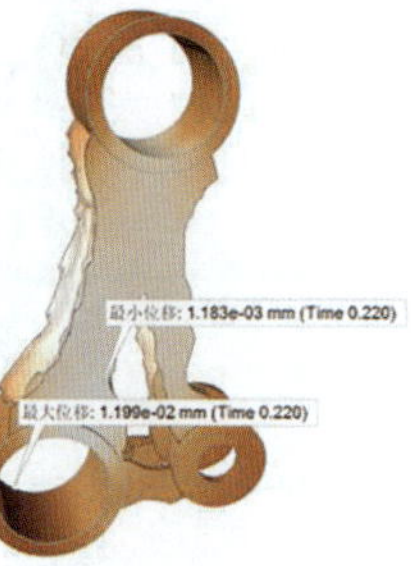</td><td>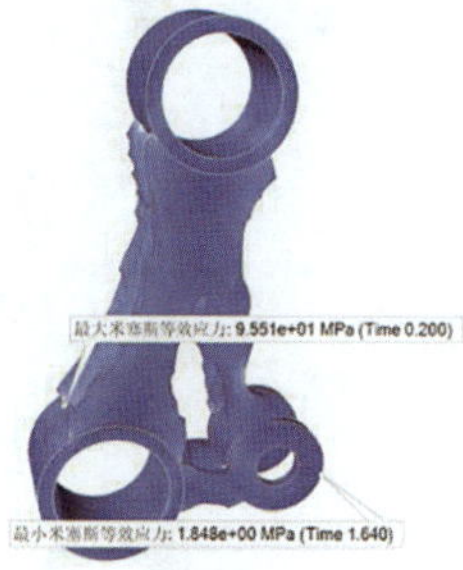</td><td>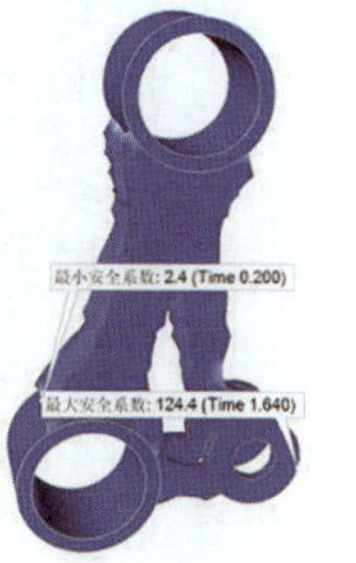</td></tr>
<tr><td>10</td><td>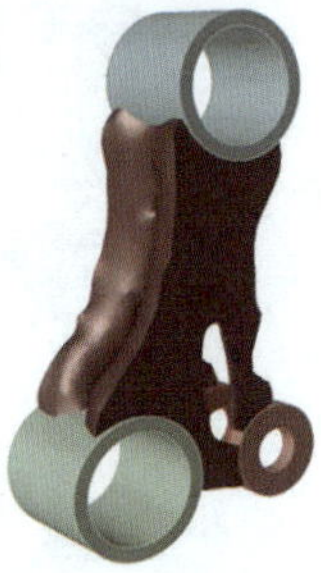</td><td>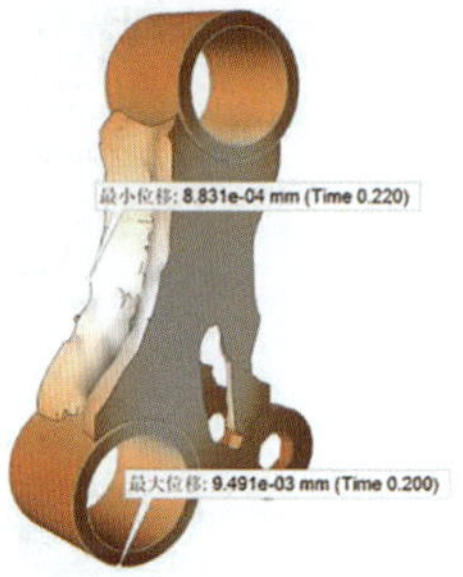</td><td>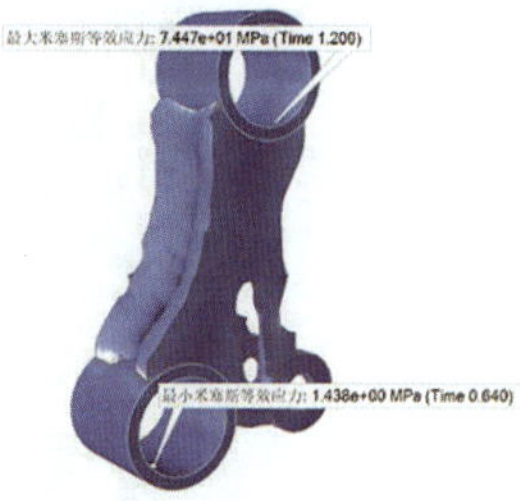</td><td></td></tr>
<tr><td>11</td><td></td><td>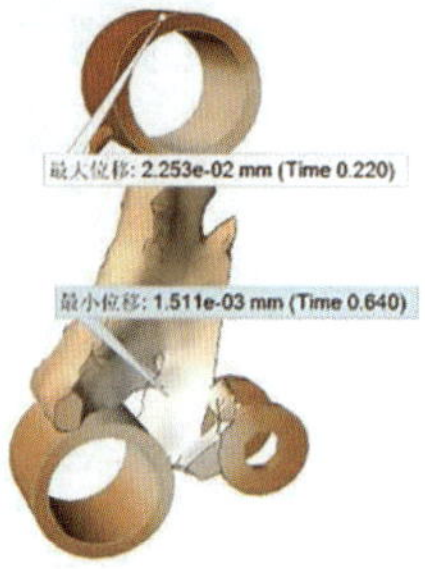</td><td>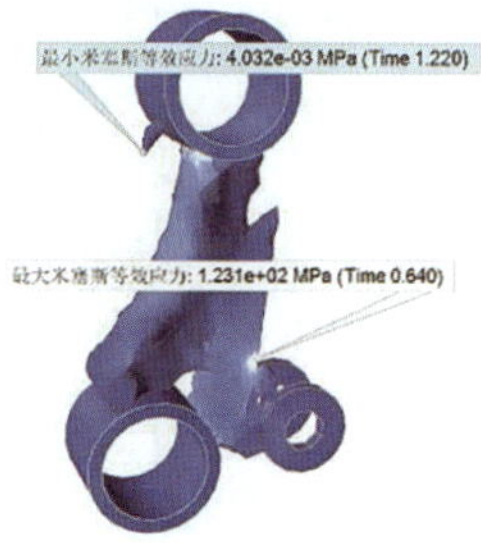</td><td>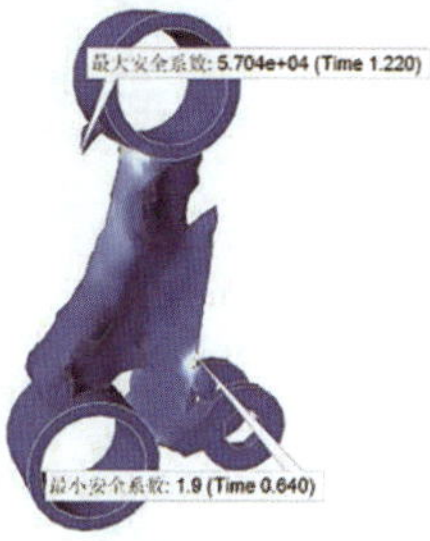</td></tr>
<tr><td>12</td><td></td><td>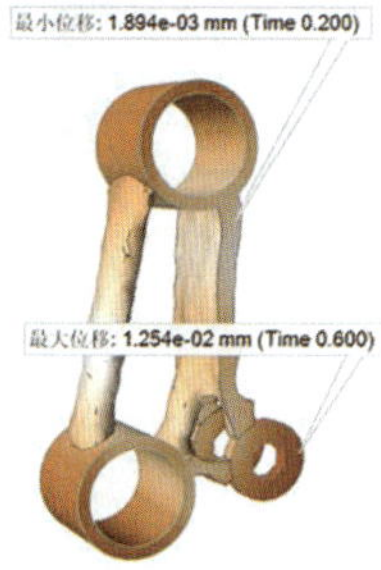
0.012 54</td><td>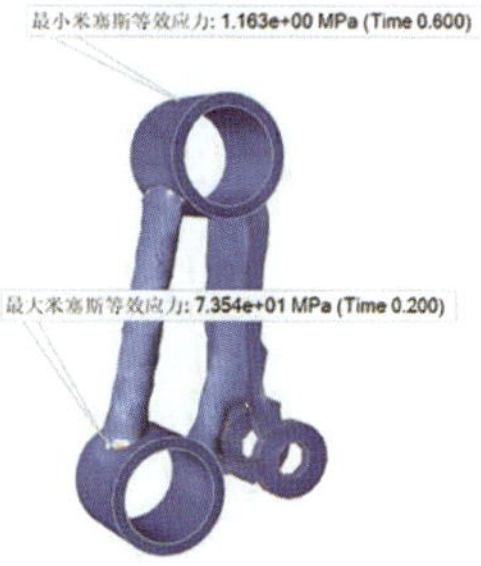
73.54</td><td>
3.1</td></tr>
</table>

续表 2-6

序号	概念模型	最大位移 /mm	最大米塞斯应力 /MPa	最小安全系数
13			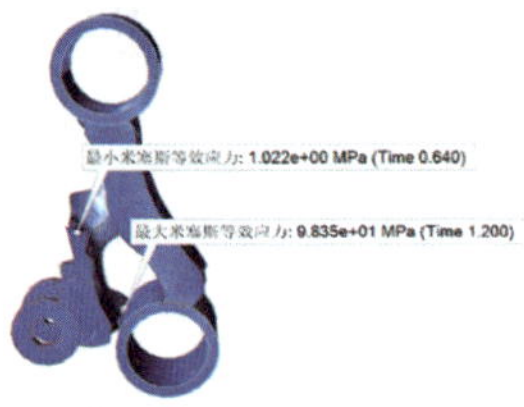	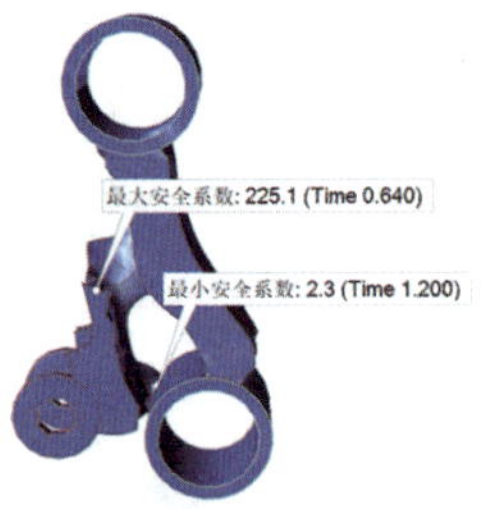
14		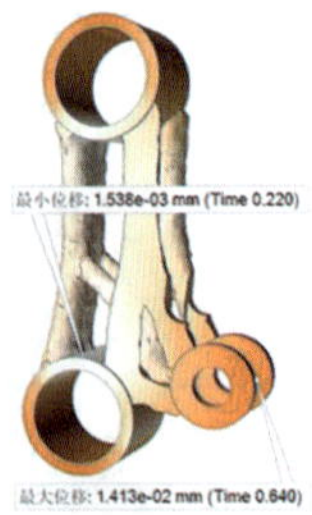		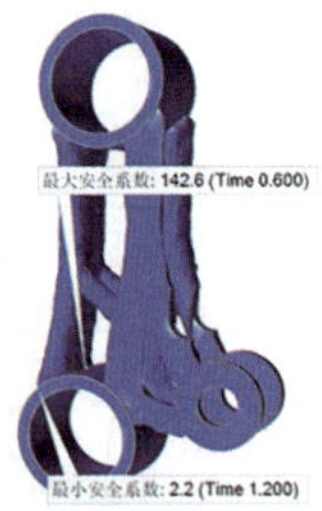
15		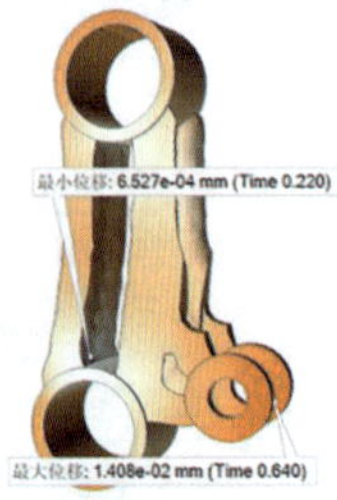		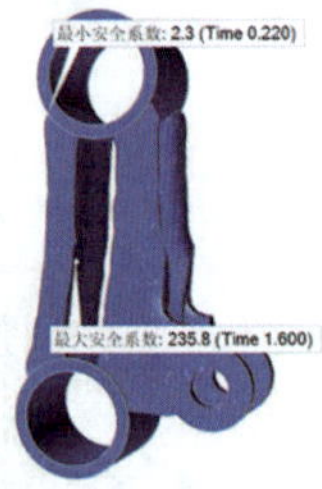
16		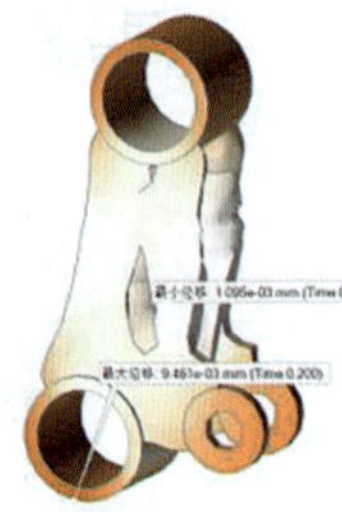	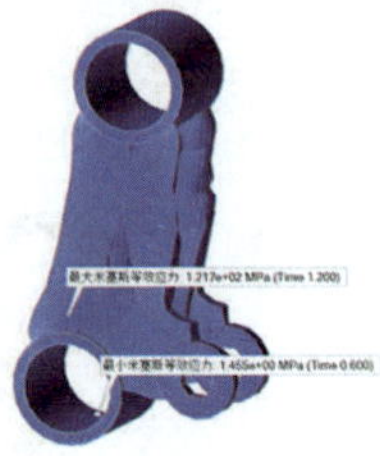	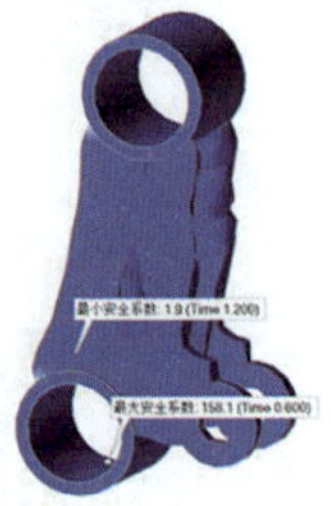
17		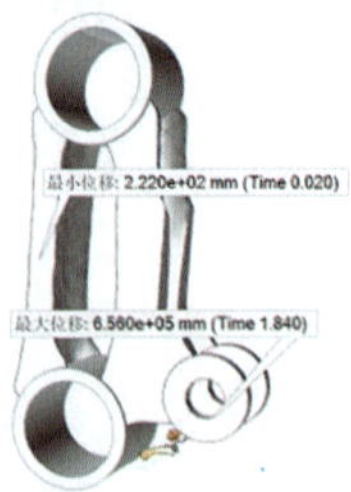	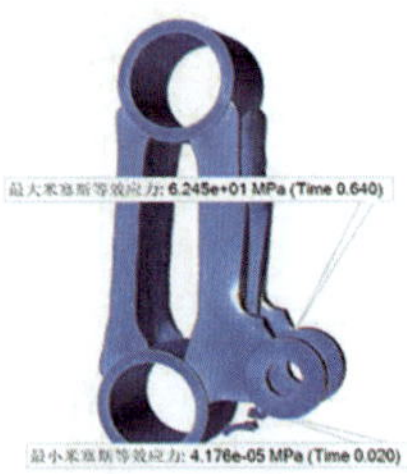	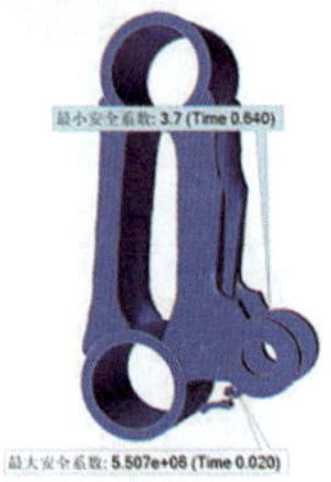
18		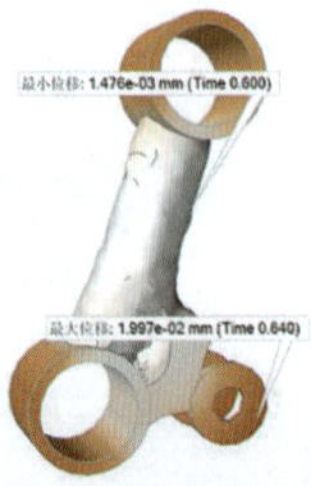	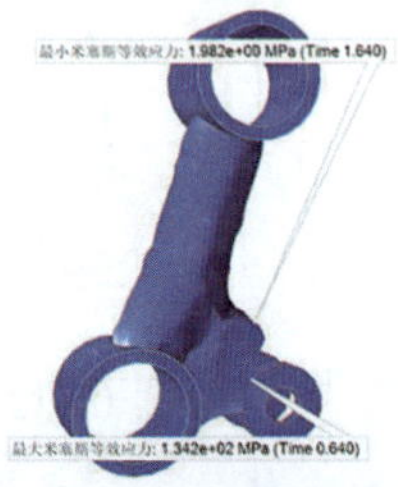	

续表 2-6

序号	概念模型	最大位移 /mm	最大米塞斯应力 /MPa	最小安全系数
19	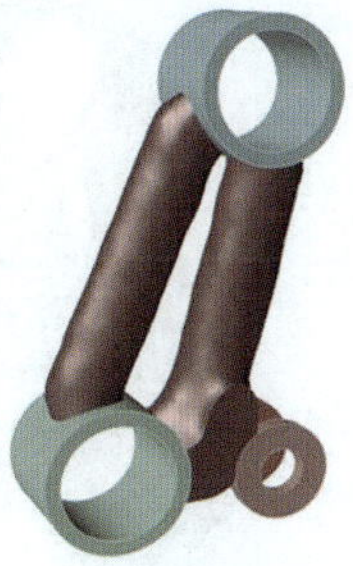	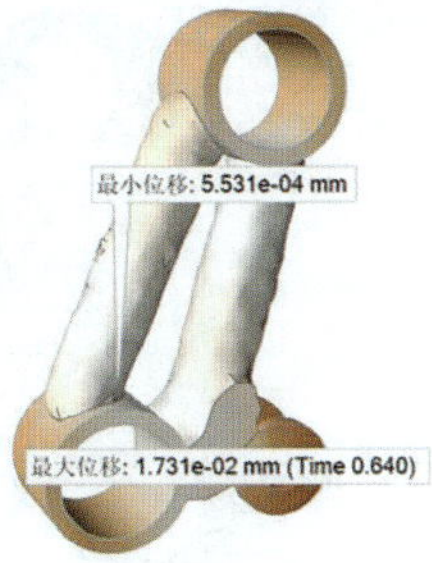	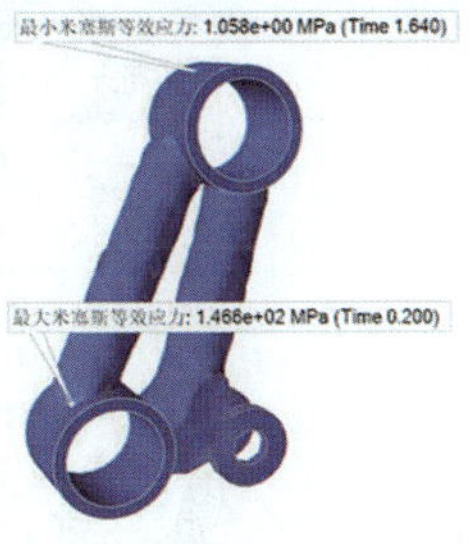	
20	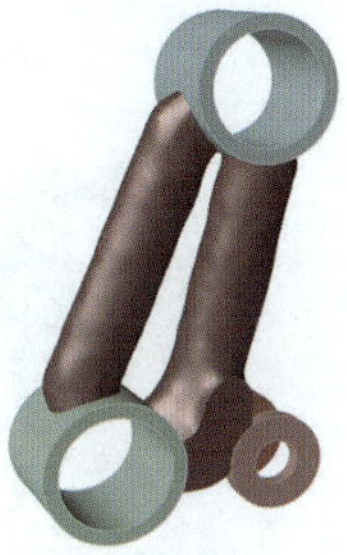	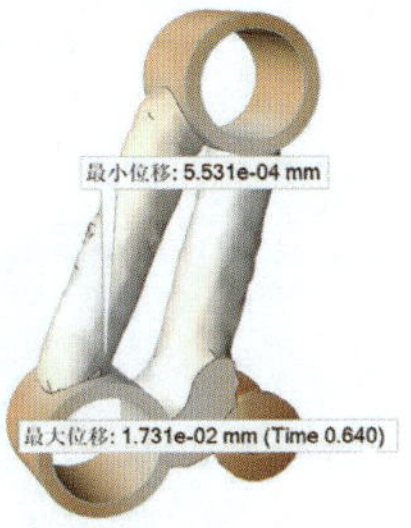	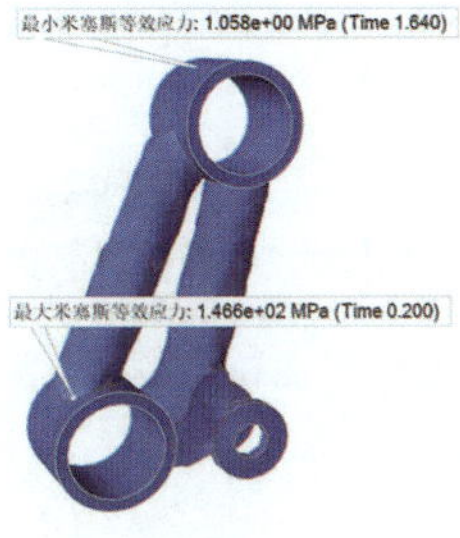	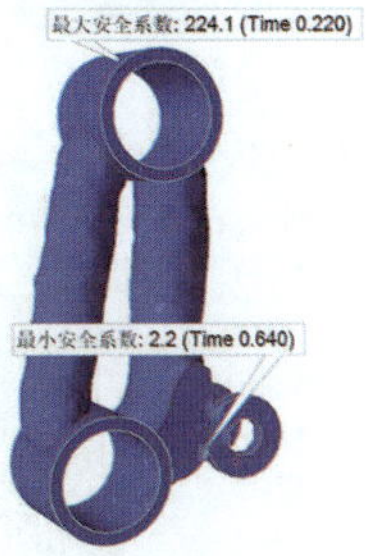
21	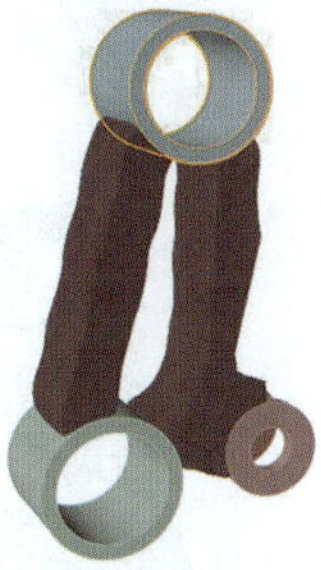	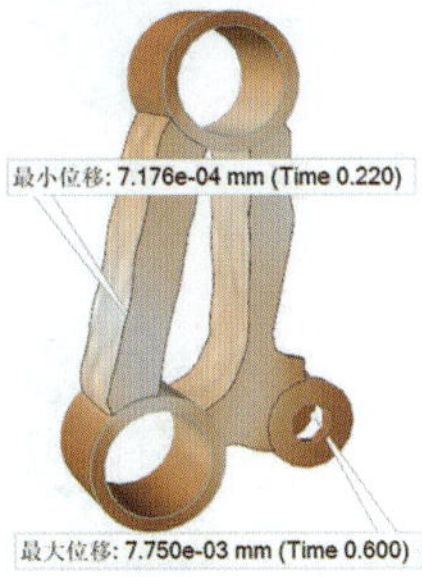 0.007 750	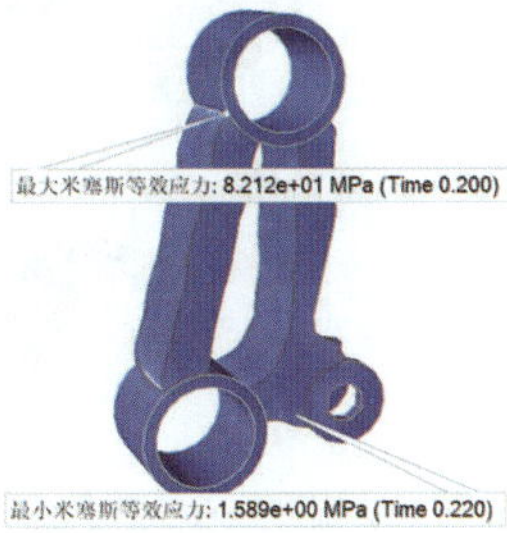 82.21	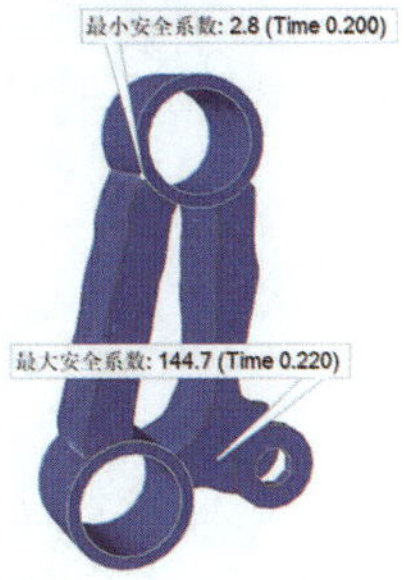 2.8
22	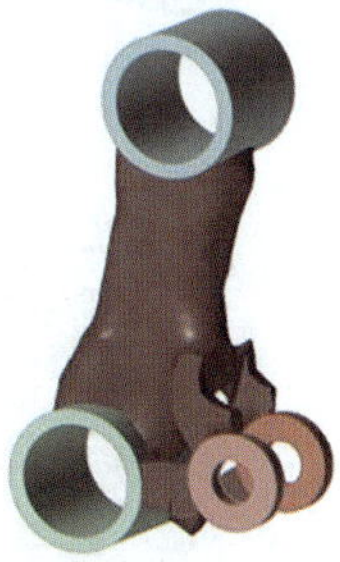	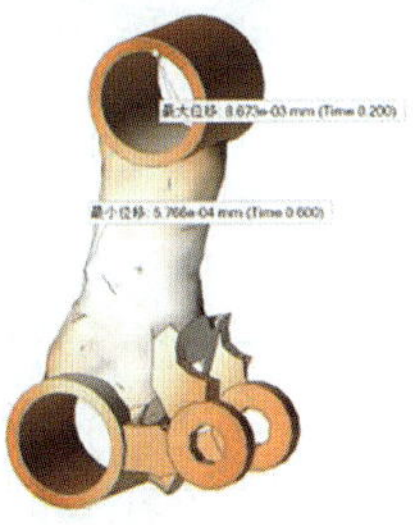	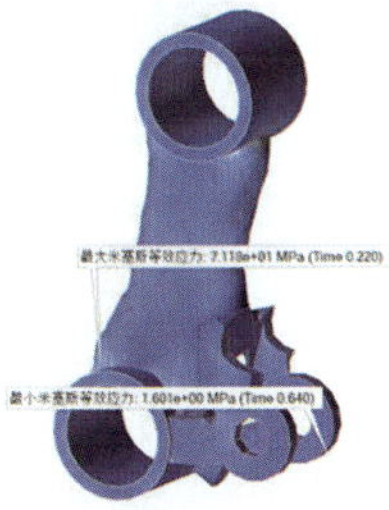	 3.2
23	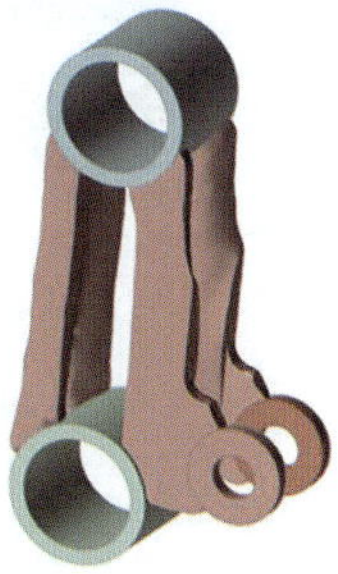	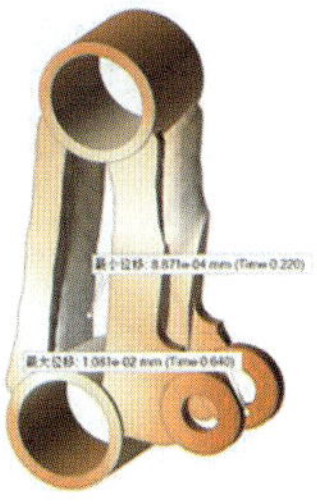 0.010 81	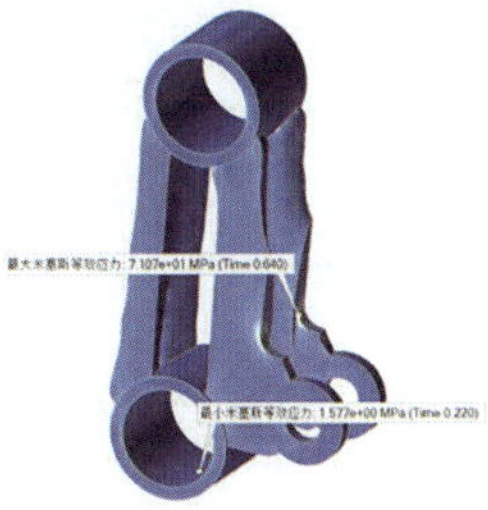 71.07	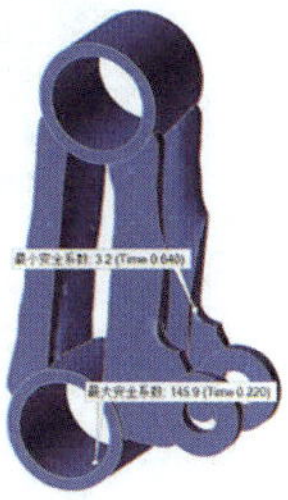 3.2

续表 2-6

序号	概念模型	最大位移 /mm	最大米塞斯应力 /MPa	最小安全系数
24		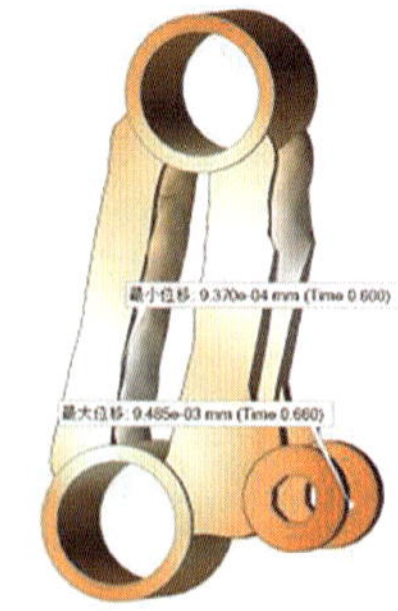 0.009 485	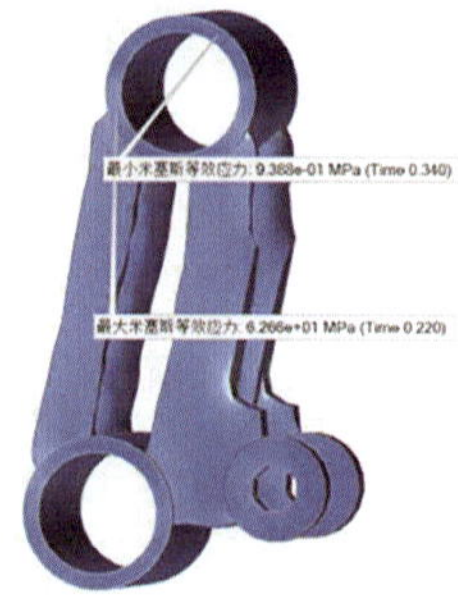 62.66	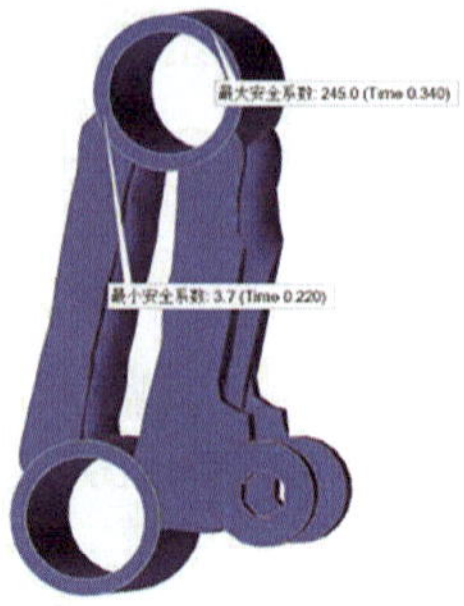 3.7
25	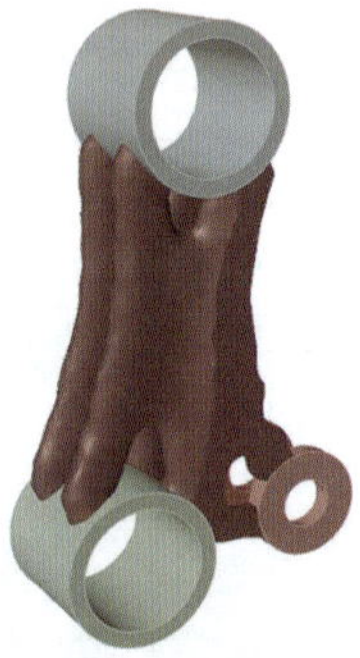	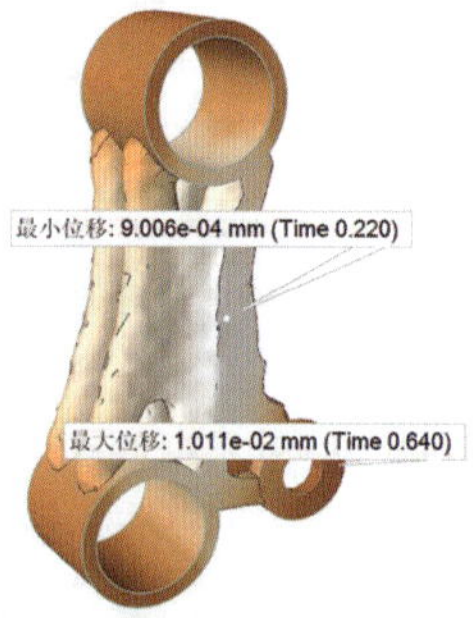	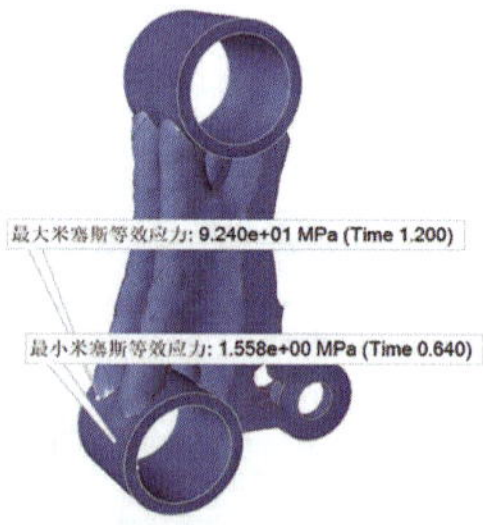	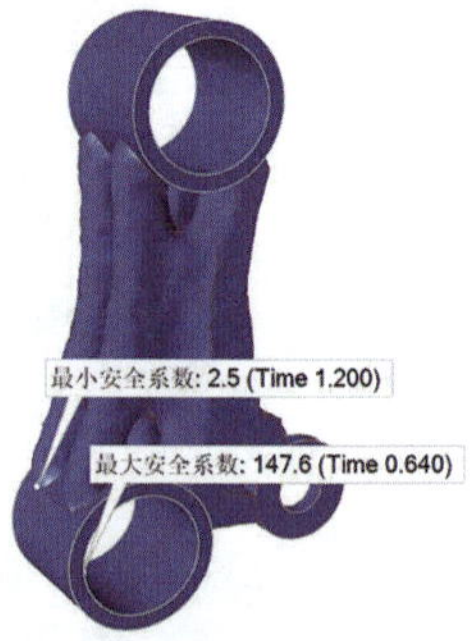
26	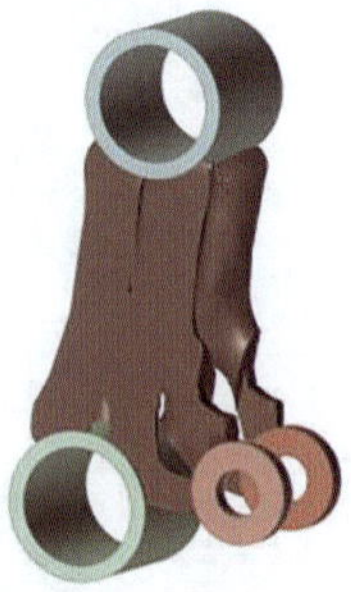	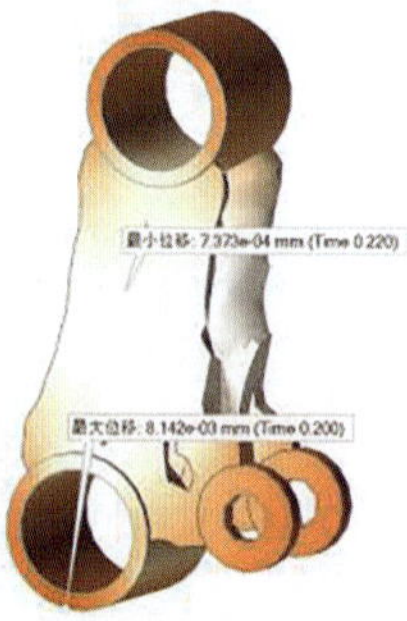	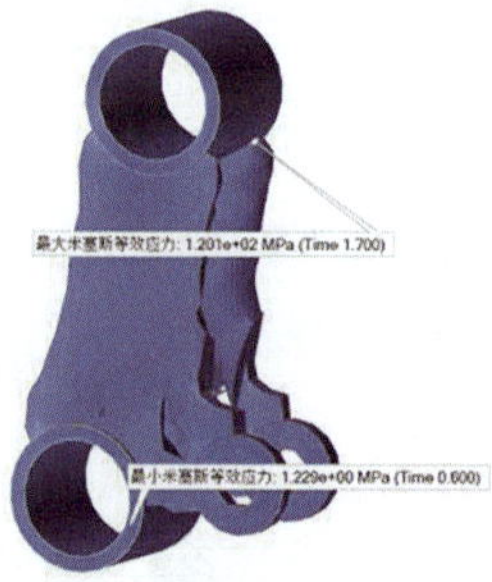	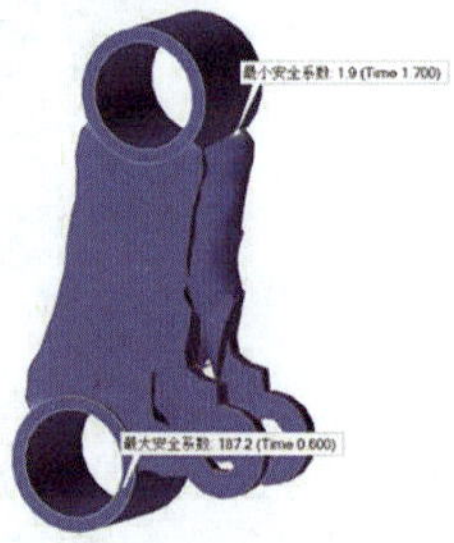 1.9
27	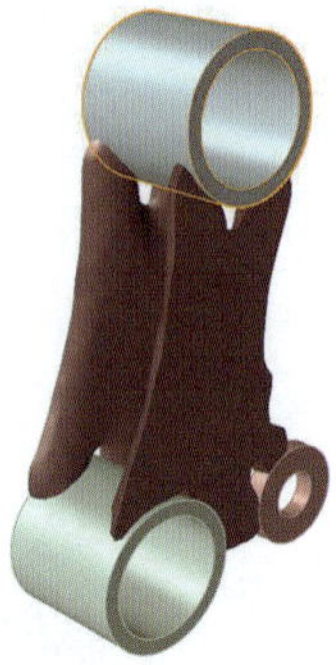	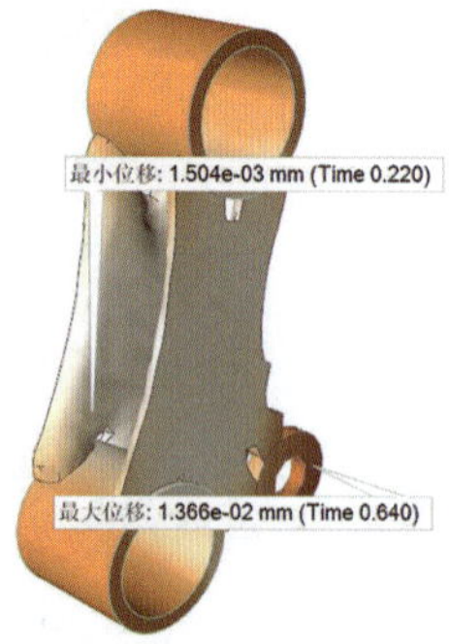	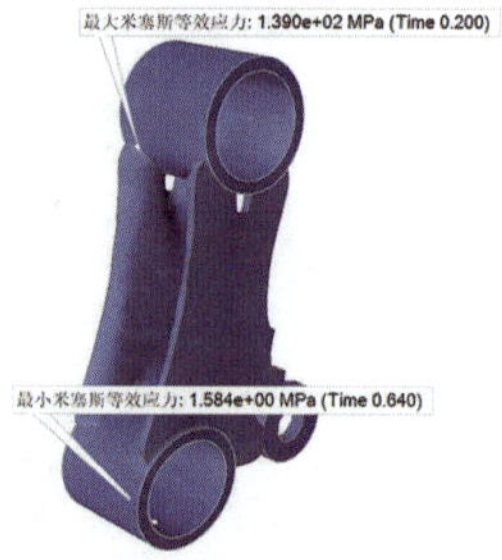	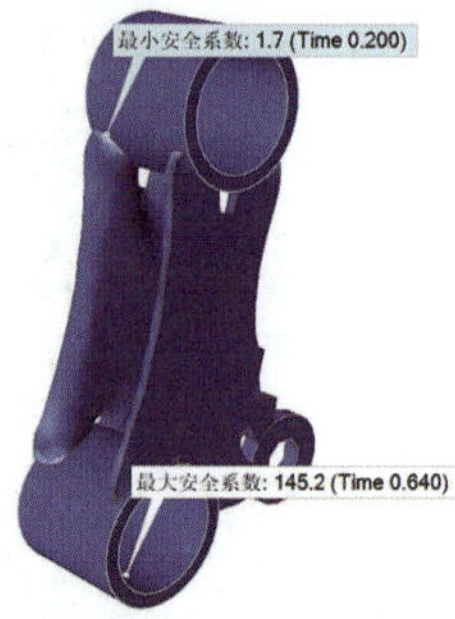

4.5 拓扑优化结果分析与最优方案选择

选取方案中结构较为合理且安全系数合理的优化方案进行对比，分别为方案 1、方案 12、方案 23 及方案 24。

对比得出方案 24 结果合理，安全系数较高，为最优方案（图 2-6）。

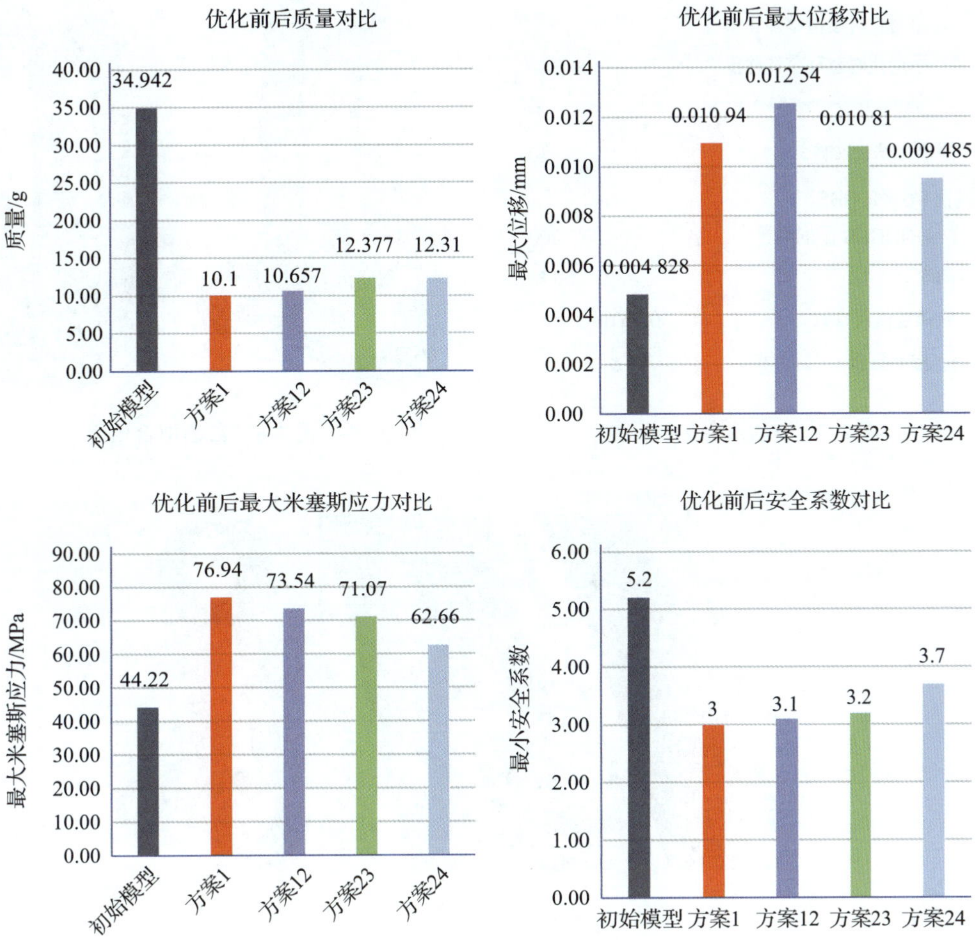

图 2-6　方案对比柱状图

5　几何重构

根据优化后的零件结构，描述概念模型光顺化处理操作方式，并配图几何重构后的模型。

5.1　拟合 PolyNURBS

（1）使用拟合 PolyNURBS 功能对概念模型进行自动拟合，勾选平滑结果，设置 PolyNURBS 面的数量为 200，取消勾选相交，生成 PolyNURBS 零件（图 2-7）。

（2）对自动拟合之后的零件进行调整，以改变零件局部受力情况并实现零件的进一步减重。观察拟合之后的零件（图 2-8），发现 4 个支撑结构仍有较大减重空间，于是，通过拖动点、线、面的位置调整支撑结构的粗细，在保证刚度达标的前提下尽可能减小其直径（图 2-9），同时需要注意保持拟合后零件的类四边形孔四角处连接自然，防止应力集中。

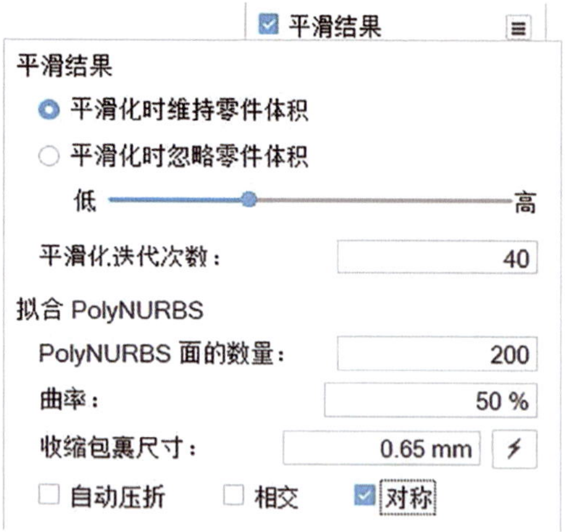

图 2-7　自动拟合参数设置

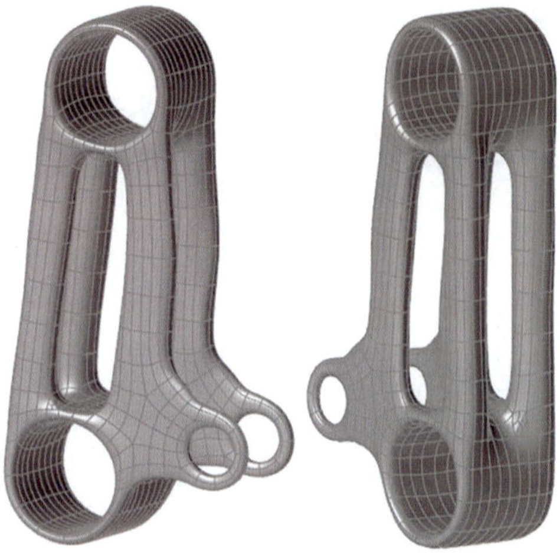

图 2-8　自动拟合结果

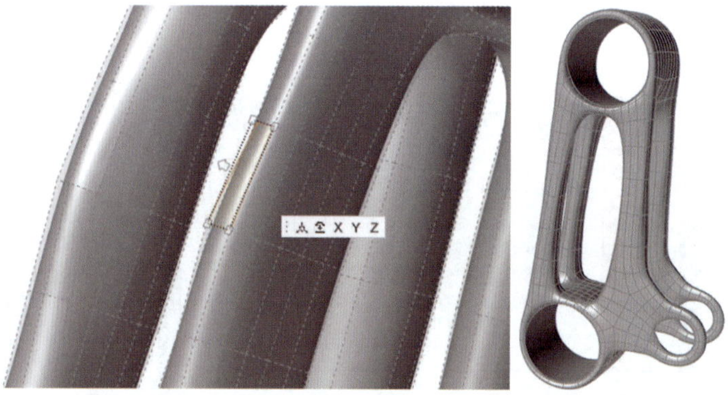

图 2-9　手动调整

对于延伸进非设计空间圆孔内表面的部分，采用绘制草图、挤出删除的方法（图 2-10），使非设计空间圆孔内表面保持光滑。

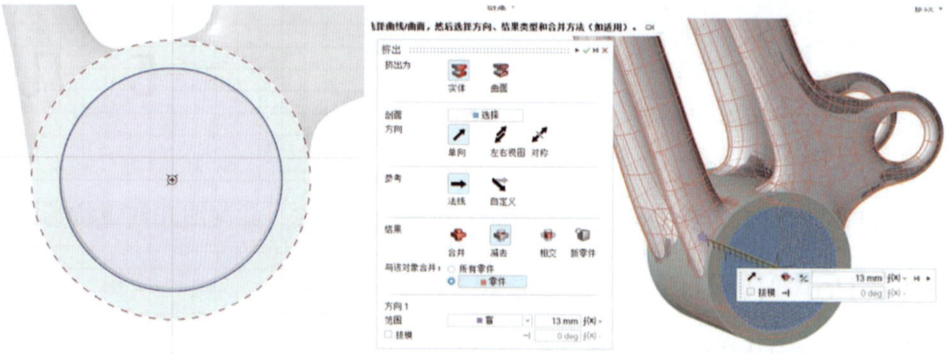

图 2-10　挤出处理

5.2　布尔运算合并设计与非设计空间

将初步调整完成后的零件以及非设计空间分别复制并粘贴，得到复制后的零件，进行布尔运算合并，布尔运算合并后的零件如图 2-11 所示。

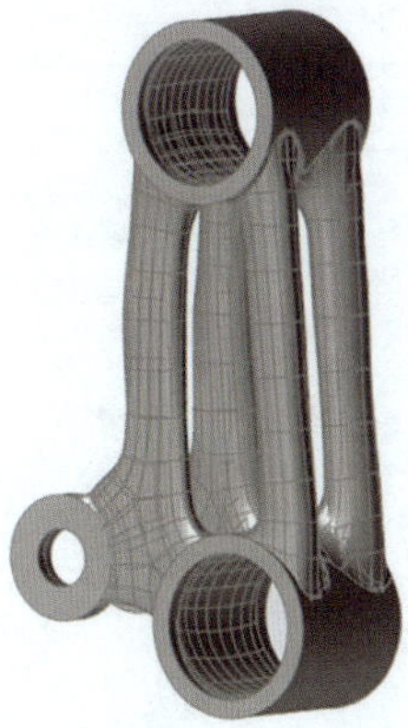

图 2-11　布尔运算合并后的零件

5.3　模型调整

对设计空间与非设计空间连接处进行倒角，如图 2-12 所示。

图 2-12　模型调整图

6　运动仿真校核

描述运动仿真校核的关键步骤及参数，并配图；描述多体运动仿真运动校核结果，并配图。

6.1　运动仿真校核参数设置

运动仿真校核参数设置步骤如表 2-7 所示。

表 2-7　参数设置步骤

序号	步骤	图示
1	检查设置各零件的材料	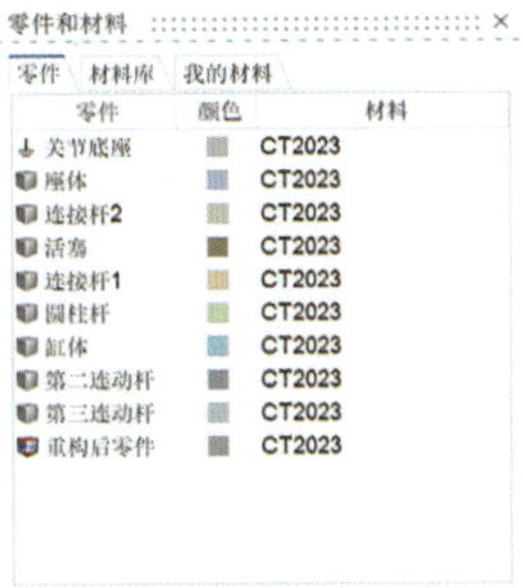

续表 2-7

<table>
<tr><th>序号</th><th>步骤</th><th>图示</th></tr>
<tr><td>2</td><td>检查设置重力</td><td>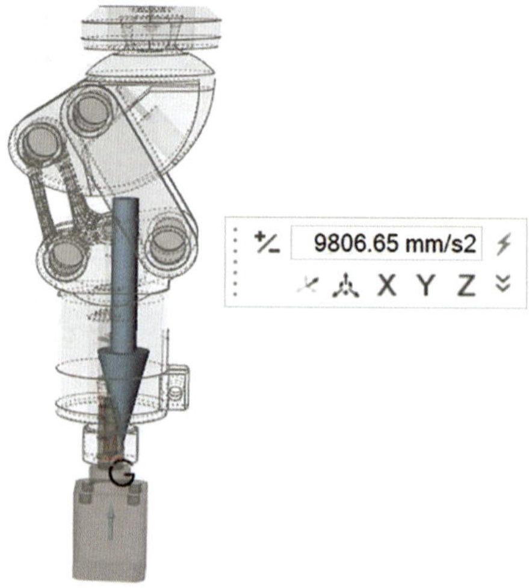
</td></tr>
<tr><td>3</td><td>设置零件之间的连接</td><td>

</td></tr>
<tr><td>4</td><td>检查驱动设置</td><td>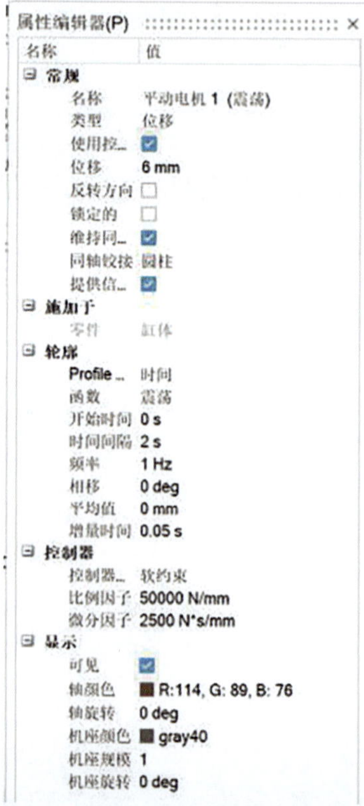
</td></tr>
</table>

续表 2-7

序号	步骤	图示
5	设置多体运动仿真参数	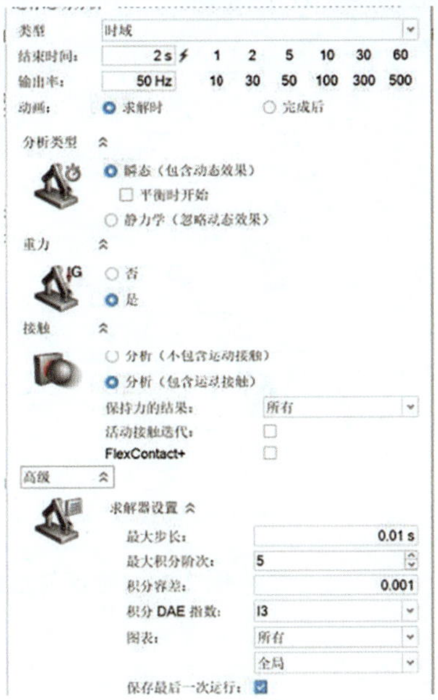

6.2 运动仿真校核分析结果

模型运动状态正常，符合预期，其中铰接 2 的力结果如图 2-13 所示。

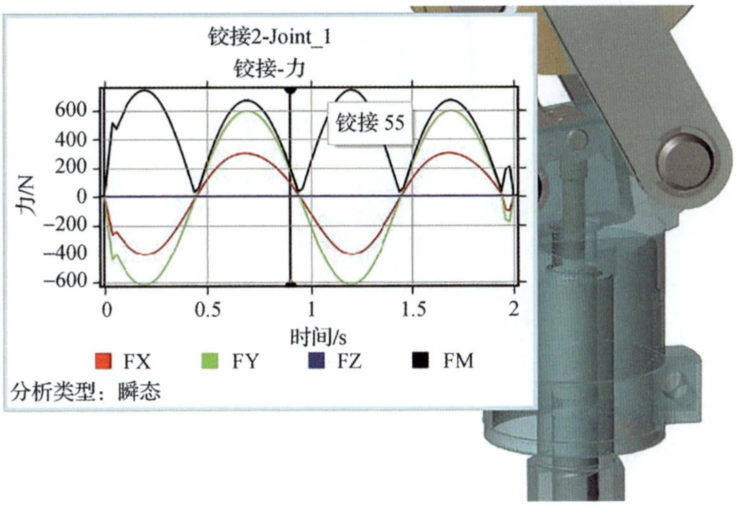

图 2-13　铰接 2 的力结果

7　强度校核

根据任务书要求，描述对几何重构后的零件设置的强度校核关键参数，并配图；进行强度分析，描述获得的分析结果，包括最大位移、最大米塞斯应力、最小安全系数，并配图。

7.1 强度校核参数设置

强度校核参数设置如图 2-14 所示。

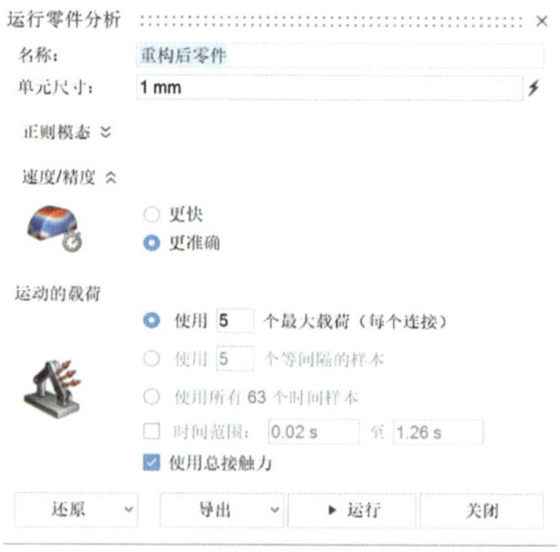

图 2-14 强度校核参数设置

7.2 强度校核分析结果

（1）最小安全系数为 3.0，符合题目要求，不小于 3.0。

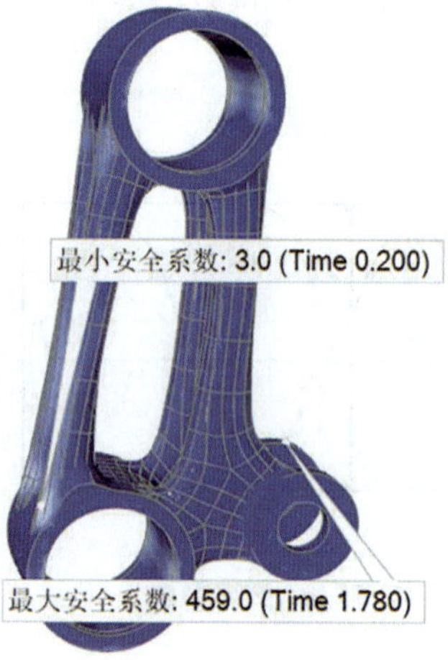

（2）最大位移为 0.017 37 mm。

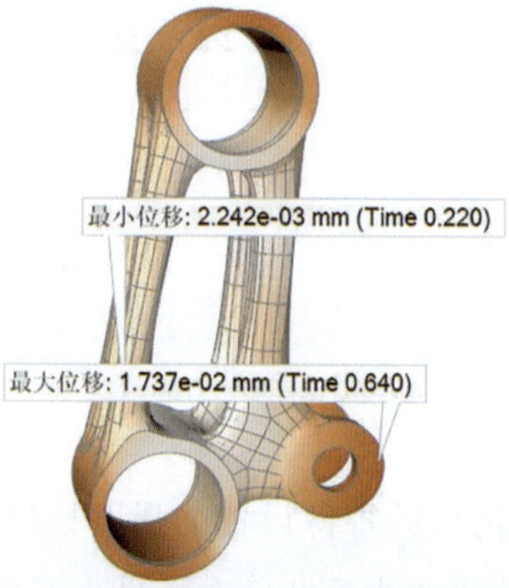

（3）最大米塞斯应力为 77.84 MPa。

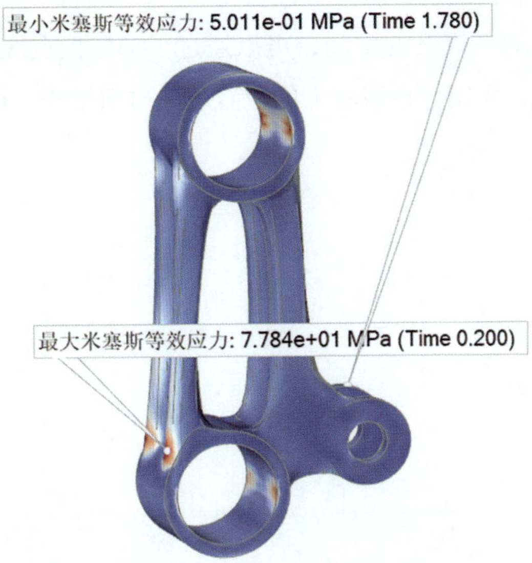

8　轻量化设计结果总结

根据任务书和提交结果，对比设计目标是否满足要求；总结结构优化的轻量化效果、结构合理性和美观性。

（1）优化前零件质量为 34.942 g，优化后零件质量为 10.347 g，减重 70.39%，达到了轻量化的效果。

（2）优化前安全系数为 5.2，优化后安全系数为 3.0，满足题目要求；优化前位移 0.004 828 mm，优化后为 0.017 37 mm。

（3）优化后模型结构合理，没有大面积材料堆积，传力路径清晰，表面光顺美观，连接处具备倒角，一定程度上减少应力集中，且过渡合理。

9　专家评语

总体而言，该团队完成了假肢膝关节机构的运动仿真和轻量化设计，前连动杆零件优化结构合理、表面光顺、减重合理。

（1）该作品通过调整拔模方向、质量目标和最小厚度等参数，开展概念模型方案设计，善于通过柱状图清晰对比和筛选方案，获得了优秀的概念模型方案。

（2）该作品采用 Inspire 软件强大的拟合 PolyNURBS 功能 + 几何功能，通过调整拟合面数量、点线面局部调整等方式，高效高质量地完成了零件自动几何重构和实体化操作，零件表面光顺。

（3）该作品在自动重构中需尝试进一步降低面数量，提高零件的整体连贯性。

（4）该作品在减重目标上尚有提升的空间，可以通过手动拖拽点线面等方式，对现有的局部安全系数较小的区域增加材料堆积，而安全系数较大的位置减少材料堆积，进一步减轻零件重量。

数字化创新设计赛道竞赛
——虚拟仿真报告

目　录

第一部分　结果汇总

表 3-1　轻量化设计结果汇总表

零件的初始强度分析	最大位移 /mm	最大米塞斯等效应力 /MPa	最小安全系数
	0.159 5	6.170	34.8
优化后零件强度校核	最大位移 /mm	最大米塞斯等效应力 /MPa	最小安全系数
	0.389 7	3.926	25.4
零件重量	初始零件总质量 /kg	优化后零件总质量 /kg	备注
	13.38 5	4.081	

表 3-2　轻量化设计汇总图

初始强度分析	最大位移 /mm	最大米塞斯等效应力 /MPa	最小安全系数
数值	0.159 5	6.170	34.8
截图	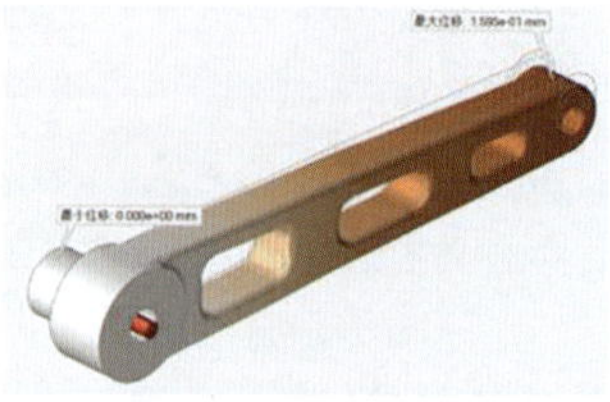	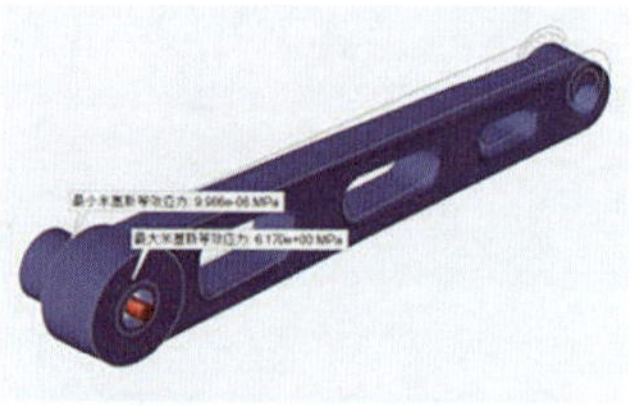	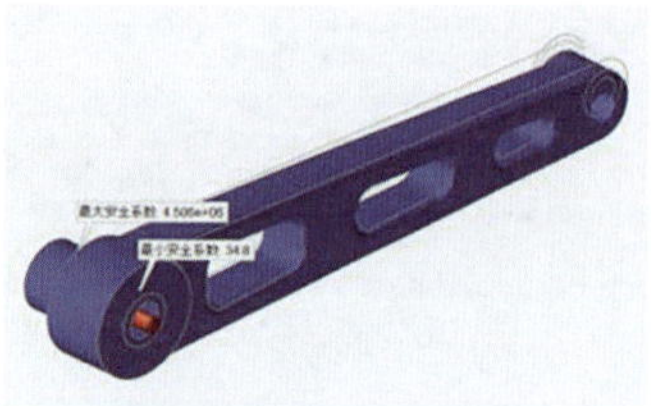
优化方案设计	形状优化截图	分析零件参数设置截图	最优化参数设置截图
截图	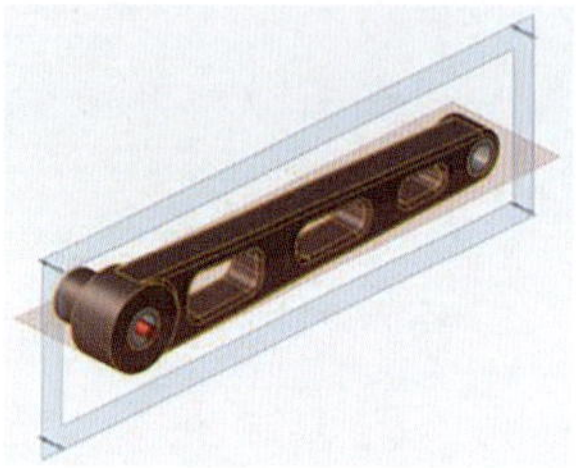	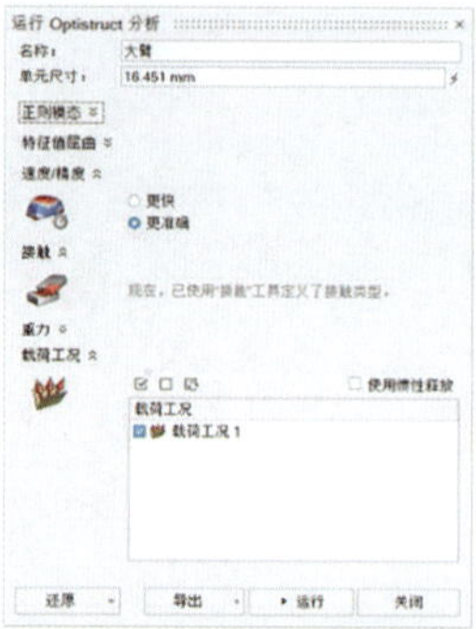	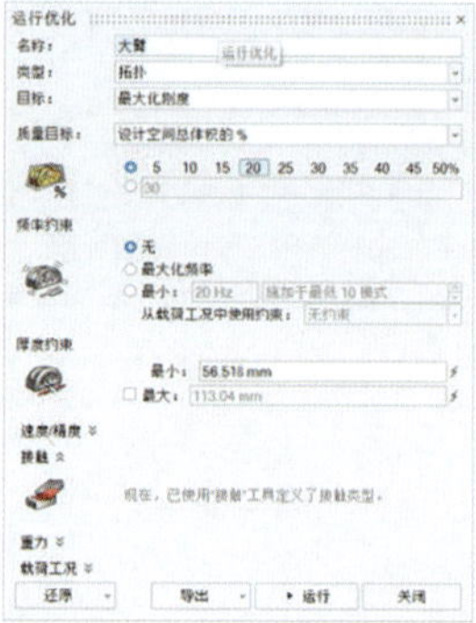
几何重构结果	重构后几何多视角展示		
截图	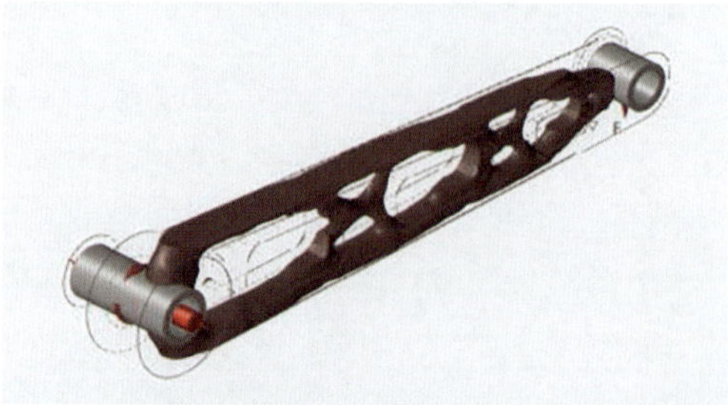 最优的拓扑优化后模型图片		

续表 3-2

几何重构结果	重构后几何多视角展示		
截图	 几何重构后的零件模型整体图片（斜视图）		
	 几何重构后的零件模型 局部放大图片	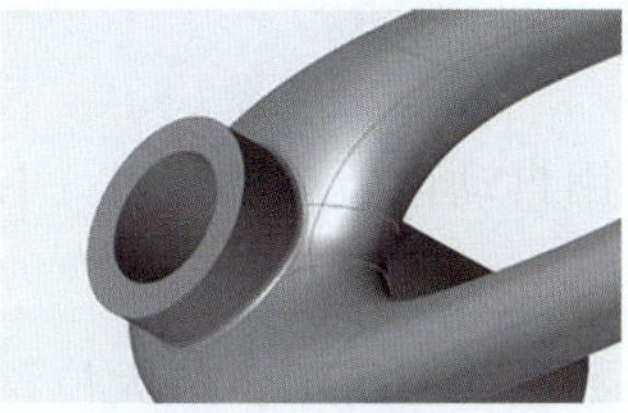 几何重构后的零件模型 局部放大图片	
重构后强度校核	最大位移 /mm	最小安全系数	重构后零件总质量 /kg
数值	0.579 8	2.99	0.093
截图	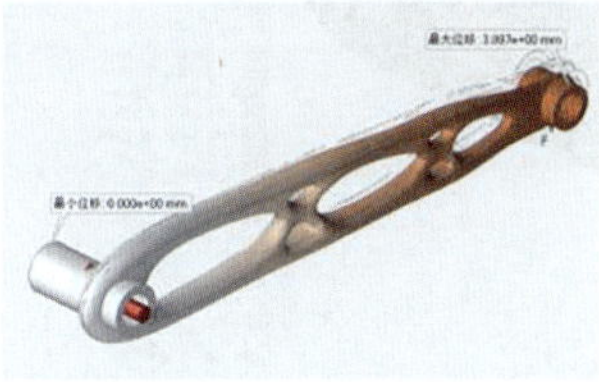	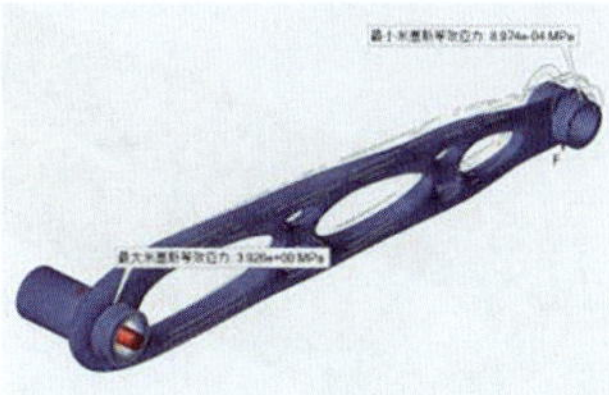	重构后零件：0.093 kg

第二部分　详细分析报告

1　分析零件

大臂作为机械臂中主要的零件，其承受了机械臂工作时大量的载荷，对其强度要求较高。由于机械臂整体安装在灾后重建机器人上，同时机器人作业的环境较为复杂，所以需要满足整体结构轻巧，强度高等方面的需求。利用 Altari Inspire 对大臂进行优化设计，可以大幅度降低大臂的重量，同时合理的大臂结构也会增加大臂的强度，以达到最终使用需求。

2　初始强度分析

对大臂与小臂连接处施加一个 1 kN 的力（图 3-1），模拟机械臂在夹持重物时大臂的受力。对大臂与机械臂机座的连接处施加一个 100 N·mm 的转矩（图 3-2），模拟机械臂在夹持了重物后，进行抬升作业时大臂的受力。设置零件材料为 ABS，质量为 13.385 kg。

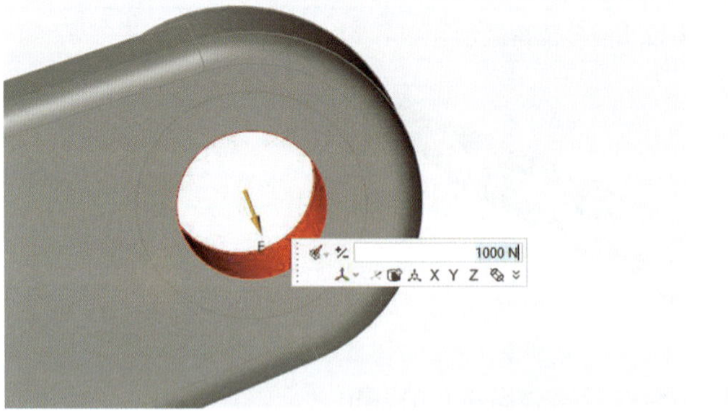

图 3-1　力 1 设置

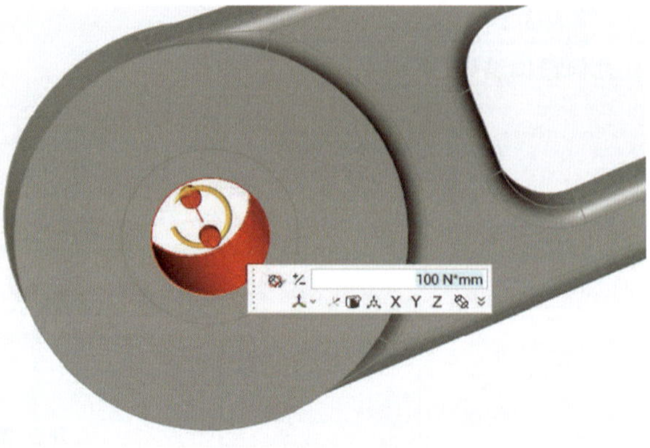

图 3-2　转矩与约束设置

使用结构仿真分析功能，用自动设置单元尺寸（16.451 mm）对其进行初始强度分析，结果如下所示。

初始强度分析的位移分布如图 3-3 所示，最大位移为 0.159 5 mm；米塞斯等效应力分布如图 3-4 所示，米塞斯最大等效应力为 6.170 MPa；最小安全系数为 34.8，如图 3-5 所示。

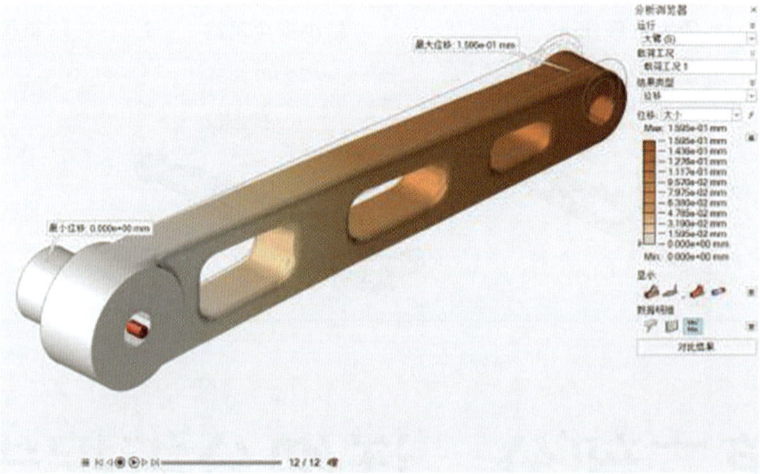

图 3-3　位移分布

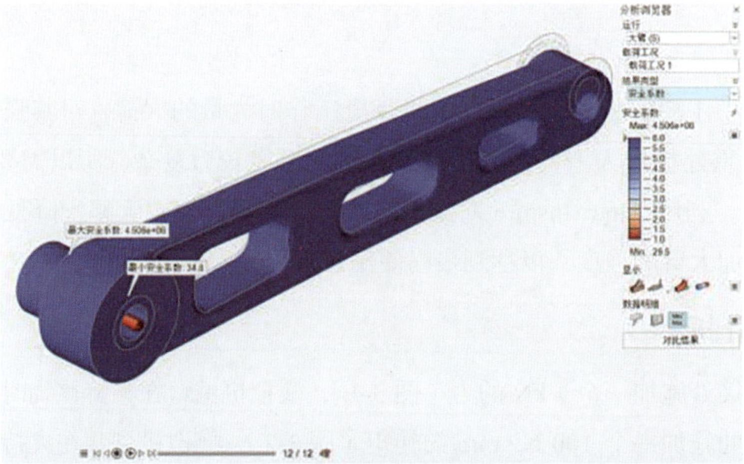

图 3-4　米塞斯等效应力分布

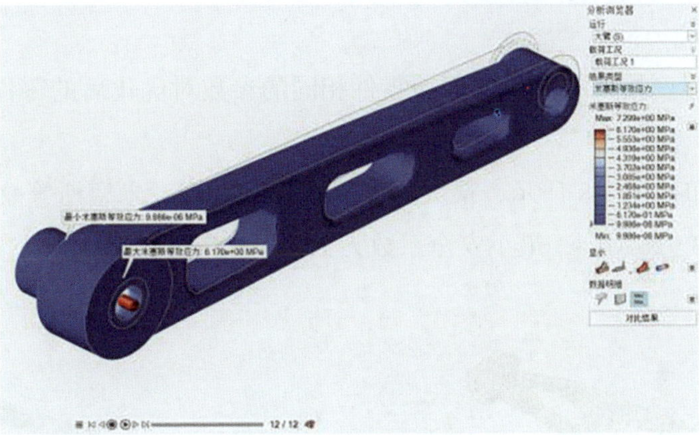

图 3-5　安全系数分布

3　拓扑优化

对大臂添加设计空间，使用双向拔模与对称的形状控制，以最大化刚度，设计空间总体积的 20%，自动最小厚度约束（56.518 mm）进行优化。对优化结果进行处理，保持平滑结果勾选，拖动滑条探究优化结果至优化结果连续、平滑，得到最终概念模型（图 3-6）。

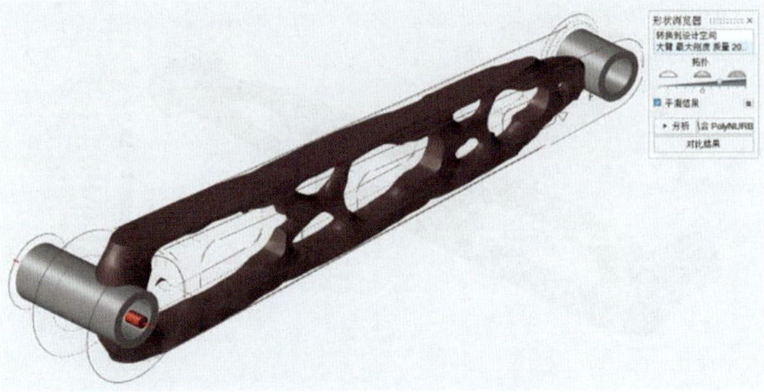

图 3-6　最终概念模型

4　几何重构

使用 PolyNURBS 工具对优化结果进行手动几何重构，保证零件表面光滑，无坏面（图 3-7）。利用布尔运算对重构后零件的配合部位进行处理。

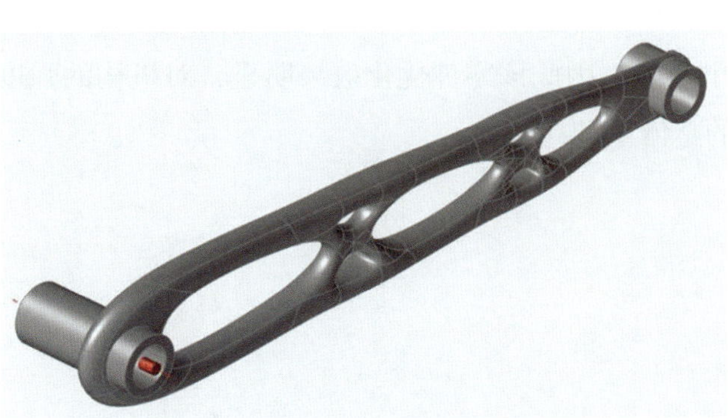

图 3-7　重构后模型

5 强度校核

对优化后零件进行强度校核，使用与原始零件相同的参数对优化后的零件进行结构仿真分析，结果如下。

强度分析的位移分布如图 3-8 所示，最大位移为 0.389 7 mm；米塞斯等效应力分布如图 3-9 所示，米塞斯最大等效应力为 3.926 MPa；最小安全系数为 25.4，如图 3-10 所示。

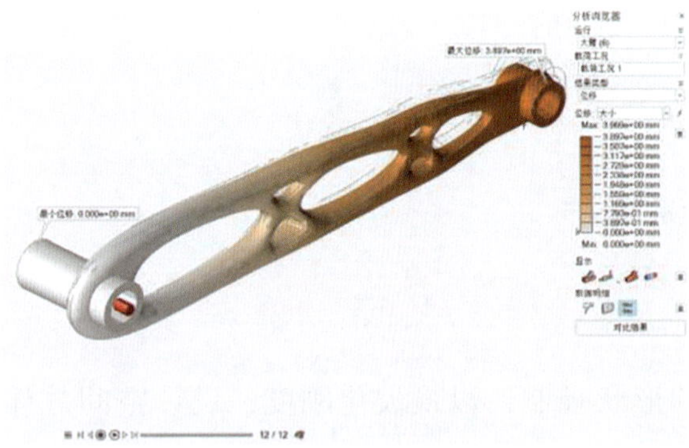

图 3-8 位移分布

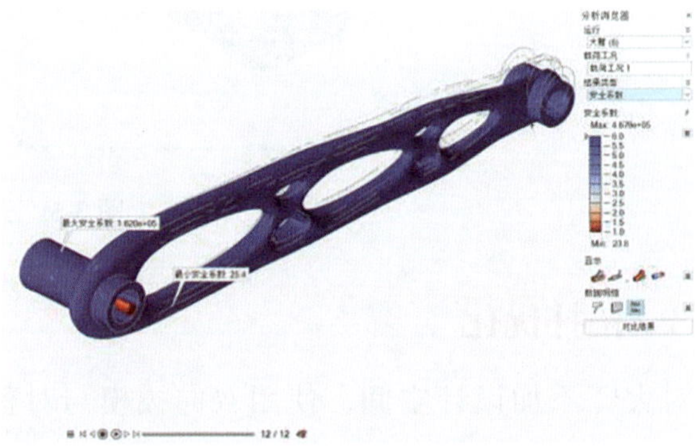

图 3-9 米塞斯等效应力分布

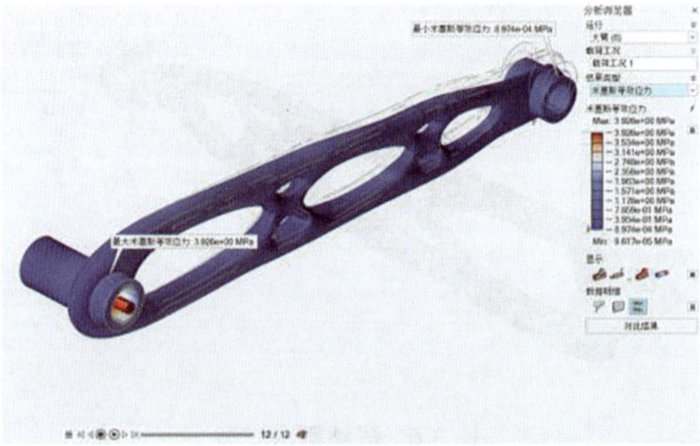

图 3-10 安全系数分布

6 轻量化设计结果总结

对比初始强度分析与优化后强度分析，可以看出优化后的零件最大位移有所增大，但是其增大幅度很小。最小安全系数有所减小，但是还处于合理范围内。 最大米塞斯等效应力明显降低。优化后零件重量比初始零件重量减小 70%。因此该零件优化效果明显，对机构的强度无较大影响，其质量减轻较大，可有效地减轻机构的整体重量。

多场景灾后重建机器人

设计说明书

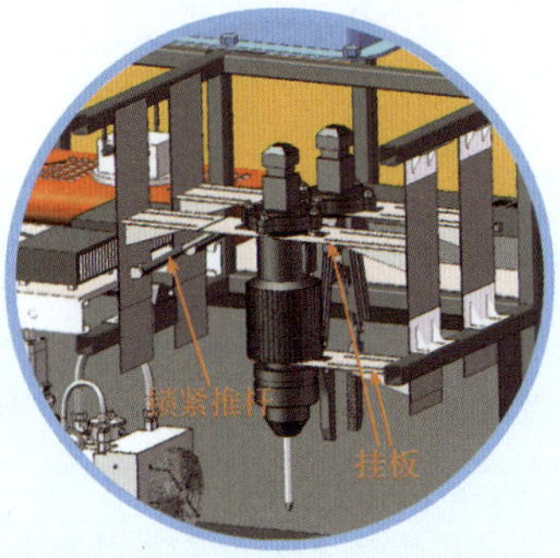

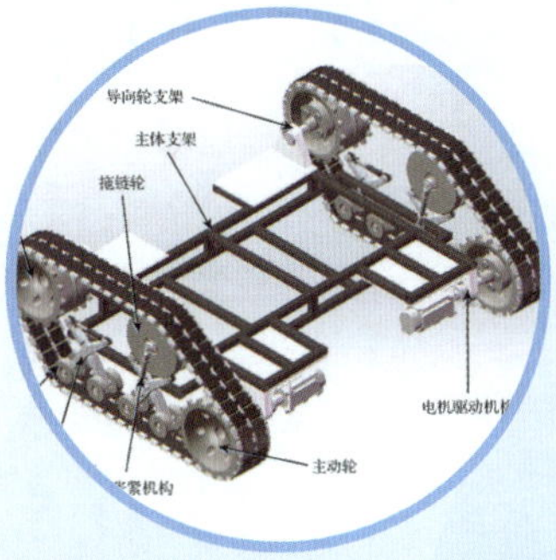

指导教师：万欣欣　李世芸　康宇驰　邓强国

目　录

1 设计背景

我国是世界上受自然灾害影响最严重的国家之一，灾害种类多，分布地域广，造成损失重，地震、泥石流、塌方等自然灾害长期以来在我国频频发生。近年来，在党中央、国务院坚强领导下，我国成功应对了汶川、玉树、芦山、鲁甸等重特大地震以及舟曲特大山洪泥石流等自然灾害，灾区恢复重建工作取得了举世瞩目的成就。但是，受全球气候变化等自然因素和人为因素耦合影响，极端天气气候事件及其次生衍生灾害呈增加趋势，破坏性地震仍处于频发多发时期，灾害风险形势严峻。为进一步做好特别重大自然灾害灾后恢复重建工作，保护灾区群众的生命财产安全，维护灾区经济社会稳定，按照《中共中央国务院关于推进防灾减灾救灾体制机制改革的意见》要求，以习近平新时代中国特色社会主义思想为指导，全面贯彻新发展理念，遵循以人为本、尊重自然、统筹兼顾、立足当前、着眼长远的基本要求，发挥集中力量办大事的制度优势，创新体制机制，以保障安全和改善民生为核心，发扬自力更生、艰苦奋斗精神，因地制宜、科学规划、精准施策、有序实施，扎实完成特别重大自然灾害灾后恢复重建任务，恢复灾区生产生活秩序，提高灾区自我发展能力，重建美好新家园。

自然灾害常常给受灾地区带来重大破坏，包括建筑物倒塌（图1）、道路损毁、人员伤亡等，使传统的工程机械无法快速高效地进行重建。在这种情况下，设计和使用灾后重建机器人可以提供更快速、更安全和更高效的解决方案。

图1 灾区环境

灾后重建工作可能存在危险的环境，如残骸堆积、结构不稳定的建筑物等，在这些危险环境中进行重建工作可能对人员造成伤害甚至生命危险。通过设计灾后重建机器人，可以将人员从危险区域中撤离或减少他们的暴露时间，从而保护人类的生命安全。因此，设计重建机器人是当下急需解决的问题，以机器人代替人工作业的方式，可以确保机器人及其操作员在灾后重建过程中的安全。

机器人可以在较短时间内完成较多的工作，加速受灾地区的恢复进程。设计灾后重建机器人可以减轻人类的负担，让机器人承担繁重的体力劳动和危险任务，使人类能够更集中精力于战略规划、决策制定和更复杂的工作。

在灾后重建过程中，可能存在一些人类无法进入的区域，如狭窄的空间、高风险区域或有毒环境。设计灾后重建机器人可以克服这些限制，进入这些区域并执行必要的任务。

灾后重建过程需要大量的数据和信息，机器人可以携带传感器、摄像头和其他工具，获取受灾区域的详细信息，并进行相应的重建工作，如建筑结构评估、地形测量、通信等。灾后重建机器人可以搭载传感器和摄像头，收集和传输准确的数据和图像，为决策者提供重要的信息支持。这有助于精确评估受灾情况，规划合理的重建策略。

综上所述，设计灾后重建机器人可以提高灾区重建的效率、保护人类生命安全、扩展工作范围、提供准确数据和减轻人类负担。灾区重建机器人在灾后重建过程中发挥重要作用，帮助受灾地区更快地恢复正常生活。设计灾区重建机器人具有深远的现实意义。

2 作品应用场景与方案总介

2.1 应用场景

灾后重建机器人常面临作业环境复杂、装备需求量大、任务紧迫、危险性高、持续时间长等情况，其应用场景错综复杂，且目前没有较好的解决方案。因此设计一款能满足多个应用场景的机器人迫在眉睫，本团队创新性地提出一款适应场景的灾后重建机器人，能适应多场景的需求，能够较好地解决灾区重建问题。现将多场景灾后重建机器人的应用场景进行详细介绍，主要设计的应用场景有：灾区清理、基础设施恢复、灾区监测和风险管理。

灾区清理：灾区清理主要面向地震、洪涝等灾害后产生的碎石、树木、废墟清理。灾区清理的环境恶劣，传统大型机械很难进入，纯人力劳动又力不从心，需要针对复杂的灾区清理环境，设计符合环境需求的灾区清理机器人。针对该场景，机器人应该具有在崎岖多变的废墟地形上行驶的能力，且能对废墟进行清理工作，来完成对应场景的设计需求。

基础设施恢复：在灾害发生后，基础设施基本处于瘫痪状态，而灾后重建又需要基础设施支撑，故迅速恢复灾区的基础设施至关重要。针对灾区快速恢复基础设施的根本场景需求，可以依据场景建立一套临时的灾区通信系统，建立灾区临时的通信频道，为之后的灾区建设建立通信保障。

灾区监测和风险管理：灾区监测是指对灾害发生后的区域进行持续观测进行数据采集和评估，以了解灾害的影响和变化情况。灾区风险管理是指在灾害发生后，采取措施来降低灾害对人员、财产和环境的影响。

对灾区进行综合的风险评估是关键的第一步。这包括评估可能发生的自然灾害类型、潜在的风险因素、受灾区域的脆弱性等。建立有效的早期预警系统是减少灾害影响的关键。这包括监测和预测自然灾害的迹象，并及时向受灾区的居民和相关机构发出警报。

通过灾区监测与风险评估，相关机构和决策者可以获得实时和准确的数据，以支持灾后重建和风险管理的决策制定。监测结果可以帮助了解灾害的进展情况、预测未来趋势，并采取相应的措施来保护人员、财产和环境的安全。

根据以上具体实际的应用场景，设计一个多场景“灾后重建机器人”的基本设计思路已经清晰可见，根据实际的应用需求去设计解决问题的机械，是正确设计的根本需求，本团队据此设计思路将对多场景灾后重建机器人进行设计。

2.2 作品方案总介

多场景灾后重建机器人（图 2 和图 3）需要具备多种功能，以应对不同的场景需求。主要的设计内容包含灾区清理、基础设施恢复、灾区监测和风险管理三大模块。本团队设计的多场景灾后重建机器人将以三大基本应用场景的需求为设计指向，并立足于实际的场景需求进行创新设计，设计出对应的功能模块，以解决对应的场景需求。

图 2　多场景灾后重建机器人

图 3　多场景灾后重建机器人（运输状态）

灾后重建工作的环境常常复杂多变，机器人需要具备适应这些环境的能力。机器人需要能够在不同类型的地形上移动，适应不同的天气条件，以及应对各种障碍和不可预测的情况，因此对机器人的可靠性提出了很高的要求。这就需要设计出一种越障能力极强的机械，据此，本团队设计出一种适应复杂多地形的履带行走机构，以适应复杂的灾区环境。

在一些情况下，多个机器人可能需要协同工作才能完成复杂的重建任务。因此，机器人设计需要考虑协作性，包括通信和协调机制，以便机器人能够有效地协同工作，提高重建效率。因此，本团队设计出高效智能组网式灾区清理系统，能对灾区进行高效的清理。

灾区监测和风险评估在灾害管理中扮演着重要的角色，灾区监测和风险评估可以帮助提前预警潜在的灾害风险。通过监测自然灾害的迹象和变化，可以及早发现可能发生的灾害事件，并向相关当局和居民发出警报。这提供了宝贵的时间，让人们有机会采取预防措施和紧急行动，从而最大限度地减少人员伤亡和财产损失。灾区监测和风险评估为灾后恢复和重建规划提供基础数据和信息，在灾害管理中具有重要作用。

灾后重建机器人的设计综合考虑到安全性、多功能性、自主性、适应性、协作性和持久性等因素，以提供快速、安全和高效的重建解决方案。这些机器人可以辅助人类在受灾地区进行重建工作，减少人员风险，加快灾后恢复进程。

3　多场景应用与其设计理念介绍

3.1　高效智能化组网式灾区清理

场景灾后重建机器人可以用于废墟的清理和重建工作。机器人可以使用机械臂与对应的工具模块（快换夹持机械爪、快换冲击钻），以及机身前端的挡推机构进行废墟清理，清除碎石、瓦砾和残骸。此外，机器人还可以进行智能化组网，多台机器人智能化组网，集群清理，高效地完成基础设施的修复和重建等任务。

3.2　灾区临时通信基站的建立

在灾后重建机器人上建立临时通信基站是一个有创新性的想法，可以为灾区提供便携式的通信支持。

选择适合移动机器人的通信设备，包括无线通信模块、天线、调制解调器等。确保这些设备能够与其他通信设备兼容，并能提供所需的通信范围和功能。

机器人的机载电池为通信设备提供稳定的电力供应。根据机器人的能源需求，选择合适的电池或发电机，并确保其能够满足通信设备的电力需求。

机器人平台，确保其具备足够的稳定性、承载能力和适应性，以支持通信设备的安装和运行。机器人应具备良好的操控性和移动性，能够在复杂地形和环境条件下移动。

考虑使用信号强化设备和天线，以增强移动机器人作为通信基站的信号覆盖范围。这可以提高通信范围和可靠性，确保受灾区域内的人员能够获得稳定的通信连接。选择适当的通信协议和技术，以满足通信需求。常见的选择包括移动通信网络（如 4G、5G）、北斗卫星通信、无线局域网等。确保移动机器人上的通信设备与其他设备和系统兼容，并能够提供所需的通信功能。

建立移动机器人上的临时通信基站需要综合考虑通信技术、电力供应、机器人平台和安全性等方面。确保设备选择合适，并经过充分测试和验证，以保证其在灾区环境中的可靠性和有效性。

3.3 及时的灾区风险管理

及时的灾区风险管理在灾难发生前、期间和之后采取措施来识别、评估和减轻潜在风险，以保护生命和财产，并最大限度地减少灾难造成的影响。在次生发生前，可以通过无人机等先进的传感测试技术，进行全面的风险评估和监测。这包括识别潜在的自然和人为风险，如地震、洪水、火灾、滑坡等，以及评估其可能的影响范围和程度。

建立并实施早期预警系统，以便及早发现灾害的迹象并向相关人员发送警报。 这可以包括地震预警、洪水预警、气象预警等，使人们有更多时间做好应对准备。 确保有效的通信和信息管理系统，包括建立紧急灾区通信网络、广播系统，以便快速传递关键信息和指示。

灾区风险管理需要综合考虑多个因素，包括风险评估、预警系统、准备和响应能力等。综合应对措施将有助于减少灾害造成的伤害和损失。

3.4 精准的灾区监测

精准的灾区监测是通过高精度的传感器和监测设备，结合先进的数据分析和处理技术，实现对灾区情况的准确、实时监测和评估。

利用卫星、无人机等遥感技术，获取高分辨率的图像和数据，用于监测灾区的地貌变化、水文情况、植被覆盖等。这可以提供全面的空间观测，帮助迅速识别灾情范围和程度。

结构评估是对受灾建筑物和基础设施进行检查和评估，以确定其结构完整性和安全性。这可以通过目视检查、非破坏性测试、结构动力学分析等手段来进行。 结构评估有助于确定哪些建筑物需要修复、加固或拆除，以确保人员的安全。可以通过无人机与机载深度相机对灾区进行三维构建，利用人工智能（AI）模型对灾区风险进行精准预测，回避风险。

将监测数据与灾害模型和预测算法结合，进行数据分析和模型预测，以获得更准确的灾害风险评估和预警。这可以通过大数据分析、机器学习、人工智能等技术来实现。

精准的灾区监测可以提供及时的灾情信息和风险评估，帮助决策者做出准确的决策和灾后救援安排。通过有效的监测手段和数据分析，可以提高对灾害的预警能力和灾后应对水平，最大限度地减少灾害带来的损失和影响。

4 机构的工作原理及实现方式

4.1 多功能模块化机械臂工作原理及实现方式

多功能模块化机械臂是一种灵活可变的机械臂系统，由多个模块组成，每个模块都有自己的功能和驱动机构。这些模块可以根据任务需求进行组合，以实现不同的工作功能。

多功能模块化机械臂（图 4）由基础模块和功能模块组成。基础模块包括臂段、关节和驱动机构，负责提供机械臂的机械结构和运动自由度。功能模块是根据具体任务需求设计的，有夹爪、冲击钻、工具等。这些功能模块可以通过快换接头和机械臂连接。每个模块都有自己的驱动机构，可以通过电机、液压或气动系统等方式实现。这些驱动机构控制模块的运动，使其能够执行特定的任务。模块之间的连接接口通常采用标准化设计，使模块可以方便地组合和重组，实现不同的工作功能。

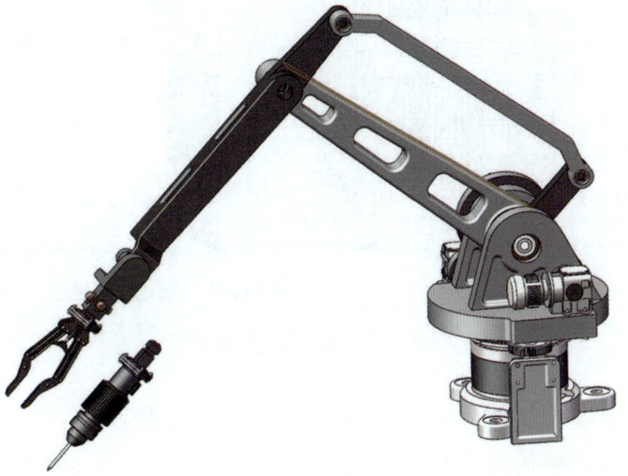

图 4　多功能模块化机械臂

本团队设计的机械臂具有 4 个自由度，每个自由度的驱动动力由电机提供，电机附有减速器，减速器输出动力至关节，从而带动关节旋转，通过关节的旋转的位置可由动力学求解机械臂末端执行部件的空间位置，故关节设计为主要的设计问题。

4.1.1　机械臂旋转底座的工作原理

机械臂旋转底座的设计，主要考虑有两个方面：一方面是旋转座体轴系的受力与旋转副的设计，另一方面是驱动装置的设计。

轴系的设计，考虑到旋转轴系受到径向力和轴向力的作用，且轴向力（重力）为主导，故采用一对圆锥滚子轴承来解决受力问题。通过锁紧螺母、底座轴肩、支撑套筒、旋转座体轴肩对圆锥滚子轴承内外圈的接触，实现轴向的双向锁紧（图 5）。根据机械臂的工作条件，即旋转转速不高，载重较高，故采用高黏度润滑脂对轴承和配合表面进行润滑。

驱动装置的设计，考虑到工作状态下的承载能力，采用减速电机作为动力源，可以输出高扭矩低转速的动力，动力再经齿轮传递至齿圈，齿圈通过键，将动力传递至旋转座体，从而带动旋转座体旋转。

4.1.2　大臂关节轴系设计

轴系的设计，考虑到旋转轴系受到径向力和轴向力的作用，且径向力为主导，故采用一对深沟球轴承（图 6）。在轴系的设计过程中要考虑到轴系部件的装配和加工问题，故主轴采用阶梯式轴段设计，便于装配。轴承的轴向定位，采用轴肩和孔用挡圈进行定位。另外，根据机械臂的工作条件，即旋转转速不高，载重较高，故采用高黏度润滑脂对轴承与配合表面进行润滑。

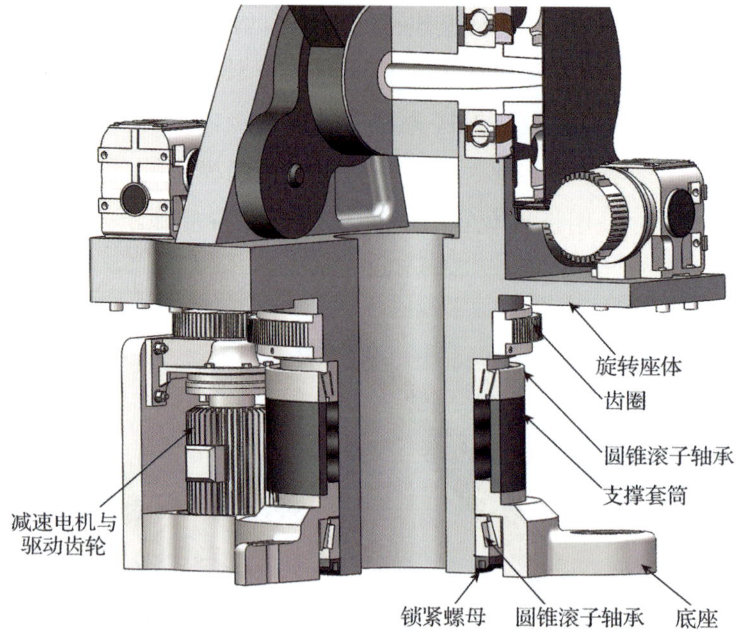

图 5　机械臂旋转底座剖视

驱动装置的设计，考虑到工作状态下的承载能力，采用减速电机作为动力源，可以输出高扭矩低转速的动力，动力再经主动齿轮传递至从动齿轮，从动齿轮通过键，将动力传递至大臂，从而带动大臂旋转。

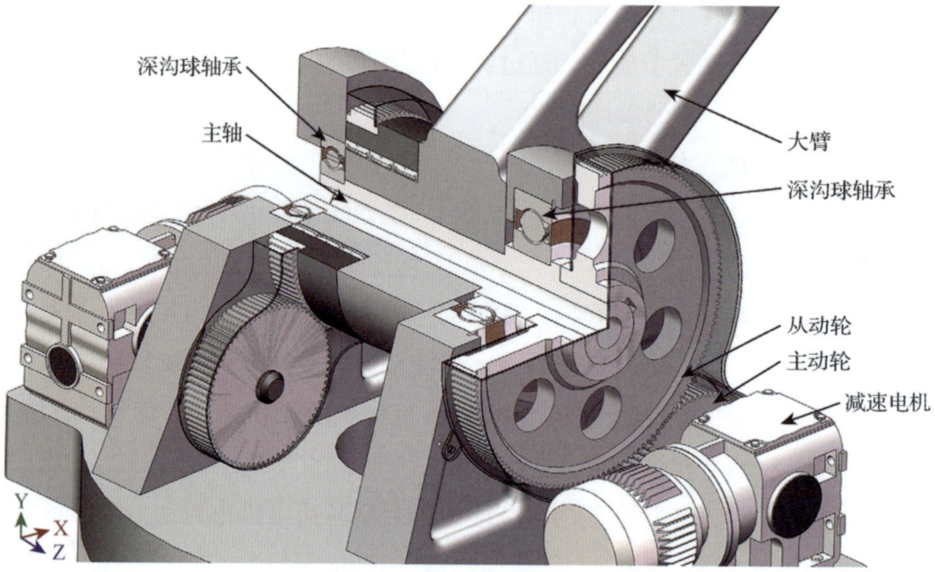

图 6　大臂关节剖视

4.1.3　小臂关节轴系的设计

轴系的设计，考虑到旋转轴系受到径向力和轴向力的作用，且径向力为主导，故采用两对深沟球轴承。轴承的轴向定位，采用轴肩和孔用挡圈进行定位（图 7）。另外，根据机械臂的工作条件，即旋转转速不高，载重较高，故采用高黏度润滑脂对轴承与配合表面进行润滑。

小臂动力线路（图 8）由旋转支座上的减速电机提供，由减速电机传递至联轴器，再由联轴器到主动齿轮，由齿轮啮合传递至从动齿轮，在由摇杆摆臂的键来传递动力，带动小臂拉杆，最终带动小臂进行运动。

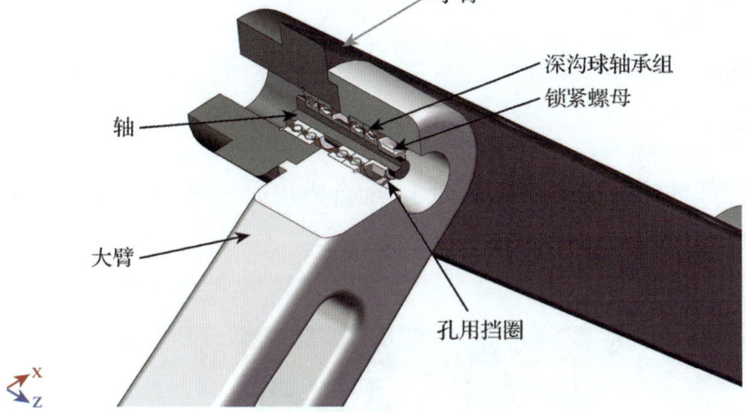

图 7　小臂关节剖视

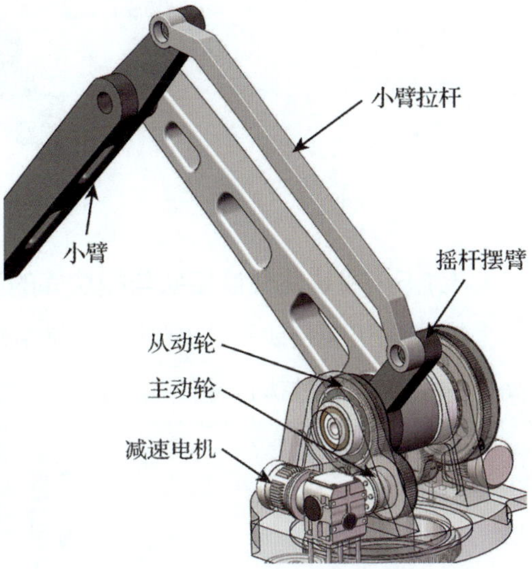

图 8　小臂动力线路

摇杆摆臂围绕大臂关节的轴线进行旋转，但两者相互独立，互不干扰，故采用滚针轴承，来实现动力的独立传递，从动齿圈和摇杆摆臂的动力由锁止销传递（图 9）。

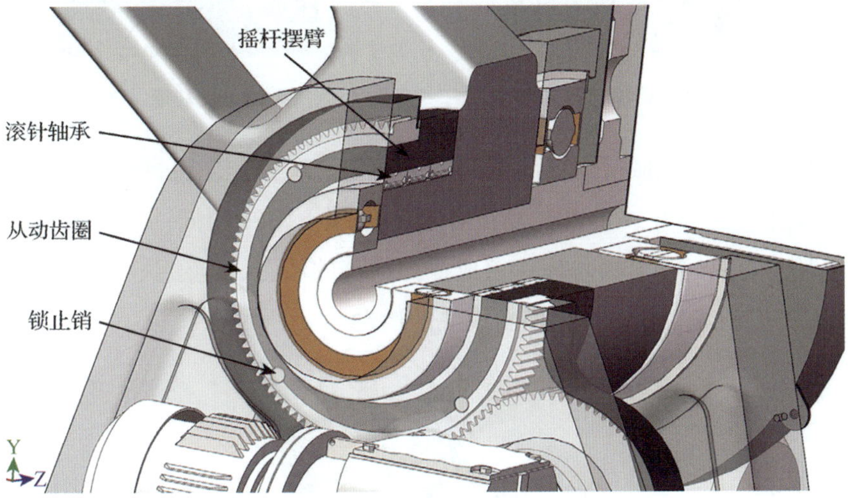

图 9　摇杆摆臂轴系设计

驱动装置的设计，考虑到工作状态下的承载能力，采用减速电机作为动力源，可以输出高扭矩低转速的动力，动力再经主动齿轮传递至从动齿轮，从动齿轮通过键，将动力传递至拉杆，从而带动小臂旋转。

4.1.4　前端关节设计

考虑到工作状态下的承载能力，驱动装置的设计采用减速伺服电机作为动力源，可以输出高扭矩低转速的动力，动力直接通过键来传递至 L 形板直接带动前端执行机构运动（图 10）。

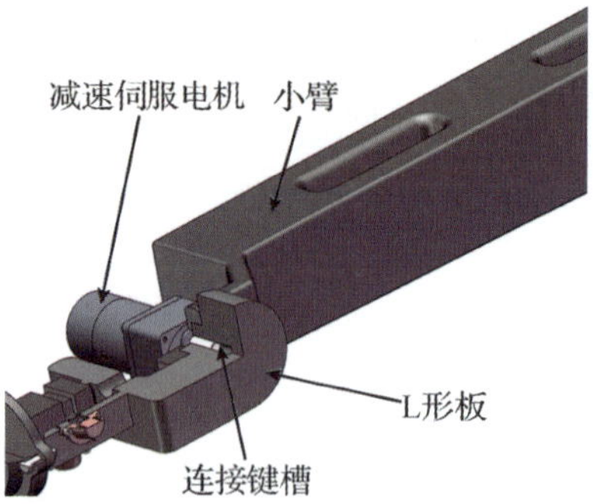

图 10　前端关节设计

4.1.5　模块化快换接头与模块库的设计

模块化快换接头可实现机械臂前端执行部件的快速更换（图 11），配合模块库（图 12）可以实现高速的更换，通过执行部件的更换可以实现对不同应用环境的适应。

图 11　更换执行部件

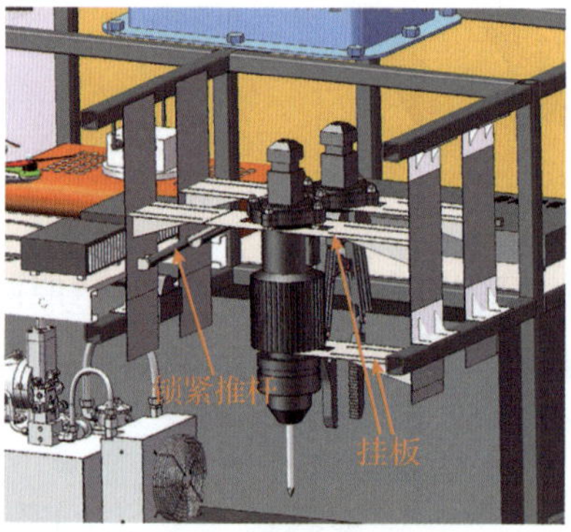

图 12　模块库

快换接头的工作原理为：机械臂运动前端部件运动至模块库，使机械臂前端与执行部件的插销对接，此时电磁铁由接合转为断开，止销在复位弹簧的作用下，锁紧插销，实现执行部件的快换接合（图 13）。更换模块时，同理运动至模块库，完成执行部件的放置，电磁铁吸合，插销拔出，完成执行部件的放置，模块库完成锁紧，并继续更换新模块的运动。

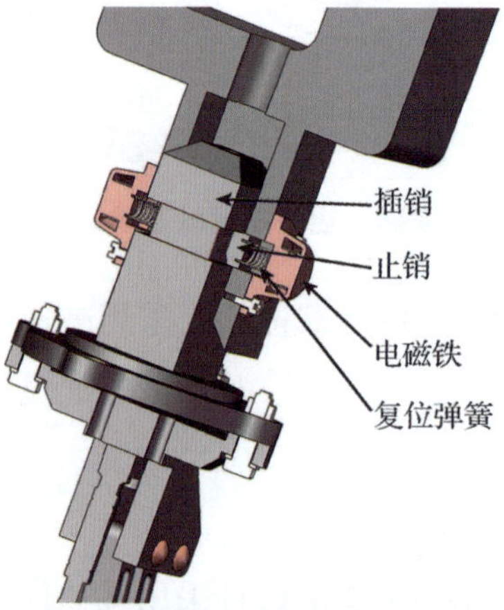

图 13　模块化快换接头结构

4.1.6 前端功能模块设计

前端功能模块分为机械爪和冲击钻两种，机械抓负责抓取等复杂动作，冲击钻可对坚固的障碍物进行清理，两者结合可对灾区的复杂环境进行一个较为全面的清理（图 14）。

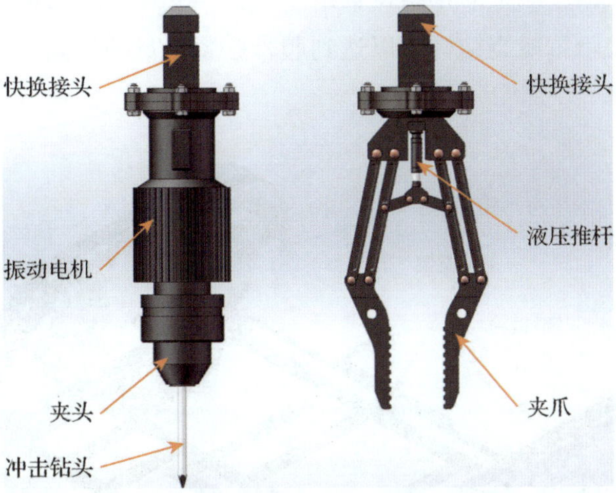

图 14 冲击钻与机械爪

冲击钻由快换接头、振动电机、夹头、冲击钻头等部分组成，结构简单，具有较高的机械可靠性。机械爪由快换接头、平行连杆夹持机构以及夹爪构成，采用平行布置的连杆，可保证前端的夹爪始终保证平行，保证基本的夹持能力，液压推杆也将保证夹持的力量。

4.2 适应复杂多地形的履带行走机构工作原理及实现方式

履带行驶机构（图 15）能够实现多模块灾后从重建机器人在灾区的复杂地形中行驶。其中包括前进、倒车、转向等车辆行驶的基本功能。机器人的工作地点为复杂，未知的灾区环境中，因此需要该履带行驶机构具有优良的越障能力，包括爬坡和行驶在崎岖的地面等行驶场景。

该履带行驶机构的设计由前履带和后履带两个大部分组成，其中每个部分都由主支架结构、承重减震机构、履带张紧机构、电机驱动机构等组成。下面分别对前履带和后履带两部分的结构进行讲述。

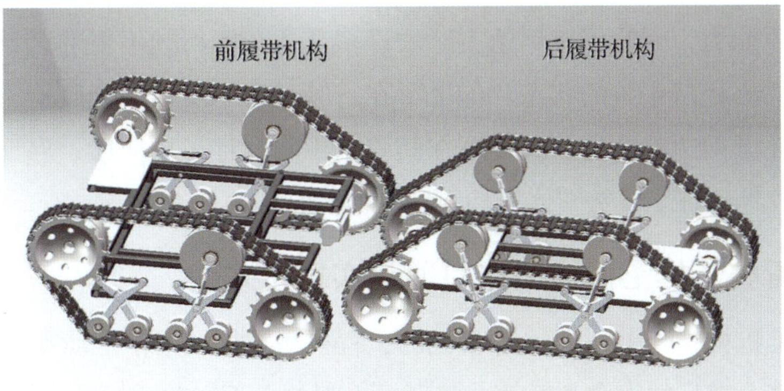

图 15 履带行走机构

前履带部分的机构如图 16 所示，主体支架使用 20 mm × 20 mm × 2 mm 的铝合金方管焊接而成，其焊接有导向轮与主动轮支架，通过轴连接了承重减震结构。电机驱动机构通过传动轴直接传递动力至主动轮，主动轮和传动轴之间使用了法兰盘连接，整个部分安装在主动轮支架上。导向轮利用支撑轴，用法兰盘连接，直接安装于导向轮支架上。支撑轮安装在称重减震机构上，整体起到了支撑机器人的重量与减震的效果，其减震机构采用了 X 形支架的结构，在支架两端分别安装有支撑轮和液压减震缸，以达到承重减震的目的。履带的张紧机构由一对液压支撑系统与拖链轮组成，其液压支撑系统一边连接拖链轮，一边连接承重减震结构，以达到履带张紧的目的，同时也能一定程度增加履带整体的承重能力。

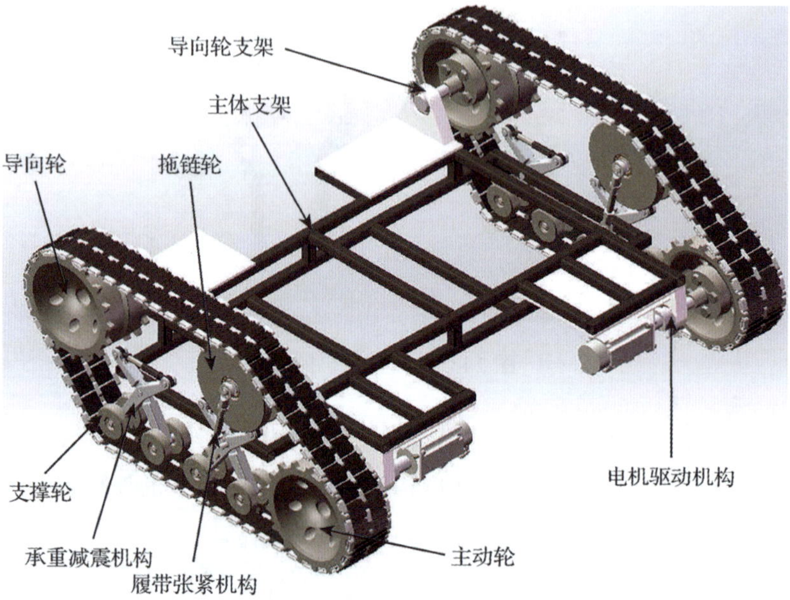

图 16　前履带机构结构示意

前履带机构的前端履带与地面夹角设计的较大，可以实现该履带机构在复杂的灾区路面行驶，有很强的越障能力。支撑轮使用 4 对一共 8 个分别连接在两组承重减震机构上，同时能够加大履带的承重能力，也减少了液压减震缸的使用，能够降低整体的制造成本，简化其机构的复杂性。主动轮放置与履带的后方，使用两个电机分别驱动左、右履带，简化了整体机构在行驶控制方面的复杂程度，也有效地提高了本机器人的负载行驶能力。使用后驱的方式可以很大程度地提高履带的动力，能够更好地实现本机器人的越障能力，因此可以到达灾区中许多普通车辆行驶不便的区域。后驱结构能够使履带与地面的接触部分始终保持张紧的状态，保证了在行驶过程中履带不会脱落，同时在主动轮与导向轮的设计中，采用了轮子两边啮合的方式，还在其轮子中间设计了导向槽，保证了履带在行驶时的安全可靠，多重设计极大地保证了履带整体机构在行驶时的稳定与安全。

4.3　多连杆折叠式推土机构工作原理及实现方式

多连杆折叠式推土机构（图 17）是一种常见的工程机械结构，用于推动和移动土壤、碎石等材料。它的工作原理是通过多个连杆的组合和运动，实现推土刀的上下和前后运动，从而完成推土的任务。

多连杆折叠式推土机构由多个连杆组成，包括主连杆、液压推杆等。主连杆连接于推土机的车架上，液压杆与主连杆相连，两个液压杆可以控制推板的收放与俯仰角的调节。推土刀位于机械结构的前端，用于与土壤接触并进行推土。

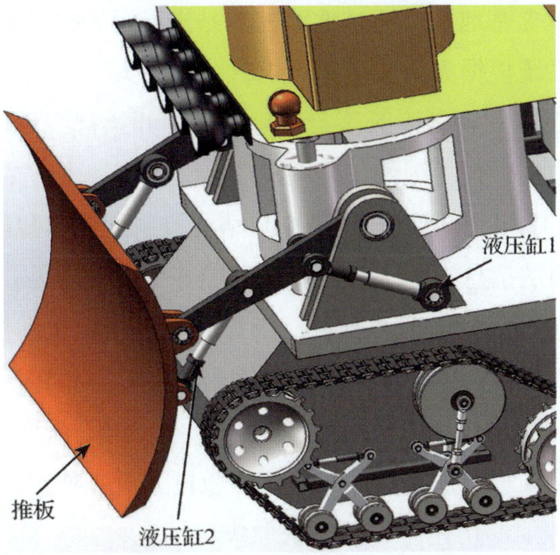

图 17　多连杆折叠式推土机构

液压实现方式是使用液压缸和液压系统来控制连杆的运动。液压缸安装在主连杆连杆上，通过控制液压系统中的液压油流，调节液压缸的伸缩，从而控制连杆的运动。这种方式具有较高的控制精度和承载能力，适用于大型推土机。

多连杆折叠式推土机构的设计需要考虑结构的强度和稳定性，以及推土刀的工作效率和稳定性。同时，安全性和操作便捷性也是设计过程中需要考虑的因素。

4.4　无人机智能监测系统

灾区无人机智能监测系统（图 18）是一种利用无人机和智能技术来进行灾区监测和救援的系统。该系统通过无人机的空中巡航和搭载的各种传感器、摄像头等设备，实现对灾区的实时监测、数据采集和分析，以提供决策支持和救援指导。

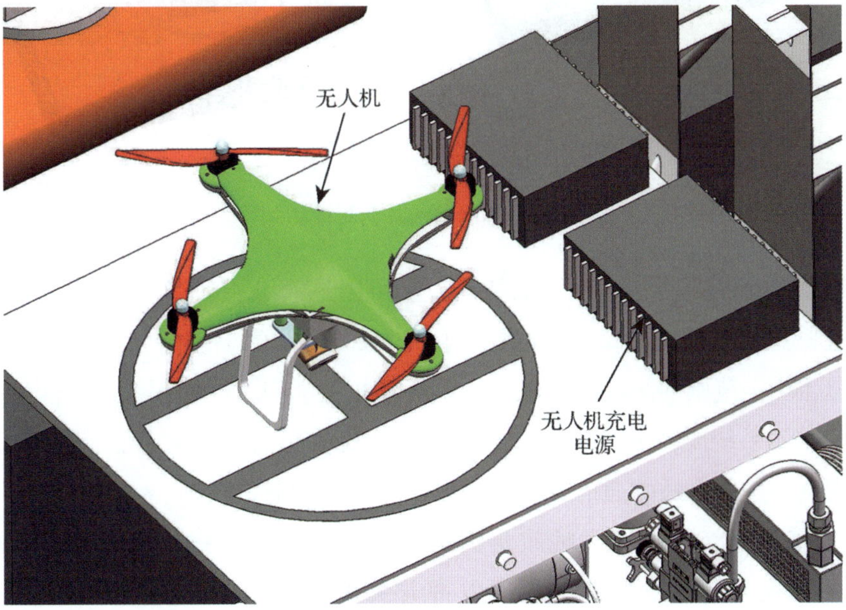

图 18　无人机与无人机基站

无人机系统在灾区附近设立基地，并通过地面控制站进行远程操控和监控。控制站可以与无人机进行实时通信和数据传输。系统根据灾区情况和需求，制定无人机的飞行任务计划。这包括航线规划、飞行高度和速度等参数的设定。无人机按照预定计划起飞，并执行空中巡航任务。搭载的传感器、摄像头等设备实时采集灾区的数据，包括图像、视频、温度、湿度、气体浓度等信息。

无人机将采集到的数据通过无线通信传输回控制站。控制站使用智能算法和数据处理技术对数据进行分析和处理，提取有价值的信息，并生成图像、地图等可视化结果。

系统利用数据分析结果进行实时监测和预警。例如，通过图像识别技术检测灾区中的人员、建筑物状况，通过气体传感器检测有害气体浓度，及时发现潜在危险并报警。

基于监测和分析结果，系统可以生成灾区地图、人员分布图等信息，为救援人员提供指导和决策支持。例如，确定最佳救援路线、识别安全区域、指导救援人员在特定区域展开行动等。

灾区无人机智能监测系统能够快速、高效地获取灾区信息，并为救援行动提供及时的数据支持和决策依据。它在自然灾害、灾难事故等紧急情况下发挥着重要作用，有助于提高救援效率和减少人员风险。

4.5 临时通信基站系统

灾区临时通信基站系统（图 19）是在灾难或紧急情况下为灾区提供临时通信服务的系统。由于自然灾害或其他因素导致通信基础设施受损或瘫痪，这种临时通信基站系统可以快速部署并提供紧急通信支持，以便救援人员、灾民和相关部门之间进行通信和协调。

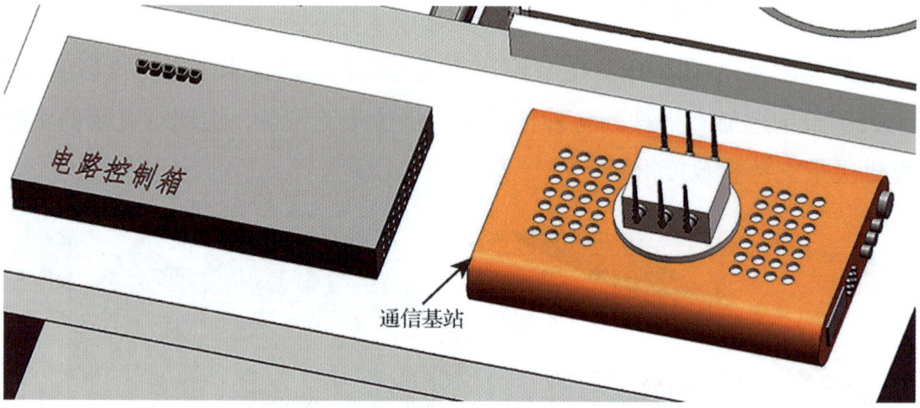

图 19 临时通信基站与电控箱

灾区临时通信基站系统具有快速部署的特点。它可以迅速组装和搭建，使其能够在短时间内投入使用，以满足灾区紧急通信需求。该系统能够提供广泛的通信覆盖范围，以满足灾区内各个地点的通信需求。它可以覆盖一定范围的区域，确保救援人员和相关部门之间的无线通信连接。

灾区临时通信基站系统支持多种通信方式，包括无线电通信、卫星通信、移动通信等。它可以根据灾区情况和可用资源选择合适的通信方式，并提供多样化的通信选项。

灾区临时通信基站系统可以极大地改善灾区内的通信状况，提供紧急通信支持和协调救援工作。它在自然灾害、突发事件和紧急救援中发挥着关键作用，为救援人员和灾民提供重要的通信服务。

5 结构的仿真验证

5.1 零件分析

大臂作为机械臂中主要的零件，其承受了机械臂工作时大量的载荷，对其强度要求较高。由于机械臂整体安装在灾后重建机器人上，同时机器人作业的环境较为复杂，需要整体结构轻巧、强度高等方面的需求。利用 Altari Inspire 对大臂进行优化设计，可以大幅度降低大臂的重量，同时合理的大臂结构也会增加大臂的强度，以达到最终使用需求。

5.2 初始强度分析

对大臂与小臂连接处施加一个 1 kN 的力（图 20），模拟机械臂在夹持重物时大臂的受力。对大臂与机械臂机座的连接处施加一个 100 N · mm 的转矩（图 21），模拟机械臂在夹持了重物后进行抬升作业时大臂的受力。设置零件材料为 ABS，质量为 13.385 kg。

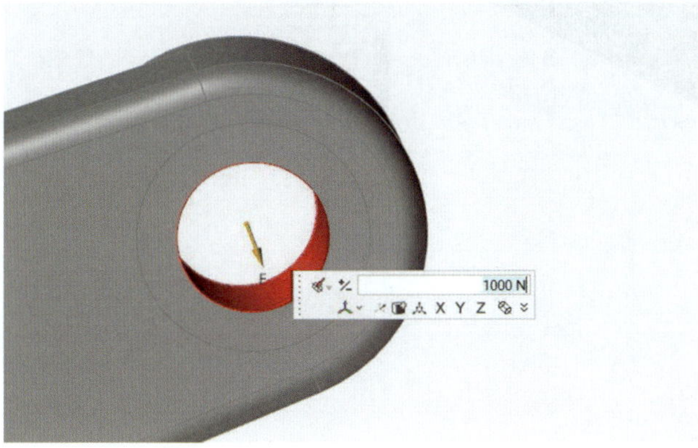

图 20　力 1 设置

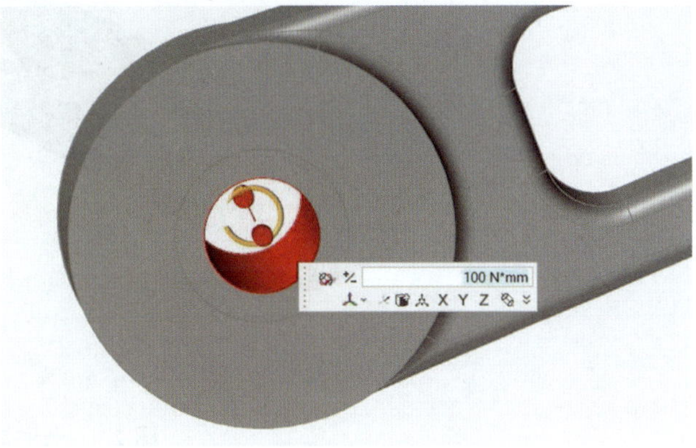

图 21　转矩与约束设置

使用结构仿真分析功能，用自动设置单元尺寸（16.451 mm）对其进行初始强度分析，结果如下所示。

初始强度分析的位移分布如图 22 所示，最大位移为 0.159 5 mm；米塞斯等效应力分布如图 23 所示，米塞斯最大等效应力为 6.170 MPa；最小安全系数为 34.8，如图 24 所示。

5.3 拓扑优化

对大臂添加设计空间，使用双向拔模与对称的形状控制，以最大化刚度设计空间总体积的 20%，自动最小厚度约束（56.518 mm）进行优化。对优化结果进行处理，保持平滑结果勾选，拖动滑条探究优化结果至优化结果连续、平滑，得到最终概念模型（图 25）。

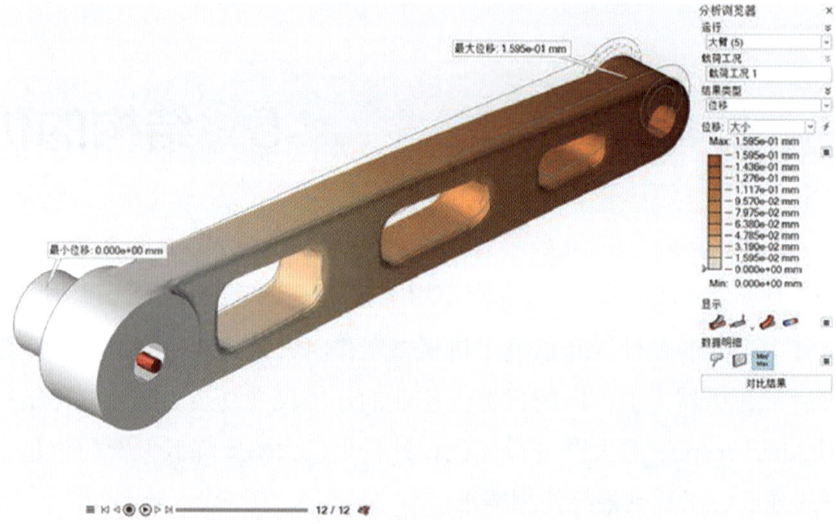

图 22　位移分布

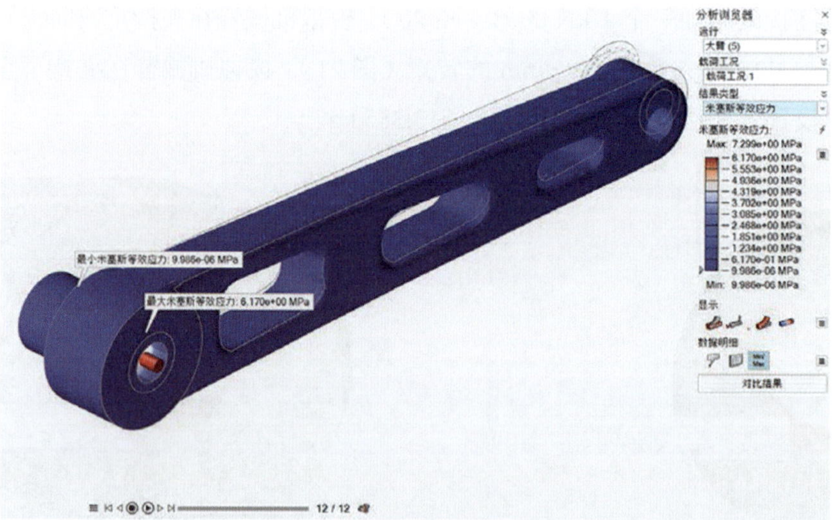

图 23　米塞斯等效应力分布

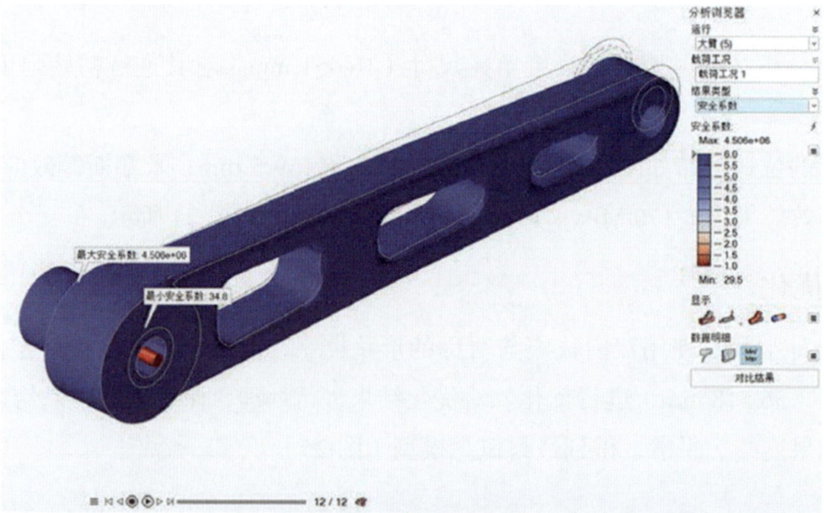

图 24　安全系数分布

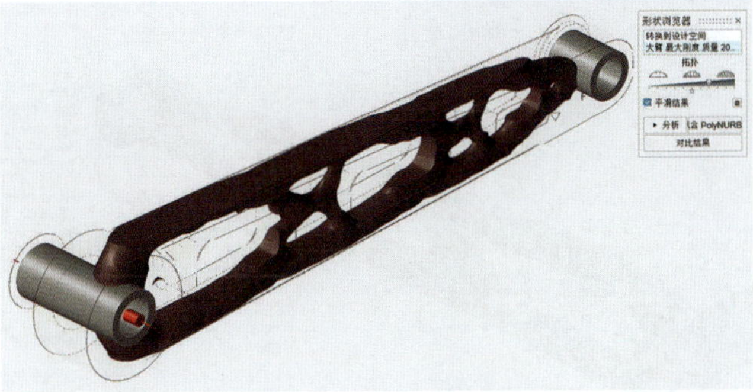

图 25　最终概念模型

5.4　几何重构

使用 PolyNURBS 工具对优化结果进行手动几何重构，保证零件表面光滑，无坏面。利用布尔运算对重构后零件（图 26）的配合部位进行处理。

图 26　重构后模型

5.5　强度校核

对优化后零件进行强度校核，使用与原始零件相同的参数对优化后的零件进行结构仿真分析，结果如下所示。

强度分析的位移分布如图 27 所示，最大位移为 0.389 7 mm；米塞斯等效应力分布如图 28 所示，米塞斯最大等效应力为 3.926 MPa；最小安全系数为 25.4，如图 29 所示。

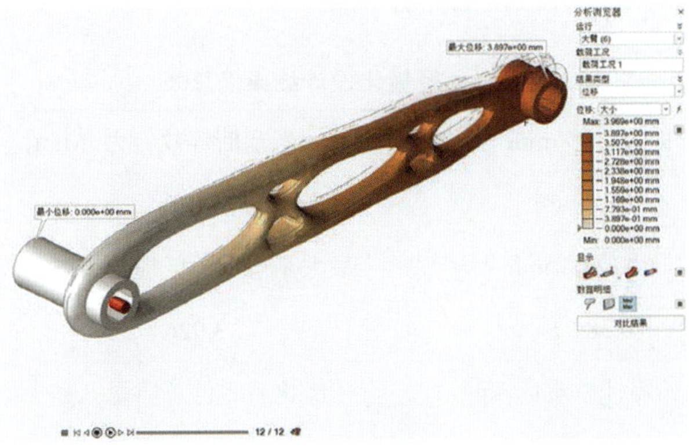

图 27　位移分布

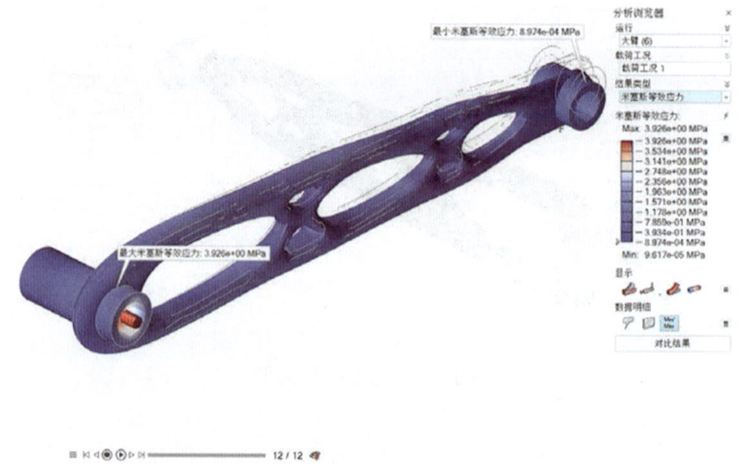

图 28　米塞斯等效应力分布

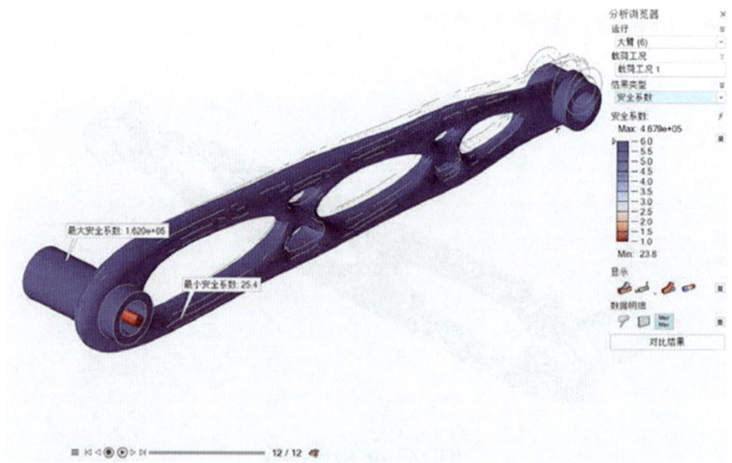

图 29　安全系数分布

5.6　轻量化设计结果总结

对比初始强度分析与优化后强度分析（表 1 和表 2），可以看出优化后的零件最大位移有所增大，但是其增大幅度很小。最小安全系数有所减小，但是还处于合理范围内。 最大米塞斯等效应力明显降低。优化后零件重量比初始零件重量减小 70%。因此该零件优化效果明显，对机构的强度无较大影响，其质量减轻较大，可有效地减轻机构的整体重量。

表 1　轻量化设计结果汇总表

零件的初始强度分析	最大位移 /mm	最大米塞斯等效应力 /MPa	最小安全系数
	0.159 5	6.170	34.8
优化后零件强度校核	最大位移 /mm	最大米塞斯等效应力 /MPa	最小安全系数
	0.389 7	3.926	25.4
零件质量	初始零件总质量 /kg	优化后零件总质量 /kg	备注
	13.385	4.081	

表 2　轻量化设计汇总表

<table>
<tr><td>初始强度分析</td><td>最大位移 /mm</td><td>最大米塞斯等效应力 /MPa</td><td>最小安全系数</td></tr>
<tr><td>数值</td><td>0.159 5</td><td>6.170</td><td>34.8</td></tr>
<tr><td>截图</td><td>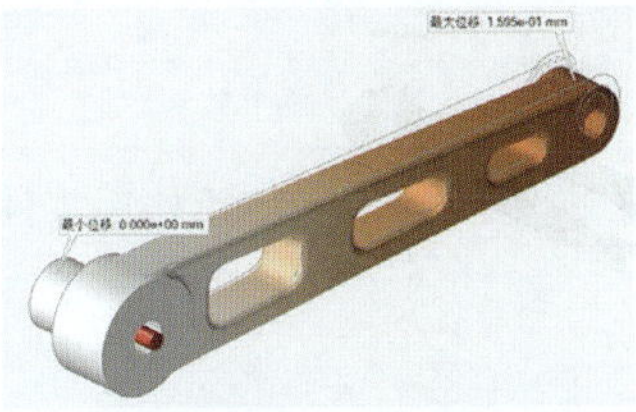</td><td>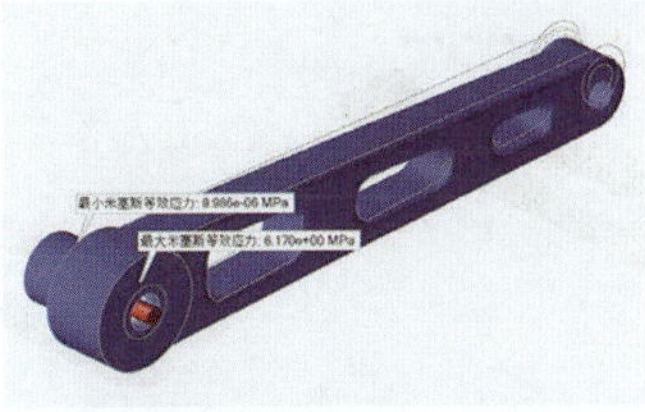</td><td>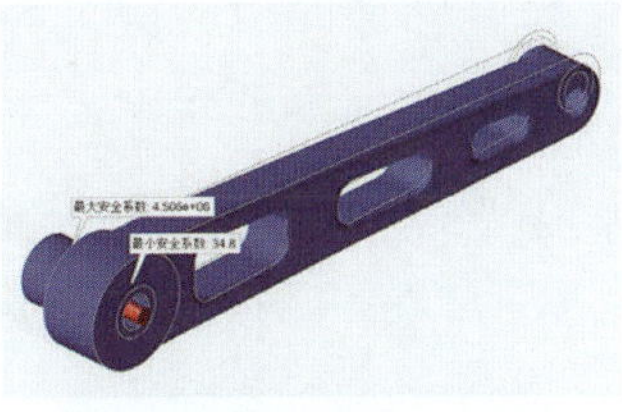</td></tr>
<tr><td>优化方案设计</td><td>形状优化截图</td><td>分析零件参数设置截图</td><td>最优化参数设置截图</td></tr>
<tr><td>截图</td><td>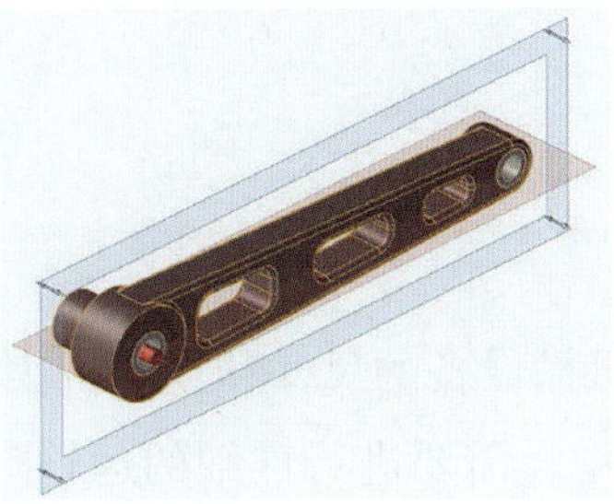</td><td>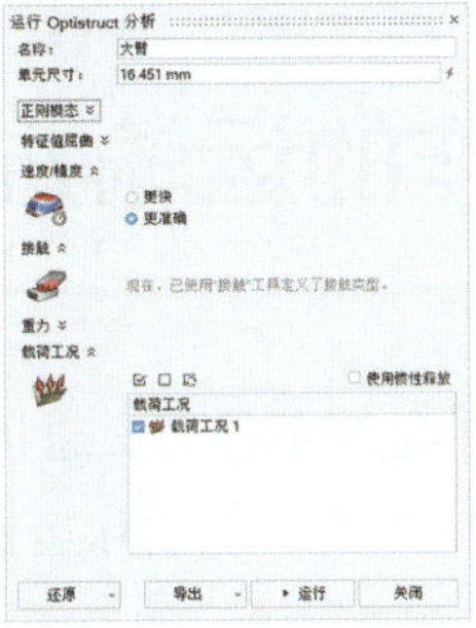</td><td>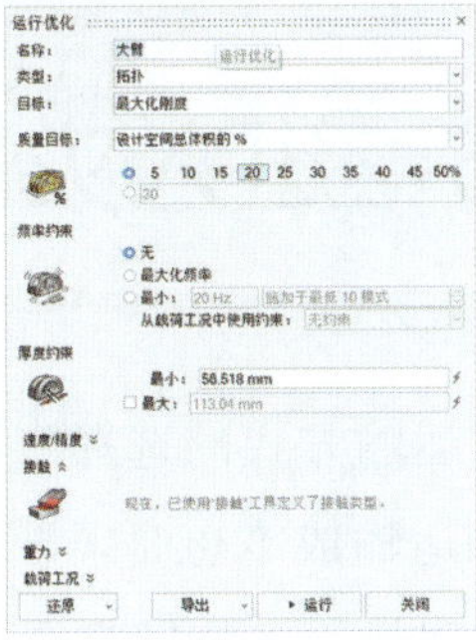</td></tr>
<tr><td>几何重构结果</td><td colspan="3">重构后几何多视角展示</td></tr>
<tr><td rowspan="3">截图</td><td colspan="3">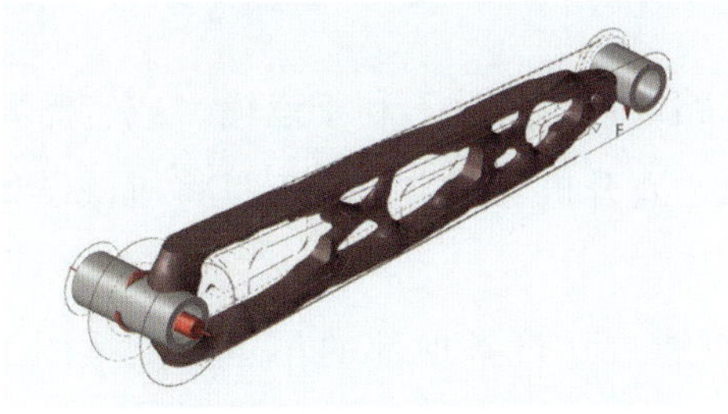
最优的拓扑优化后模型图片</td></tr>
<tr><td colspan="3">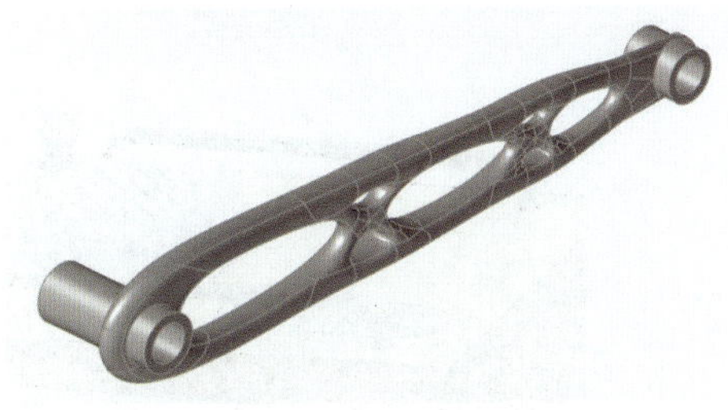
几何重构后的零件模型整体图片（斜视图）</td></tr>
<tr><td>
几何重构后的零件模型
局部放大图片</td><td>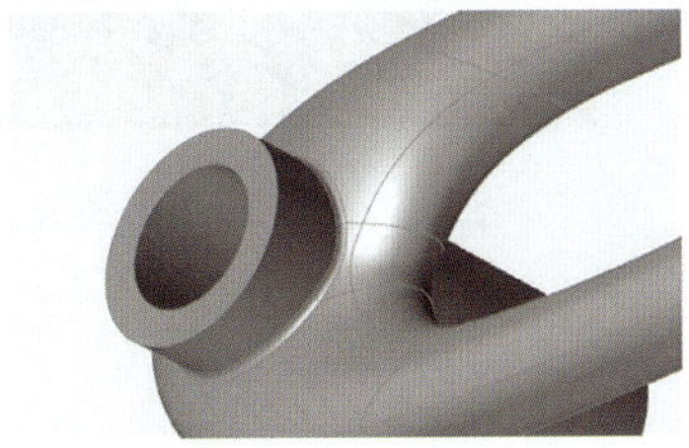
几何重构后的零件模型
局部放大图片</td><td></td></tr>
</table>

续表 2

重构后强度校核	最大位移 /mm	最小安全系数	重构后零件总质量 /kg
数值	0.579 8	2.99	0.093
截图	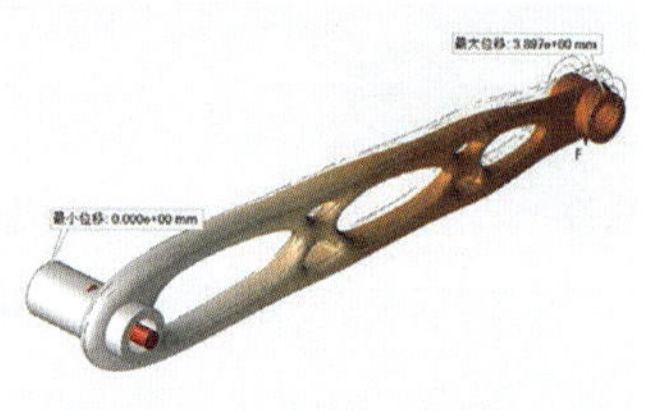	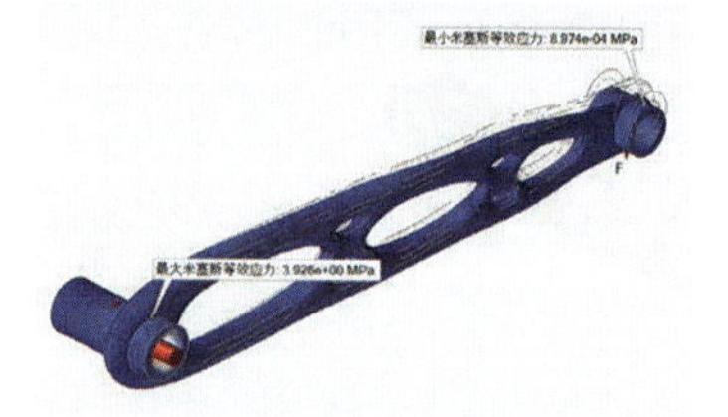	重构后零件：0.093 kg

6 进入灾区工作的运输方式

运输方式的选择应考虑灾区的地理条件、交通状况、机械设备的尺寸和重量等因素。同时，安全性和运输成本也是需要综合考虑的因素。在实际运输过程中，需要进行详细的运输计划和安全评估，确保机械设备能够安全、高效地运输到灾区，为灾后重建提供支持。

6.1 空运投送

如果灾区的道路、水路或铁路条件不利于运输，或者需要迅速将机械设备运输到灾区，空运是一种可行的方式。通过飞机、直升机等航空交通工具将机械设备空运到灾区。这种方式快速、灵活，但费用相对较高。

具体的实施方式可以通过在设备顶部的吊运支架（图 30）进行吊装或者搭载降落伞包，进行空投。

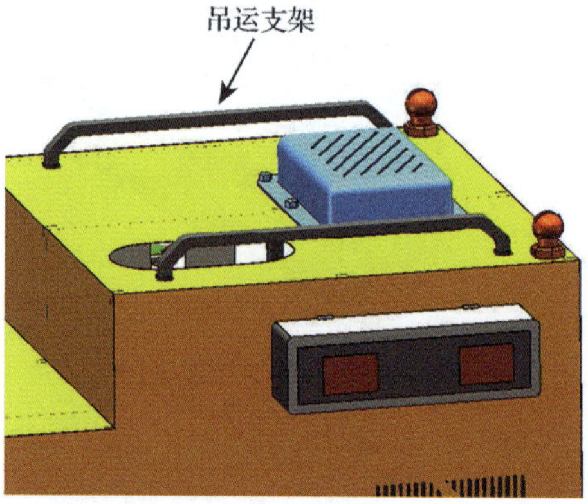

图 30 吊运支架

6.2 地面运输

如果灾区的道路基础设施尚未完全瘫痪，公路运输是一种常见且便捷的方式。可以通过卡车、拖车等陆路交通工具运输进入灾区。这种方式相对灵活，适用于中小型机械设备。

图 31　运输状态

如果灾区有铁路线路且运营正常，铁路运输可以是一种快速且高效的方式。 通过火车或其他铁路交通工具，将设备运输到灾区。

7　作品创新点

7.1　功能性创新

灾后重建机器人具有模块化机械臂、分段式履带式底盘、建立临时通信基站的能力和搭载监测无人机的功能。以下是一些功能性创新点：

模块化机械臂：机器人的模块化机械臂允许根据任务需求进行灵活配置和重组。这使机器人可以适应不同的重建工作，如搬运、挖掘、清理等。通过更换不同的工具模块，机械臂可以搭载机械爪用于物品抓取和移动，也可以搭载冲击钻用于破碎工作。

分段式履带式底盘：机器人配备分段式履带式底盘，具有较高的越障能力和稳定性。分段式设计使机器人能够适应不同地形的复杂情况，并克服地形障碍。 履带式底盘可以提供良好的牵引力和操控性，使机器人能够在灾区中自由移动。

建立临时通信基站：机器人具备建立临时通信基站的能力，通过无线通信设备和天线，为灾区提供临时的通信网络。这有助于恢复通信能力，支持救援人员之间的沟通和协调，以及与外界的联系。

搭载监测无人机：机器人配备监测无人机，可以在空中进行灾区监测和数据采集。监测无人机搭载传感器和摄像设备，可以获取高分辨率的图像、视频和其他相关数据。通过机器人和无人机的协同工作，可以实现更全面和精准的灾区监测，为决策者提供更多有价值的信息。

这些功能性创新点使灾后重建机器人能够灵活应对不同的重建任务，并提供更高效、准确的支持。机器人的模块化机械臂和搭载工具模块的能力增强了其操作灵活性和适应性，而分段式履带式底盘和建立临时通信基站的能力则提高了机器人在复杂环境中的机动性和通信能力。搭载监测无人机进一步拓展了机器人的监测和数据采集能力，提供更多信息用于灾后决策和救援行动。

7.2 机构应用创新

灾后重建机器人的机构应用创新点涉及机械臂、底盘和无人机等方面。现对机构应用创新点进行简要介绍。

机器人的模块化机械臂可以根据任务需求进行灵活配置和重组。除了搭载机械爪和冲击钻外，可以进一步扩展应用，如搭载各种工具模块，如切割器、焊接器等，以满足不同的重建需求。

分段式履带式底盘具有越障能力和稳定性，进一步的创新点可以是底盘的自适应性。通过传感器和智能控制系统，底盘能够实时感知地形和环境条件，并自动调整履带的工作方式和行动策略，以确保机器人在不同地形和复杂环境中的稳定运动。

除了搭载监测无人机外，创新点可以是机器人与无人机之间的协同工作。机器人可以与无人机实现数据共享和协同控制，通过传输数据和指令，实现更精准、更高效的灾区监测和救援行动。

这些机构应用的创新点可以提升灾后重建机器人的功能和效能。模块化机械臂的灵活配置和扩展性能提高了机器人的任务适应性。底盘的自适应性和越障能力提高了机器人的运动性能和可靠性。机器人与无人机的协同工作提高了灾区监测和救援行动的准确性和效率。这些创新点将促进灾后重建机器人在复杂环境中的应用和发挥作用。

8 可行性分析

8.1 控制系统的可行性

灾后重建机器人的控制系统是实现机器人任务和操作的关键组成部分。对控制系统的可行性分析显得至关重要。

灾后重建机器人的控制系统应具备一定程度的自主性和智能性，能够自主感知环境、做出决策和执行任务。这要求控制系统集成传感器、算法和决策逻辑，使机器人能够在复杂、不确定的灾后环境中进行适应和自主操作。

控制系统需要集成各种传感器，如摄像头、激光雷达、红外线传感器等，以获取环境信息。这些传感器可以用于地形感知、障碍物检测、位置定位等，为机器人提供准确的感知能力，以便进行实时的环境感知和场景理解。

机器人控制系统应具备良好的运动控制和路径规划能力，使机器人能够在灾后环境中高效地移动和执行任务。控制系统需要能够规划最优路径、避开障碍物、调整速度和姿态，以适应不同的重建任务需求。

灾后重建通常涉及多个机器人的协同工作。控制系统应具备任务分配和协调能力，能够有效地分配任务给多个机器人，并实现任务间的协同与合作。这涉及任务调度、通信和数据共享等功能的集成和实现。

控制系统还应支持人机交互，使操作人员能够与机器人进行交流、监控和控制。这包括用户界面设计、远程操控、故障诊断和机器人状态反馈等功能的实现。

控制系统需要考虑安全性和容错性，以应对意外情况和故障。这可能涉及碰撞检测和避免、紧急停止功能、故障检测和恢复机制等。

总体而言，灾后重建机器人的控制系统的可行性取决于所需的任务和环境条件。现有的机器人技术和控制算法已经为灾后重建提供了许多解决方案。然而，确保控制系统的可行性需要充分的系统设计、集成测试和验证，以确保机器人能够可靠地工作和适应复杂的灾后环境。

8.2 机械结构的可行性

灾后重建机器人的机械结构可行性分析是评估机器人设计和构建方案的关键环节。

确定灾后重建机器人的功能需求，包括其主要任务和操作环境。例如，机器人可能需要携带重物、操作工具、清理废墟、进行搜救等。机械结构应能够满足这些功能需求。

机械结构需要具备足够的承载能力，以支撑机器人的任务和负载。这涉及结构的刚性和强度设计，以确保机器人在操作过程中稳定、安全地工作。结构的稳定性对于机器人在不平坦或破损地面上的移动和操作至关重要。

灾后重建机器人需要具备一定的机动性和适应性，以适应复杂的灾后环境。 机械结构应考虑机器人的机动性需求，包括足够的关节自由度、灵活的运动范围和机器人尺寸的适应性。

机械结构应具备耐候性和环境适应性，以适应不同的气候和环境条件。这可能涉及使用耐用材料、防尘、防水、防腐蚀等设计和工艺措施，以确保机器人在恶劣的灾后环境中可靠运行。

机械结构的设计应考虑生产成本和可持续性。平衡机器人的性能需求和成本限制，选择合适的材料和制造工艺，以实现经济可行的机器人设计。

综上所述，灾后重建机器人的机械结构可行性分析需要综合考虑机器人的功能需求、承载能力、稳定性、机动性、适应性、耐候性、操作维护便利性、安全性和成本等因素。通过详细的设计和分析，可以确保机械结构能够满足机器人在灾后重建任务中的要求，并能够在复杂环境中稳定可靠地运行。

8.3 经济可行性分析

灾后重建机器人的经济学可行性分析旨在评估机器人投资和运营的经济效益。进行成本效益分析是评估机器人项目的经济可行性的重要步骤。需要考虑机器人的采购成本、运营成本、维护成本和人力成本等。将这些成本与机器人预期的效益进行比较，如减少人工劳动力成本、提高效率和生产力等，来确定机器人项目是否经济可行。

投资回报率（ROI）：计算机器人投资的回报率是经济可行性分析的核心指标之一。通过评估机器人的预期收益和成本，计算投资回报率。这可以帮助决策者确定机器人投资的潜在回报和回收期，从而评估项目的经济可行性。

效率和生产力提升：考虑机器人在灾后重建任务中提供的效率和生产力提升。 机器人的自动化和高效性能可以节省时间和资源，并提高任务执行的质量和速度。 通过衡量这些效率和生产力改进，可以评估机器人项目的经济效益。多场景灾后重建机器人，集成了多个模块，可实现高效运行。

风险和不确定性分析：对机器人项目的风险和不确定性进行分析是经济可行性评估的重要组成部分。考虑到技术风险、市场需求、政策环境等因素，需要评估机器人项目所面临的风险和不确定性。这有助于确定机器人项目的可行性和风险承受能力。

替代方案比较：将机器人方案与传统的人力操作或其他替代方案进行比较。考虑到人力成本、效率改进、风险管理等因素，评估机器人项目与其他选择之间的经济优势和效益。就目前的传统机械而言，还没有传统机械能被取代。

可持续性和长期收益：评估机器人项目的可持续性和长期收益，需要考虑到机器人技术的发展趋势和未来应用的潜力。机器人技术的不断创新和进步可能带来更多的经济收益和效益，从而增强项目的经济可行性。

经济学可行性分析综合考虑成本、效益、投资回报率、风险和替代方案等因素，确定灾后重建机器人项目的经济可行性，有助于决策者做出基于经济和商业考虑的决策，并为投资和资源配置提供指导。

9 成本分析

车身框架由钢制型材焊接而成，价格合适，材料大多选用标准钢材如 45 号钢、Q235A 等，其中铸件材料为 HT 200，价格区间合理，但机身自动化程度高，有大量控制电路的需求，以及众多电机的使用，费用较高，外加深度相机、通信基站、无人机的使用，成本较高。

从生产的角度来看，所用零部件都可以被制造加工，普通的车铣刨磨便可以完成；另外，在前期的设计过程中，一直注重设计零件的工艺性，使所设计的零件可加工性好、工艺难度低，从而生产成本不高。

综合以上因素，预估每台多场景灾后重建机器人的成本价格为 25 万元，预计销售价格为 30 万元，净利润为 5 万元。

10 产品应用展望

多场景灾后重建机器人具有广阔的应用前景，可以在各种灾后重建场景中发挥重要作用。在未来的应用过程中，通过搭载不同的功能模块可以实现多场景与新场景的快速适应。现对可能存在的应用前景进行展望。

废墟勘查和搜救：多场景灾后重建机器人可以在废墟中进行勘查和搜救任务。通过使用高分辨率摄像头、热成像摄像头、激光雷达等传感器，机器人可以帮助找到被困人员、评估建筑物的结构安全性，并提供实时图像和数据，协助救援人员做出更好的决策。

水域救援和灾后水质监测：在洪水、海啸等水灾后，机器人可以应用于水域救援和水质监测。水下机器人可以帮助搜索被困的人员，提供救援物资，并进行水下勘测。同时，机器人还可以配备传感器，监测水质和水污染情况，以便采取适当的措施保护环境和公众健康。

环境监测和灾后恢复评估：机器人可以在灾后环境中进行监测和评估。通过搭载传感器和采样设备，机器人可以收集环境数据，如空气质量、土壤污染、辐射水平等。这有助于评估灾后环境的安全性和适宜性，并指导灾后恢复工作的规划和实施。

快速建筑和临时设施搭建：机器人在快速建筑和临时设施搭建方面也有应用前景。机器人可以通过使用 3D 打印技术、模块化建筑部件和自动化装配系统等，快速构建临时住房、医疗设施和物资仓库等，以满足灾后重建的紧急需求。

这些场景仅展示了多场景灾后重建机器人的部分应用前景。随着机器人技术的不断发展和创新，预计会有更多的应用场景涌现，并为灾后重建工作带来更大的效益和便利。

11 设计总结

灾后重建机器人常面临作业环境复杂、装备需求量大、任务紧迫、危险性高、持续时间长等情况，其应用场景错综复杂，且目前没有较好的解决方案。因此设计一款能满足多个应用场景的机器人迫在眉睫。

针对目前面临的现实问题，本团队创新性地提出一款适应场景的灾后重建机器人，能适应多场景的需求，能够较好地解决灾区重建问题。主要设计的应用场景有：灾区清理、基础设施恢复、灾区监测和风险管理。

通过夜以继日的设计工作，本团队成功地完成了设计任务，满足本次比赛的设计要求，并从现实的应用场景出发，设计了一款能适应多场景灾后重建机器人。本团队设计的灾后重建机器人以模块化、实用性为主要的设计思路，兼顾工业产品造型设计的思路，对各模块进行设计，再用统一的工业设计元素进行统一规划，并由机身整合各模块，使各个模块彼此融洽，设计出一款满足需求又兼顾美学的工业产品。

机器人的设计是对专业知识高度应用的过程，在这个过程中，理论服务于实践，实践又回馈经验，使我们的综合能力得到不断地提升。这也是竞赛的意义。 在艰难的过程中培养的更是我们认真细致的工匠精神，从点到线，从线到面，设计工作就像是刺绣一样，用一点一线精心细致地勾勒，容不得半点偏差。

总而言之，设计灾后重建机器人可以提高灾区重建的效率、保护人类生命安全、扩展工作范围、提供准确数据和减轻人类负担。灾区重建机器人在灾后重建过程中发挥重要作用，帮助受灾地区更快地恢复正常生活。设计灾区重建机器人具有深远的现实意义。

12 专家评语

该作品介绍的数字化创意设计是针对特别重大自然灾害的灾后重建任务提出的一项创新性的设计方案：灾后重建机器人。此设计围绕着重建美好新家园的目标，考虑到传统工程机械在灾后重建工作中的局限性，提出了通过灾后重建机器人来加快恢复进程的理念。机器人不仅能够在危险环境中替代人工操作，减少人员伤害风险，还能在灾害期间及灾后有效进行数据收集和风险评估，提供准确信息给决策者，从而实现精准施策与有序实施。

这份设计方案深入洞察了自然灾害和灾后重建工作的复杂性，创新性地提出了多场景应用的灾后重建机器人，旨在实现人类对灾区提供更有效、更安全的帮助和服务。设计团队不仅展现了深切的同理心，也体现了强烈的社会责任感和科学的规划能力。

说明书内容结构清晰，图文并茂，可读性好。设计过程中创新性地引入轻量化概念和设计手段，使设计作品更加科学合理。

附　录

1. 多场景灾后重建机器人：工作状态

灾后重建机器人.STEP

有效期　永久有效

追光几何 EVERCRAFT

在线3D查看与协作平台

2. 多场景灾后重建机器人：运输静止状态

灾后重建机器人.STEP

有效期 永久有效

追光几何 EVERCRAFT

在线3D查看与协作平台

3. 前端机械臂

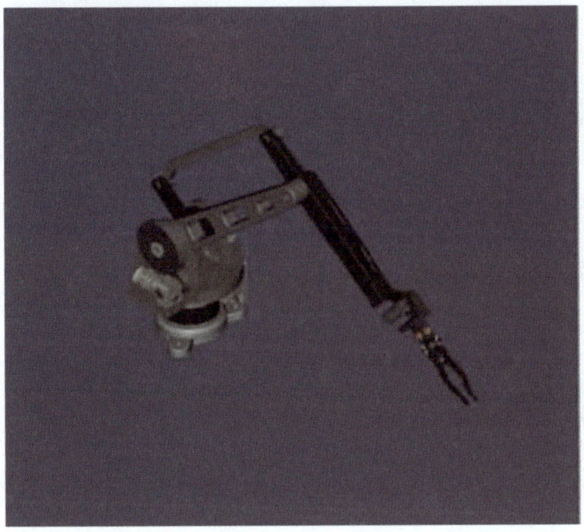

机械臂.STEP

有效期 永久有效

追光几何 EVERCRAFT

在线3D查看与协作平台

4. 前履带设计

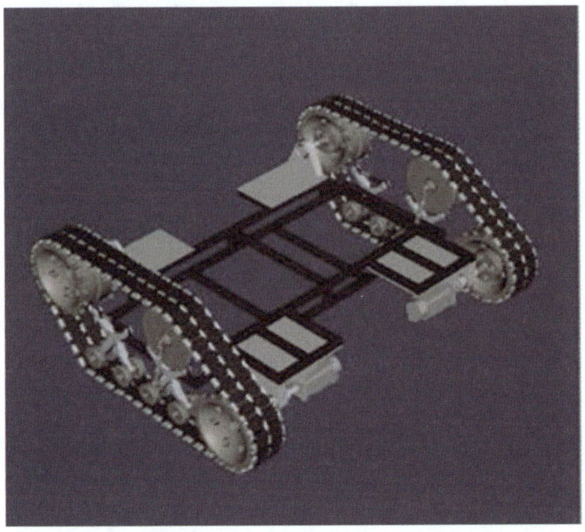

前履带.STEP

有效期 永久有效

追光几何 EVERCRAFT

在线3D查看与协作平台

5. 后履带设计

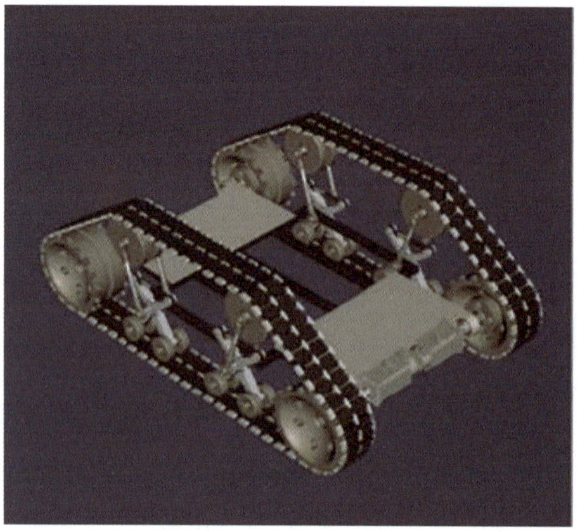

后履带.STEP

有效期　永久有效

追光几何 EVERCRAFT

在线3D查看与协作平台

6. 推土机构

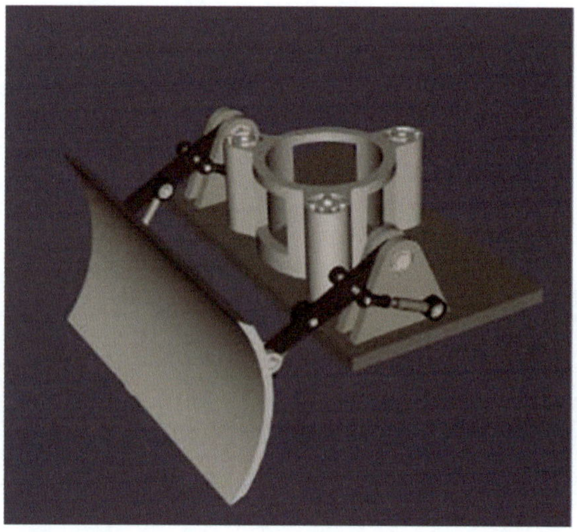

推土机构.STEP

有效期　永久有效

追光几何 EVERCRAFT

在线3D查看与协作平台

建筑类

BIM 创新应用赛道任务书

一、概述

根据《关于举办第十六届“高教杯”全国大学生先进成图技术与产品信息建模创新大赛决赛第一轮通知》及《第十六届“高教杯”全国大学生先进成图技术与产品信息建模大赛建筑类BIM创新应用赛道竞赛大纲》的文件精神，对国赛“BIM创新应用”赛道出具本套任务书。

二、设计要求

1. 规划用地内拟建一栋移动通信枢纽大厦，该项目位于重庆市某行政区内。规划用地南侧及西侧为已建成写字办公楼，北侧现状为城市绿地，东侧为城市支路。

2. 移动通信枢纽大厦总建筑面积为10 000 m^2（可上下浮动10%），层数为6层，地下一层，室内外高差不小于0.60 m。

3. 建筑形态可多元化，空间通透灵活，各功能区域划分明确，布局合理，可考虑中庭、露台、屋顶花园等设计元素相结合。

4. 各层建筑主要功能包括：

（1）地下一层：车库层，层高4.2 m。

- 新风机房、空调机房，每个面积≥60 m^2
- 停车位≥20个
- 坡道设计：出入口高度≥2.5 m，宽度为双向行驶不应小于7 m

（2）一层：层高6.0 m，出入口不少于3个，其中主入口处应设置无障碍坡道。

- 大厅业务办理区域面积≥300 m^2
- 咨询服务接待区≥30 m^2
- 等候区面积≥200 m^2
- 产品宣传推广区面积≥80 m^2
- 值班室面积≥30 m^2
- 监控室面积≥40 m^2
- 配电室面积≥50 m^2

（3）二层：层高4.8 m。

- 对公业务办理区域面积≥300 m^2
- VIP接待室不少于2个，每个面积≥50 m^2
- 产品展示区面积≥70 m^2

- 内部人员办公室 2 个，每个面积≥60 m^2
- 库房面积≥30 m^2

（4）三层：层高 4.2 m。

- 技术服务中心面积≥200 m^2
- 技术人员办公室不少于 4 个，每个面积≥60 m^2
- 辅助服务区面积≥150 m^2
- 会议室面积≥60 m^2
- 弱电机房≥20 m^2

（5）四层：层高 4.2 m。

- 开放式办公区面积≥300 m^2
- 员工休闲区面积≥150 m^2
- 独立办公室不少于 4 个，每个面积≥30 m^2
- 小会议室 2 个，每个面积≥40 m^2
- 茶水间面积≥20 m^2

（6）五层：层高 4.2 m。

- 多功能报告厅面积≥200 m^2
- 大会议室面积≥80 m^2
- 培训中心面积≥150 m^2
- 办公室不少于 4 个，每个面积≥30 m^2

（7）六层：层高 4.2 m。

高层管理人员办公室 4 个，面积≥40 m^2

- 党建活动室面积≥80 m^2
- 大会议室面积≥80 m^2
- 小会议室面积≥40 m^2
- 财务办公室面积≥200 m^2
- 资料室≥30 m^2

（8）其他：每层设有电梯厅 1 个，疏散楼梯间不少于 2 个；每层男卫生间蹲位不少于 3 个，女卫生间蹲位不少于 4 个，洗手盆各不少于 2 个。

三、作图要求

1. 绘制各层平面图，并标注层数及相对标高。

2. 各层平面图中绘制轴网及轴号，局部外立面应考虑圆弧造型，并绘制弧形轴网及轴号。

3. 外墙需考虑保温。

4. 墙体类型与材质：内外墙体自定材质及厚度应设置合理，其中二层 VIP 客户接待室隔墙采用 100 mm 厚轻钢龙骨石膏板隔墙，墙体厚度、材质各不少于 3 种，不同墙体需在层平面图标注墙体材质与厚度，轴线居中。

5. 各层楼板结构与厚度自定义，厚度范围应在 150~200 mm。

6. 一层门厅或大堂区域柱子截面形式采用圆柱，规格为 ϕ600 mm。

7. 柱子规格至少包含如下 3 种且布置合理：500 mm × 500 mm、600 mm × 600 mm、500 mm × 700 mm、700 mm × 700 mm、800 mm × 800 mm，3 种规格柱布置处需各选其一进行标注，编制轴号，在一层平面图范围内进行标注。

8. 门、窗类型需根据各功能房间使用性质设置，不应少于各 3 种，在一层平面图对门窗进行尺寸标注、门窗编号以及输出门窗统计表。

9. 一层值班室门洞口尺寸统一设置为 1 000 mm × 2 300 mm，编号为 M1023。

10. 根据设计任务内容中，对各层功能房间命名以及面积标注。

11. 在屋顶平面图、立面图、剖面图中需绘制出女儿墙，材质为钢筋混凝土，如屋顶为上人屋面时女儿墙高度为 1 100~1 500 mm，为不上人屋面时女儿墙高度为 600~1 000 mm。

12. 要求输出东、西、南、北四立面，并在主立面完成立面图纸标注。

13. 在地下车库出入口坡道位置生成剖面，标注尺寸，PDF 形式输出。

14. 任选一部楼梯，创建楼梯详图，包括楼梯平面、立面、扶手、休息平台，并完成详图标注。楼梯踏步高度及宽度、休息平台、扶手高度需满足《民用建筑通用规范》（GB 55031—2022）相关条款。

15. 应在 Revit 中创建卫生间的详图视图，并完成详图标注。创建 Revit 图纸样板，在图纸样板视图中，完成 A2 图框布置以及卫生间详图布局。

16. 根据附件一总图（dwg）图纸信息，在 Revit 中创建总图视图样板。总图模型中，商务写字楼可用体量代替，并进行楼名、标高标注。

17. 输出一层平面施工图（PDF 格式），应包含标注信息及门窗表。

四、建筑性能分析

1. 建筑节能分析

项目需满足建筑节能分析计算要求，详细要求如下：

- 熟悉《建筑节能与可再生能源利用通用规范》（GB 55015—2021）中关于建筑与建筑热工方面的内容和条文规定，并使用该规范完成项目的节能分析计算
- 在天正建筑节能分析软件中使用工程管理搭建符合节能计算要求的三维模型（注意调整每层的墙高和门窗尺寸数据）
- 完成每层平面房间的搜索、建筑屋顶的生成、特殊围护结构的创建（如架空楼板、露台等，没有可不做此项）
- 通过工程构造进行项目围护结构材料构造的选择、添加、编辑和修改，包含以下内容：外墙、屋面、热桥柱梁、内墙、地面、楼板、外窗等（注意选择合适的材料类型厚度和参数），并将做好的材料构造导出成 tps 构造文件
- 将做好的材料构造通过热工设置功能指定到所属围护结构的模型中
- 计算以下节能数据：体形系数、屋面平均传热系数、外墙（包括非透明幕墙）平均传热系数、

架空或外挑楼板传热系数（如果项目存在该项）、单一立面窗墙面积比、各立面外窗传热系数、各立面外窗太阳得热系数、屋顶透明部分面积比、传热系数以及太阳得热系数（如果项目存在该项）

- 如果以上规定性指标不完全满足节能规范的限值要求，需要对该项目进行热工性能权衡判断，对比设计建筑和参照建筑全年耗电量，并以此为依据判断项目是否达到节能规范要求，最终调整至完全满足为止
- 生成节能分析计算书

2. 建筑碳排放分析

项目需满足《建筑碳排放计算标准》及《建筑节能与可再生能源利用通用规范》中对于建筑碳排放分析的相关要求。详细要求如下：

- 熟悉《建筑碳排放计算标准》（GB/T 51366—2019）中的条文规定
- 利用建筑节能分析模型进行建筑碳排放分析
- 计算建筑全生命期（50年）碳排放量，包括：建材+建造（工程措施/分部措施）、运行、拆除阶段的碳排放计算
- 进行建材设置、措施设置、分部设置、拆除设置
- 根据项目实际情况进行冷源、热源、生活热水、运行方式、可再生能源以及全局区域设置
- 根据项目实际情况进行电梯的设置
- 生成建筑全生命期碳排放分析报告书
- 编制建筑碳排放专篇

五、试题任务

任务一：

依据设计要求，完成试题内容，建立BIM信息模型。

成果保存为RVT格式，命名为“学校-参赛团队名称-Revit版本.RVT”，例如：北京天正大学-天正大学1队-Revit2016.RVT

任务二：

输出一层平面施工图（PDF格式），应包含标注信息及门窗表。

成果保存为PDF格式，命名为“学校-参赛团队名称-一层平面.PDF”例如：北京天正大学-天正大学1队-一层平面.PDF

任务三：

通过TR天正建筑软件导出天正功能，输出TGL格式数据文件。

成果保存为TGL格式，命名为“学校-参赛团队名称.TGL”，例如：“北京天正大学-天正大学1队.TGL

任务四：

将任务一中完成的BIM模型，转换或搭建为可供天正建筑节能分析软件所识别和计算的数据模型，完成节能分析并生成计算书。

成果包含如下内容：建筑节能分析形成一个单独的文件夹并命名为“学校-参赛团队名称-节能

分析”，文件夹包含节能模型 dwg 图纸、楼层表 tpr 文件、构造材料 tps 文件、节能审查 esp 文件、节能计算书 docx 文件。

任务五：

利用任务四中的节能模型、构造文件，完成建筑碳排放分析并生成计算书，完成碳排放专篇的编制。

成果包含如下内容：建筑碳排放分析形成一个单独的文件夹并命名为“学校 - 参赛团队名称 - 碳排放分析”，文件夹包含碳排放模型 dwg 图纸、楼层表 tpr 文件、构造材料 tps 文件、建筑碳排放计算书 PDF 文件，建筑碳排放专篇 dwg 文件。

六、成果提交

参赛成果按照要求汇总至同一个文件夹，打压缩包统一发送，压缩包命名为“学校 - 参赛团队名称”。参赛成果压缩包在截止日期（7 月 10 日 12：00）之前提交到邮箱 edu@tangent.com.cn，作品提交时间将以指定邮箱的接收时间为准，超过截止时间视为未提交参赛作品。

邮件正文内容需包含参赛院校、参赛团队名称、团队成员姓名、成员手机号码等信息。

作品　移动通信枢纽大厦

指导教师：孙吉祥　王宁

目　录

1　移动通信枢纽大厦方案简介

本方案设计立意取自对重庆山川河流和通信信号起伏律动的印象。呼应山城错落有致的建筑风格，设计中将体量层层退台，形成了良好的采光和多处室内外公共交流空间。外立面采用圆孔铝质外墙装饰板，在保证通透性的同时也可以作为挡板式遮阳，减少夏季阳光直射，减少建筑使用能耗。外层铝板高低排布如起伏的电波，传递着重庆包容开放的城市精神。以丰富的空间层次，打造“小尺度、功能联动、多维复合的城市空间”。

建筑地下一层，地上 6 层，总建筑面积 10 240.82 m^2，各项指标均满足赛题要求。场地主入口位于南侧支路，场地配有消防环道、消防登高面与疏散广场，满足防火、节能、城市规划等多方面的规范要求。

注重节能对建筑体型系数、建筑围合材料导热系数等的要求，各项节能和碳排放指标计算均满足要求。

2　BIM 模型

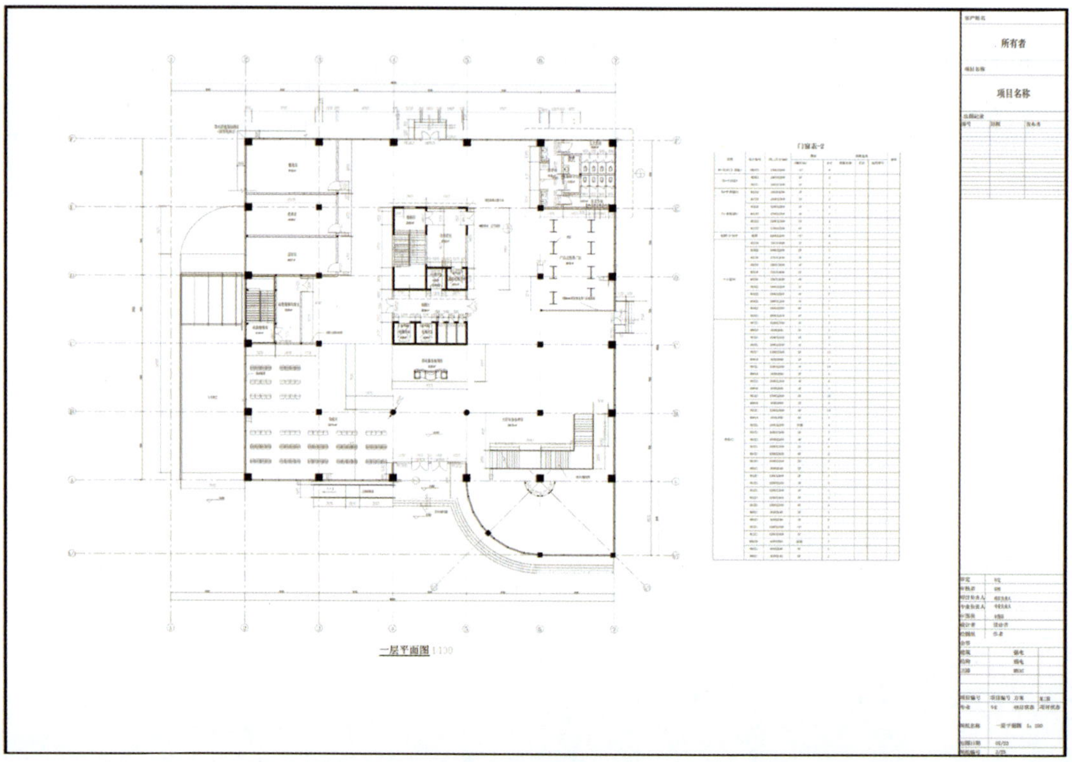

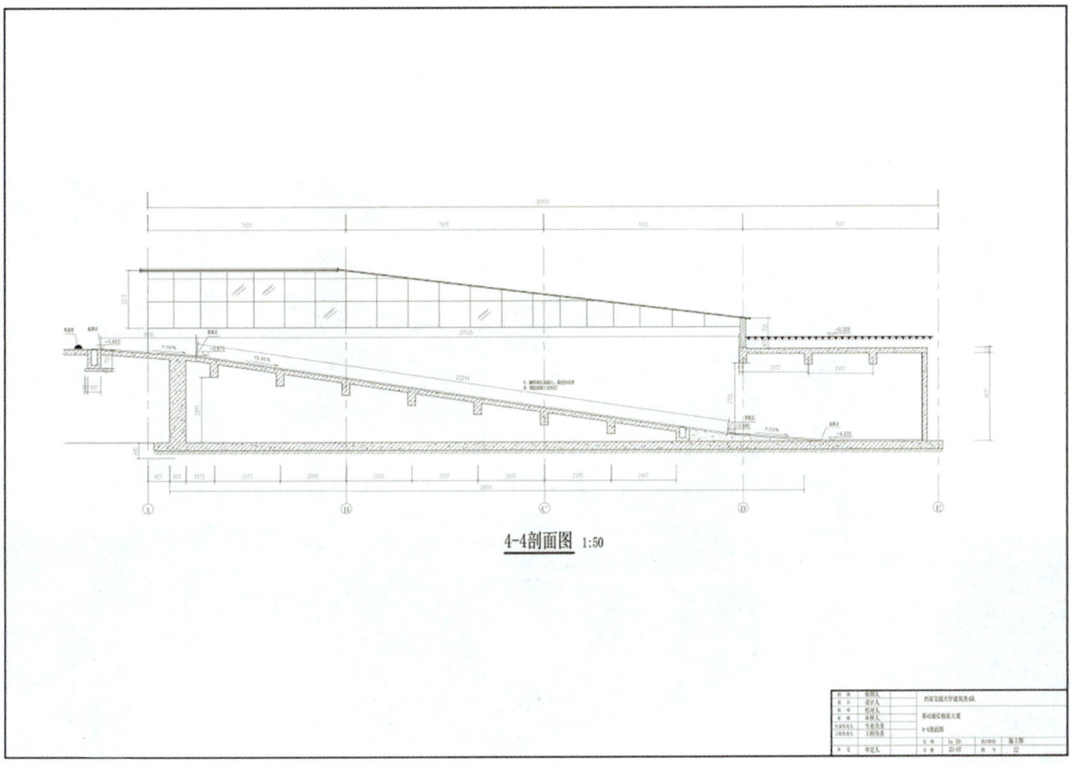

4-4剖面图 1:50

3 方案渲染图

南侧透视图

露台效果图

鸟瞰图

入口效果图

人视觉图

4 公共建筑节能计算报告书

公共建筑节能计算报告书

项目名称：移动通信枢纽大厦

计 算 人：

校 对 人：

审 核 人：

设计单位：西南交通大学建筑类 4 队

计算时间：2023-07-10

计 算 软 件：T20 天正建筑节能分析软件

软 件 版 本：V8.0 Build20230116

软件开发单位：天正公司

目　录

一、项目概况

项目名称	移动通信枢纽大厦
项目地址	重庆
建设单位	
设计单位	西南交通大学建筑类 4 队
设计编号	2023-7
地理位置	重庆
气候分区	夏热冬冷

二、建筑信息

建筑层数	地上 6 层，地下 1 层
建筑高度	31.00 m
建筑面积	地上 8 706.43 m^2，地下 1 534.39 m^2
北向角度	90.00°
体形系数	0.13

三、设计依据

1.《建筑节能与可再生能源利用通用规范》（GB 55015—2021）
2.《公共建筑节能设计标准》（GB 50189—2015）
3.《绿色建筑评价标准》（GB/T 50378—2019）
4.《民用建筑热工设计规范》（GB 50176—2016）
5.《建筑照明设计标准》（GB 50034—2013）
6.《建筑幕墙、门窗通用技术条件》（GB/T 31433—2015）
7.《建筑外门窗气密、水密、抗风压性能检测方法》（GB/T 7106—2019）
8.《建筑幕墙》（GB/T 21086—2007）

四、围护结构基本组成

外墙类型 1：轻钢结构外墙（挤塑聚苯板 15 mm）

第 1 层：塑料防水挂件，厚度 0.0 mm

第 2 层：挤塑聚苯板，厚度 15.0 mm

第 3 层：结构蒙板，厚度 12.0 mm

第 4 层：反射绝热层，厚度 0.0 mm

第 5 层：模塑聚苯板，厚度 50.0 mm

第 6 层：C 型钢龙骨或薄壁小桁架，厚度 400.0 mm

第 7 层：石膏板，厚度 12.0 mm

外墙类型 2：轻钢结构外墙（模塑聚苯板 20 mm）

第 1 层：塑料防水挂件，厚度 0.0 mm

第 2 层：挤塑聚苯板，厚度 20.0 mm

第 3 层：结构蒙板，厚度 12.0 mm

第 4 层：反射绝热层，厚度 0.0 mm

第 5 层：模塑聚苯板，厚度 50.0 mm

第 6 层：C 型钢龙骨或薄壁小桁架，厚度 400.0 mm

第 7 层：石膏板，厚度 12.0 mm

外墙类型 3：轻钢结构外墙（炉渣混凝土聚苯板 25 mm）

第 1 层：塑料防水挂件，厚度 0.0 mm

第 2 层：炉渣混凝土聚苯板，厚度 25.0 mm

第 3 层：结构蒙板，厚度 12.0 mm

第 4 层：反射绝热层，厚度 20.0 mm

第 5 层：模塑聚苯板，厚度 50.0 mm

第 6 层：C 型钢龙骨或薄壁小桁架，厚度 400.0 mm

第 7 层：石膏板，厚度 12.0 mm

外墙类型 4：钢筋混凝土（矿棉、岩棉和玻璃棉板）

第 1 层：钢筋混凝土，厚度 200.0 mm

第 2 层：矿棉、岩棉、玻璃棉 2，厚度 50.0 mm

第 3 层：石膏板，厚度 300.0 mm

屋顶类型 1：坡屋面（膨胀聚苯板）3

第 1 层：块瓦，厚度 0.0 mm

第 2 层：挂瓦条，厚度 0.0 mm

第 3 层：顺水条，厚度 0.0 mm

第 4 层：高聚物改性沥青防水卷材，厚度 3.0 mm

第 5 层：木望板，厚度 0.0 mm

第 6 层：膨胀聚苯板，厚度 120.0 mm

第 7 层：石膏板，厚度 10.0 mm

热桥柱类型 1：钢筋砼墙（挤塑聚苯板）

第 1 层：耐碱玻纤网格布，抗裂砂浆，厚度 5.0 mm

第 2 层：挤塑聚苯板，厚度 40.0 mm

第 3 层：钢筋混凝土，厚度 200.0 mm

第 4 层：石灰、水泥、砂、砂浆，厚度 20.0 mm

热桥梁类型 1：钢筋砼墙（挤塑聚苯板）

第 1 层：耐碱玻纤网格布，抗裂砂浆，厚度 5.0 mm

第 2 层：挤塑聚苯板，厚度 40.0 mm

第 3 层：钢筋混凝土，厚度 200.0 mm

第 4 层：石灰、水泥、砂、砂浆，厚度 20.0 mm

门窗过梁类型 1：钢筋砼墙（挤塑聚苯板）

第 1 层：耐碱玻纤网格布，抗裂砂浆，厚度 5.0 mm

第 2 层：挤塑聚苯板，厚度 40.0 mm

第 3 层：钢筋混凝土，厚度 200.0 mm

第 4 层：石灰、水泥、砂、砂浆，厚度 20.0 mm

防火隔离带类型 1：普通砼空心砌块（膨胀聚苯板）

第 1 层：耐碱玻纤网格布，抗裂砂浆，厚度 4.0 mm

第 2 层：膨胀聚苯板，厚度 60.0 mm

第 3 层：普通混凝土空心砌块墙（单排孔），厚度 190.0 mm

第 4 层：石灰、水泥、砂、砂浆，厚度 20.0 mm

墙内楼板类型 1：水泥砂浆楼面（挤塑聚苯板）

第 1 层：钢筋混凝土，厚度 100.0 mm

第 2 层：挤塑聚苯板，厚度 15.0 mm

第 3 层：耐碱玻纤网格布，抗裂砂浆，厚度 5.0 mm

内墙类型 1：100 厚轻钢龙骨石膏板墙

第 1 层：石膏板，厚度 12.0 mm

第 2 层：矿棉、岩棉、玻璃棉 2，厚度 50.0 mm

第 3 层：轻钢龙骨，双面专用钢板网，厚度 100.0 mm

第 4 层：石膏板，厚度 12.0 mm

内墙类型 2：双面石膏板墙（石膏板 15 mm）

第 1 层：石膏板，厚度 15.0 mm

第 2 层：矿棉、岩棉、玻璃棉 2，厚度 50.0 mm

第 3 层：轻钢龙骨，双面专用钢板网，厚度 2.0 mm

第 4 层：石膏板，厚度 12.0 mm

内墙类型 3：普通砼空心砌块

第 1 层：石灰、水泥、砂、砂浆，厚度 20.0 mm

第 2 层：普通混凝土空心砌块墙（三排孔），厚度 240.0 mm

第 3 层：石灰、水泥、砂、砂浆，厚度 20.0 mm

内墙类型 4：普通砼空心砌块（石灰 25 mm）

第 1 层：石灰、水泥、砂、砂浆，厚度 25.0 mm

第 2 层：普通混凝土空心砌块墙（三排孔），厚度 240.0 mm

第 3 层：石灰、水泥、砂、砂浆，厚度 20.0 mm

楼板类型 1：水泥砂浆楼面（模塑聚苯板）

第 1 层：钢筋混凝土，厚度 100.0 mm

第 2 层：模塑聚苯板，厚度 25.0 mm

第 3 层：耐碱玻纤网格布，抗裂砂浆，厚度 5.0 mm

门类型 1：多功能户门

窗类型 1：6 较低透光 Low-E+12A+6 透明

透明幕墙类型 1：6 较低透光 Low-E+12A+6 透明

五、体形系数

建筑外表面积	5 178.07 m^2
建筑体积（地上）	40 265.43 m^3
体形系数	0.13
标准规定	建筑类型为甲类建筑时，体形系数无限制
结论	满足要求

六、外墙主体构造

轻钢结构外墙（挤塑聚苯板 15 mm）

各层材料名称	厚度 /mm	导热系数	修正系数	蓄热系数	热阻值	热惰性指标
塑料防水挂件	0.0	1.000	1.00	0.009	—	—
挤塑聚苯板	15.0	0.030	1.10	0.301	0.455	0.151
结构蒙板	12.0	0.140	1.00	2.200	0.086	0.189
反射绝热层	0.0	1.000	1.00	0.009	—	—
模塑聚苯板	50.0	0.031	1.50	0.356	1.075	0.574
C 型钢龙骨或薄壁小桁架	400.0	1.000	1.00	0.009	0.400	0.004
石膏板	12.0	0.330	1.00	5.280	0.036	0.192
合计	489.0	—	—	—	2.052	1.110
外墙主体部位传热阻	$R_0 = R_i + \sum R + R_e = 0.11 + 2.052 + 0.05 = 2.212$					
外墙主体部位传热系数	$K = 1/R_0 = 0.45$					

轻钢结构外墙（模塑聚苯板 20 mm）

各层材料名称	厚度 /mm	导热系数	修正系数	蓄热系数	热阻值	热惰性指标
塑料防水挂件	0.0	1.000	1.00	0.009	—	—
挤塑聚苯板	20.0	0.030	1.10	0.301	0.606	0.201
结构蒙板	12.0	0.140	1.00	2.200	0.086	0.189

续表

各层材料名称	厚度 /mm	导热系数	修正系数	蓄热系数	热阻值	热惰性指标
反射绝热层	0.0	1.000	1.00	0.009	—	—
模塑聚苯板	50.0	0.042	1.50	0.356	0.794	0.424
C 型钢龙骨或薄壁小桁架	400.0	1.000	1.00	0.009	0.400	0.004
石膏板	12.0	0.330	1.00	5.280	0.036	0.192
合计	494.0	—	—	—	1.922	1.010
外墙主体部位传热阻	$R_0 = R_i + \sum R + R_e = 0.11 + 1.922 + 0.05 = 2.082$					
外墙主体部位传热系数	$K = 1/R_0 = 0.48$					

轻钢结构外墙（炉渣混凝土聚苯板 25 mm）

各层材料名称	厚度 /mm	导热系数	修正系数	蓄热系数	热阻值	热惰性指标
塑料防水挂件	0.0	1.000	1.00	0.009	—	—
炉渣混凝土聚苯板	25.0	0.042	1.00	0.356	0.595	0.212
结构蒙板	12.0	0.140	1.00	2.200	0.086	0.189
反射绝热层	20.0	1.000	1.00	0.009	0.020	0.000
模塑聚苯板	50.0	0.042	1.50	0.356	0.794	0.424
C 型钢龙骨或薄壁小桁架	400.0	0.5	1.00	0.009	0.800	0.007
石膏板	12.0	0.330	1.00	5.280	0.036	0.192
合计	519.0	—	—	—	2.331	1.024
外墙主体部位传热阻	$R_0 = R_i + \sum R + R_e = 0.11 + 2.331 + 0.05 = 2.491$					
外墙主体部位传热系数	$K = 1/R_0 = 0.40$					

钢筋混凝土（矿棉、岩棉和玻璃棉板）

各层材料名称	厚度 /mm	导热系数	修正系数	蓄热系数	热阻值	热惰性指标
钢筋混凝土	200.0	1.740	1.00	17.200	0.115	1.977
矿棉、岩棉、玻璃棉 2	50.0	0.045	1.20	0.750	0.926	0.833
石膏板	300.0	0.330	1.00	5.280	0.909	4.800
合计	550.0	—	—	—	1.950	7.610
外墙主体部位传热阻	$R_0 = R_i + \sum R + R_e = 0.11 + 1.950 + 0.05 = 2.110$					
外墙主体部位传热系数	$K = 1/R_0 = 0.47$					

七、热桥柱

钢筋砼墙（挤塑聚苯板）

各层材料名称	厚度 /mm	导热系数	修正系数	蓄热系数	热阻值	热惰性指标
耐碱玻纤网格布，抗裂砂浆	5.0	0.930	1.00	11.370	0.005	0.061
挤塑聚苯板	40.0	0.030	1.10	0.301	1.212	0.401
钢筋混凝土	200.0	1.740	1.00	17.200	0.115	1.977
石灰、水泥、砂、砂浆	20.0	0.870	1.00	10.750	0.023	0.247
合计	265.0	—		—	1.355	2.686
热桥柱传热阻	$R_0 = R_i + \sum R + R_e = 0.11 + 1.355 + 0.05 = 1.515$					
热桥柱传热系数	$K = 1/R_0 = 0.66$					

八、热桥梁

钢筋砼墙（挤塑聚苯板）

各层材料名称	厚度 /mm	导热系数	修正系数	蓄热系数	热阻值	热惰性指标
耐碱玻纤网格布，抗裂砂浆	5.0	0.930	1.00	11.370	0.005	0.061
挤塑聚苯板	40.0	0.030	1.10	0.301	1.212	0.401
钢筋混凝土	200.0	1.740	1.00	17.200	0.115	1.977
石灰、水泥、砂、砂浆	20.0	0.870	1.00	10.750	0.023	0.247
合计	265.0	—		—	1.355	2.686
热桥梁传热阻	$R_0 = R_i + \sum R + R_e = 0.11 + 1.355 + 0.05 = 1.515$					
热桥梁传热系数	$K = 1/R_0 = 0.66$					

九、门窗过梁

钢筋砼墙（挤塑聚苯板）

各层材料名称	厚度 /mm	导热系数	修正系数	蓄热系数	热阻值	热惰性指标
耐碱玻纤网格布，抗裂砂浆	5.0	0.930	1.00	11.370	0.005	0.061
挤塑聚苯板	40.0	0.030	1.10	0.301	1.212	0.401
钢筋混凝土	200.0	1.740	1.00	17.200	0.115	1.977
石灰、水泥、砂、砂浆	20.0	0.870	1.00	10.750	0.023	0.247
合计	265.0	—		—	1.355	2.686
门窗过梁传热阻	$R_0 = R_i + \sum R + R_e = 0.11 + 1.355 + 0.05 = 1.515$					
门窗过梁传热系数	$K = 1/R_0 = 0.66$					

十、防火隔离带

普通砼空心砌块（膨胀聚苯板）

各层材料名称	厚度 /mm	导热系数	修正系数	蓄热系数	热阻值	热惰性指标
耐碱玻纤网格布，抗裂砂浆	4.0	0.930	1.00	11.370	0.004	0.049
膨胀聚苯板	60.0	0.042	1.20	0.356	1.190	0.509
普通混凝土空心砌块墙（单排孔）	190.0	0.860	1.00	7.502	0.221	1.657
石灰、水泥、砂、砂浆	20.0	0.870	1.00	10.750	0.023	0.247
合计	274.0	—		—	1.438	2.462
防火隔离带传热阻	$R_0 = R_i + \sum R + R_e = 0.11 + 1.438 + 0.05 = 1.598$					
防火隔离带传热系数	$K = 1/R_0 = 0.63$					

十一、墙内楼板

水泥砂浆楼面（挤塑聚苯板）

各层材料名称	厚度 /mm	导热系数	修正系数	蓄热系数	热阻值	热惰性指标
钢筋混凝土	100.0	1.740	1.00	17.200	0.057	0.989
挤塑聚苯板	15.0	0.030	1.10	0.301	0.455	0.151
耐碱玻纤网格布，抗裂砂浆	5.0	0.930	1.00	11.370	0.005	0.061
合计	120.0	—		—	0.517	1.201
墙内楼板传热阻	$R_0 = R_i + \sum R + R_e = 0.11 + 0.517 + 0.05 = 0.677$					
墙内楼板传热系数	$K = 1/R_0 = 1.48$					

十二、外墙主断面热工参数计算

		总体	东向	西向	南向	北向
墙主体	面积 /m²	1 237.76	344.75	441.76	197.30	253.95
	百分比 /%	55.36	55.33	60.12	48.41	53.97
	传热系数	0.45	0.45	0.45	0.46	0.45
柱	面积 /m²	456.72	110.25	112.90	100.51	133.06
	百分比 /%	20.43	17.69	15.37	24.66	28.28
	传热系数	0.66	0.66	0.66	0.66	0.66
梁	面积 /m²	394.69	120.31	131.63	76.35	66.40
	百分比 /%	17.65	19.31	17.91	18.73	14.11
	传热系数	0.66	0.66	0.66	0.66	0.66

续表

		总体	东向	西向	南向	北向
门窗过梁	面积 /m²	49.75	18.51	16.53	14.37	0.34
	百分比 /%	2.23	2.97	2.25	3.53	0.07
	传热系数	0.66	0.66	0.66	0.66	0.66
防火隔离带	面积 /m²	1.02	0.31	0.34	0.20	0.18
	百分比 /%	0.05	0.05	0.05	0.05	0.04
	传热系数	0.63	0.63	0.63	0.63	0.63
墙内楼板	面积 /m²	96.00	28.98	31.59	18.86	16.57
	百分比 /%	4.29	4.65	4.30	4.63	3.52
	传热系数	1.48	1.48	1.48	1.48	1.48
外墙主断面传热系数		0.58	0.58	0.57	0.60	0.58

十三、外墙平均热工参数计算

对于一般建筑，外墙平均传热系数按下式计算：

$$K = \varphi K_P$$

式中，K——外墙平均传热系数，W/(m^2·K)；

K_P——外墙主体部位传热系数，W/(m^2·K)；

φ——外墙主体部位传热系数的修正系数。

外墙保温形式：外保温

		总体	东向	西向	南向	北向
外墙	面积 /m²	2 235.95	623.11	734.74	407.60	470.50
	主断面传热系数	0.58	0.58	0.57	0.60	0.58
	修正系数	1.10	1.10	1.10	1.10	1.10
	平均传热系数	0.64	0.64	0.63	0.66	0.64
	平均热惰性指标	2.51	2.52	2.52	2.42	2.53
外墙平均传热系数		0.64				
标准规定		建筑类型为甲类建筑，外墙平均热惰性指标>2.5 时，外墙平均传热系数应≤ 0.80				
结论		满足要求				

构造类型	构造名称	面积 /m²	比例	传热系数	热惰性指标
外墙	轻钢结构外墙（挤塑聚苯板 15 mm）	468.19	0.21	0.45	1.11
外墙	轻钢结构外墙（模塑聚苯板 20 mm）	282.28	0.13	0.48	1.01
外墙	轻钢结构外墙（炉渣混凝土聚苯板 25 mm）	219.98	0.10	0.40	1.02

续表

构造类型	构造名称	面积 /m²	比例	传热系数	热惰性指标
外墙	钢筋混凝土（矿棉、岩棉和玻璃棉板）	267.31	0.12	0.47	7.61
柱	钢筋砼墙（挤塑聚苯板）	456.72	0.20	0.66	2.69
梁	钢筋砼墙（挤塑聚苯板）	394.69	0.18	0.66	2.69
门窗过梁	钢筋砼墙（挤塑聚苯板）	49.75	0.02	0.66	2.69
防火隔离带	普通砼空心砌块（膨胀聚苯板）	1.02	0.00	0.63	2.46
墙内楼板	水泥砂浆楼面（挤塑聚苯板）	96.00	0.04	1.48	1.20
合计	—	2 235.95	1.00	0.58	2.51

十四、屋面构造

坡屋面（膨胀聚苯板）3

各层材料名称	厚度 /mm	导热系数	修正系数	蓄热系数	热阻值	热惰性指标
块瓦	0.0	1.000	1.00	0.009	—	—
挂瓦条	0.0	1.000	1.00	0.009	—	—
顺水条	0.0	1.000	1.00	0.009	—	—
高聚物改性沥青防水卷材	3.0	0.270	1.00	6.796	0.011	0.076
木望板	0.0	1.000	1.00	0.009	—	—
膨胀聚苯板	120.0	0.042	1.20	0.356	2.381	1.017
石膏板	10.0	0.330	1.00	5.280	0.030	0.160
合计	133.0	—		—	2.422	1.253
屋面主体部位传热阻	$R_0 = R_i + \sum R + R_e = 0.11 + 2.422 + 0.05 = 2.582$					
屋面主体部位传热系数	$K = 1/R_0 = 0.39$					
标准规定	建筑类型为甲类建筑时，屋面传热系数应≤ 0.40					
结论	满足要求					

十五、屋面防火隔离带

坡屋面（膨胀聚苯板）3

各层材料名称	厚度 /mm	导热系数	修正系数	蓄热系数	热阻值	热惰性指标
块瓦	0.0	1.000	1.00	0.009	—	—
挂瓦条	0.0	1.000	1.00	0.009	—	—
顺水条	0.0	1.000	1.00	0.009	—	—
高聚物改性沥青防水卷材	3.0	0.270	1.00	6.796	0.011	0.076

续表

各层材料名称	厚度 /mm	导热系数	修正系数	蓄热系数	热阻值	热惰性指标
木望板	0.0	1.000	1.00	0.009	—	—
膨胀聚苯板	120.0	0.042	1.20	0.356	2.381	1.017
石膏板	10.0	0.330	1.00	5.280	0.030	0.160
合计	133.0	—		—	2.422	1.253
屋面防火隔离带传热阻	$R_0 = R_i + \sum R + R_e = 0.11 + 2.422 + 0.05 = 2.582$					
屋面防火隔离带传热系数	$K = 1/R_0 = 0.39$					

十六、屋面

屋面面积 /m²	防火隔离带面积 /m²	屋面平均传热系数	屋面平均热惰性指标
206.27	49.42	0.39	1.25
标准规定	建筑类型为甲类建筑时，屋面平均传热系数应≤ 0.40		
结论	满足要求		

十七、外窗气密性等级

围护结构	气密性等级	标准规定	结论
建筑外窗	6	楼层≥ 1 且≤ 9 时，建筑外窗气密性等级应≥ 6	满足要求

十八、幕墙气密性等级判定

围护结构	气密性等级	标准规定	结论
透明幕墙	3	透明幕墙气密性等级应≥ 3	满足要求

十九、窗类型

类别	窗框类型	玻璃类型	传热系数	太阳得热系数	可见光透射比
窗		6 较低透光 Low-E+12A+6 透明	1.800	0.33	0.6
透明幕墙		6 较低透光 Low-E+12A+6 透明	1.800	0.33	0.6

二十、外窗有效通风换气面积比

窗面积 /m²	墙面积 /m²	有效通风换气面积 /m²	有效通风换气面积比	标准规定
2 053.08	4 315.93	1 104.73	0.26	甲类公共建筑外窗（包括透光幕墙）应设可开启窗扇，其有效通风换气面积不宜小于所在房间外墙面积的 10%

二十一、单一立面窗墙面积比

立面编号	朝向	外窗面积 /m²	外墙面积 /m²	立面窗墙比
立面 1	北	610.92	1 085.19	0.56
立面 2	西	312.24	1 054.48	0.30
立面 3	南	750.06	1 323.66	0.57
立面 4	东	379.86	852.60	0.45

二十二、外窗传热系数

立面编号	朝向	立面窗墙比	传热系数	标准规定	结论
立面 1	北	0.56	1.80	建筑类型为甲类建筑，窗墙面积比>0.50 且≤ 0.60 时，外窗传热系数应≤ 2.10	满足要求
立面 2	西	0.30	1.80	建筑类型为甲类建筑，窗墙面积比>0.20 且≤ 0.30 时，外窗传热系数应≤ 2.60	满足要求
立面 3	南	0.57	1.80	建筑类型为甲类建筑，窗墙面积比>0.50 且≤ 0.60 时，外窗传热系数应≤ 2.10	满足要求
立面 4	东	0.45	1.80	建筑类型为甲类建筑，窗墙面积比>0.40 且≤ 0.50 时，外窗传热系数应≤ 2.20	满足要求

二十三、外窗太阳得热系数

立面编号	朝向	立面窗墙比	遮阳系数	太阳得热系数	标准规定	结论
立面 1	北	0.56	0.17	0.15	建筑类型为甲类建筑，朝向为北，窗墙面积比>0.50 且≤ 0.60 时，外窗太阳得热系数应≤ 0.35	满足要求
立面 2	西	0.30	0.25	0.22	建筑类型为甲类建筑，朝向为西，窗墙面积比>0.20 且≤ 0.30 时，外窗太阳得热系数应≤ 0.40	满足要求
立面 3	南	0.57	0.21	0.19	建筑类型为甲类建筑，朝向为南，窗墙面积比>0.50 且≤ 0.60 时，外窗太阳得热系数应≤ 0.30	满足要求
立面 4	东	0.45	0.27	0.23	建筑类型为甲类建筑，朝向为东，窗墙面积比>0.40 且≤ 0.50 时，外窗太阳得热系数应≤ 0.30	满足要求

二十四、外窗可见光透射比

立面编号	朝向	立面窗墙比	外窗可见光透射比	标准规定	结论
立面 1	北	0.56	0.60	建筑类型为甲类建筑，窗墙面积比≥ 0.40 时，外窗可见光透射比应≥ 0.40	满足要求

续表

立面编号	朝向	立面窗墙比	外窗可见光透射比	标准规定	结论
立面 2	西	0.30	0.60	建筑类型为甲类建筑，窗墙面积比<0.40 时，外窗可见光透射比应≥ 0.60	满足要求
立面 3	南	0.57	0.60	建筑类型为甲类建筑，窗墙面积比≥ 0.40 时，外窗可见光透射比应≥ 0.40	满足要求
立面 4	东	0.45	0.60	建筑类型为甲类建筑，窗墙面积比≥ 0.40 时，外窗可见光透射比应≥ 0.40	满足要求

二十五、地下室外墙

钢筋混凝土（矿棉、岩棉和玻璃棉板）

各层材料名称	厚度 /mm	导热系数	修正系数	蓄热系数	热阻值	热惰性指标
钢筋混凝土	200.0	1.740	1.00	17.200	0.115	1.977
矿棉、岩棉、玻璃棉 2	50.0	0.045	1.20	0.750	0.926	0.833
石膏板	300.0	0.330	1.00	5.280	0.909	4.800
合计	550.0	—	—	—	1.950	7.610
地下室外墙热阻	1.950					
标准规定	地下室外墙热阻无限制					
结论	满足要求					

二十六、静态判断计算结论

序号	项目名称	结论
1	体形系数	满足要求
2	建筑外窗气密性等级	满足要求
3	透明幕墙气密性等级	满足要求
4	屋面传热系数	满足要求
5	屋面平均传热系数	满足要求
6	外墙平均传热系数	满足要求
7	有效通风换气面积比	满足要求
8	外窗传热系数	满足要求
9	外窗太阳得热系数	满足要求
10	外窗可见光透射比	满足要求
11	地下室外墙热阻	满足要求

根据计算，该工程满足《建筑节能与可再生能源利用通用规范》（GB 55015—2021）的相应要求。

5 建筑碳排放计算报告书

建筑碳排放计算报告书

项目名称：移动通信枢纽大厦

计 算 人：

校 对 人：

审 核 人：

设计单位：西南交通大学建筑类4队

计算时间：2023-07-10

计 算 软 件：天正软件 - 碳排放系统

软 件 版 本：V8.0 Build230117

软件开发单位：天正公司

目 录

一、依据标准

《建筑碳排放计算标准》GB/T 51366—2019

《建筑碳排放计量标准》CECS 374—2014

《环境管理生命周期评价原则与框架》GB/T 24040—2008

《环境管理生命周期评价要求与指南》GB/T 24044—2008

《民用建筑节水设计标准》GB 50555—2010

《建筑节能气象参数标准》JGJ/T 346—2014

《绿色建筑评价标准》GB/T 50378—2019

《民用建筑绿色设计规范》JGJ/T 229—2010

《民用建筑设计统一标准》GB 50352—2019

《建筑结构可靠性设计统一标准》GB 50068—2018

《建筑照明设计标准》GB 50034—2013

《民用建筑供暖通风与空气调节设计规范》GB 50736—2012

《房屋建筑与装饰工程消耗量定额》TY01—31—2015

《通用安装工程消耗量定额》TY02—31—2015

《装配式建筑工程消耗量定额》TY01—01（01）—2016

《建筑节能与可再生能源利用通用规范》GB 55015—2021

《严寒和寒冷地区居住建筑节能设计标准》JGJ 26—2018

《夏热冬冷地区居住建筑节能设计标准》JGJ 134—2010

《夏热冬暖地区居住建筑节能设计标准》JGJ 75—2012

《公共建筑节能设计标准》GB 50189—2015

二、项目基本信息

项目名称	移动通信枢纽大厦
建筑类型	办公建筑
建筑年限	50
建筑位置	重庆
建筑面积	10 240.82 m^2
建筑使用面积	4 099.53 m^2
建筑外表面积	5 178.07 m^2
建筑层数	10 层（地上 9 层，地下 1 层）

三、建筑信息

1. 建筑围护结构信息

	设计建筑			基准建筑		
围护结构	面积 /m^2	传热系数 / [W/(m^2·K)]	传热系数附加值 / [W/(m^2·K)]	面积 /m^2	传热系数 / [W/(m^2·K)]	传热系数附加值 / [W/(m^2·K)]
东外墙	623.11	0.64	0.0	623.11	0.80	0.0
南外墙	407.60	0.66	0.0	407.60	0.80	0.0
西外墙	734.74	0.63	0.0	734.74	0.80	0.0
北外墙	470.50	0.64	0.0	470.50	0.80	0.0
屋面	206.27	0.39	0.0	206.27	0.40	0.0
地面	1 636.87	0	—	1 636.87	0	0.0

外窗	窗墙面积比	传热系数 / [W/(m^2·K)]	太阳得热系数 SHGC	窗墙面积比	传热系数 / [W/(m^2·K)]	太阳得热系数 SHGC
东外窗	—	1.80	0.23	—	2.20	0.30
南外窗	—	1.80	0.19	—	2.10	0.30
西外窗	—	1.80	0.22	—	2.60	0.40
北外窗	—	1.80	0.15	—	2.10	0.35
天窗						

2. 气密性及通风系统

项目	设计建筑	基准建筑
50 Pa 下外围护结构渗透风量 / (m^3/hm^2)	7.93	19.84
自然通风	是	否

3. 热回收系统

设计建筑热回收系统	设计建筑热回收效率 /%	基准建筑热回收系统	基准建筑热回收效率 /%
热管式	70	未使用	0

4. 供暖空调系统形式

设计建筑供暖空调系统形式					
序号	区域编号	供冷系统末端形式	冷源名称	供暖系统末端形式	热源名称
1	1384—1437 1439—1485 1511—1536 1538—1560 1575—1588	单风道系统	地下水	散热器末端	热水锅炉

基准建筑供暖空调系统形式					
序号	区域编号	供冷系统末端形式	冷源名称	供暖系统末端形式	热源名称
1	1384—1437 1439—1485 1511—1536 1538—1560 1575—1588	风机盘管系统	电制冷机组	风机盘管系统	燃气锅炉

5. 运行方式

	设计建筑	基准建筑
每日开始使用时间	6 时	6 时
每日结束使用时间	23 时	23 时
供冷季时间	5 月 1 日至 9 月 30 日	5 月 1 日至 9 月 30 日
供暖季时间	11 月 1 日至（次年）4 月 1 日	11 月 1 日至（次年）4 月 1 日
供冷季每周使用天数	7 天	7 天
供暖季每周使用天数	7 天	7 天

6. 可再生能源系统

系统形式	数量
太阳能光电板面积	100 m^2
风力发电机组	0 台
太阳能供暖集热器面积	0 m^2
太阳能空调集热器面积	0 m^2
太阳能生活热水集热器面积	800 m^2
地源热泵	0 套
空气源热泵供暖 / 冷	0 台
空气源热泵生活热水	0 套
生物质	0 台

四、建筑碳排放计算依据

以《建筑碳排放计算标准》相关条款为建筑碳排放的计算依据：

（1）建筑使用阶段碳排放计算范围应包括建筑暖通空调、生活热水、照明及可再生能源、建筑碳汇等系统在建筑使用期间的综合碳排放量。

（2）碳排放计算中采用的建筑设计寿命应与设计文件一致，当设计文件不能提供时，宜按 50 年计算。

（3）建筑物碳排放的计算范围应为建筑物建设工程规划许可证范围内能源消耗产生的碳排放量和可再生能源及碳汇系统的减碳量。

（4）建筑使用阶段碳排放量应根据各系统不同类型能源消耗量和不同类型能源的碳排放因子确定，建筑使用阶段单位建筑面积的总碳排放量 C_M 应按式（1）和式（2）计算。

$$C_M = \frac{\left[\sum_{i=1}^{n}(E_i \times EF_i) - C_p\right] \times y}{A} \tag{1}$$

$$E_i = \sum_{j=1}^{n}(E_{i,j} - ER_{i,j}) \tag{2}$$

式中：C_M——建筑使用阶段单位建筑面积碳排放量，kg CO_2/m^2；

E_i——建筑第 i 类能源年消耗量，单位 /a；

i——建筑消耗终端能源类型，包括电力、燃气、石油、市政热力等；

EF_i——第 i 类能源的碳排放因子，按《建筑碳排放计算标准》附录 A 取值；

$E_{i,j}$——j 类系统的第 i 类能源消耗量；单位 /a；

$ER_{i,j}$——j 类系统消耗由可再生能源系统提供的第 i 类能源量，单位 /a；

j——建筑用能系统类型，包括供暖空调、照明、生活热水系统等；

C_p——建筑绿地碳汇系统年减碳量，kg CO_2/a；

y——建筑设计寿命，a；

A——建筑面积，m^2。

暖通空调部分能耗计算采用中国建筑科学研究院有限公司自主研发与《建筑碳排放计算标准》配套的建筑能耗计算核心 IBE，下面为《建筑碳排放计算标准》关于暖通空调系统能耗部分的相关规定。

（1）暖通空调系统能耗应包括冷源能耗、热源能耗、输配系统及末端空气处理设备能耗。

（2）暖通空调系统能耗计算方法应符合下列规定：

①采用月平均方法计算年累计冷负荷和累计热负荷。

②分别设置工作日和节假日室内人员数量、照明功率、设备功率、室内设定温度、供暖和空调系统运行时间。

③根据负荷计算结果和室内环境参数计算供暖和供冷起止时间。

④反映建筑外围护结构热惰性对负荷的影响。

⑤负荷计算时能够计算 10 个及以上建筑分区。

⑥计算暖通空调系统间歇运行对负荷计算结果的影响。

⑦考虑用能系统形式、效率、部分负荷特性对能耗的影响。

⑧计算结果应包括负荷计算结果、按能源类型输出系统能耗计算结果。

⑨建筑运行参数可参照附录 B 建筑物使用特征。

下面为《建筑碳排放计算标准》关于生活热水系统能耗部分的相关规定。

（1）建筑物生活热水的年耗热量的计算应根据建筑物的实际使用情况并按式（3）和式（4）计算。

$$Q_{rp} = \frac{mq_r C_r (t_r - t_l) \rho_r}{1\,000} \tag{3}$$

$$Q_r = TQ_{rp} \tag{4}$$

式中：Q_r——生活热水年耗热量，kWh/a；

Q_{rp}——生活热水每小时平均耗热量，kW/h；

T——年生活热水使用时间，h；

m——用水计算单位数，人数或床位数；

q_r——热水用水定额，根据国家标准《民用建筑节水设计标准》（GB 50555）确定；

C_r——水的比热容，取 4 187 J/（kg・K）；

ρ_r——热水密度，kg/L；

t_r——设计热水温度，℃。

t_l——设计冷水温度，℃。

（2）建筑生活热水系统能耗按式（5）计算，且计算采用的生活热水系统的热源效率应同设计文件相一致。

$$E_w = \frac{\left(\dfrac{Q_r}{\eta_r} - Q_s\right)}{\eta_w} \tag{5}$$

式中：E_w——生活热水系统年能源消耗，kWh/a；

Q_r——生活热水年耗热量，kWh/a；

Q_s——太阳能系统提供的生活热水热量，kWh/a；

η_r——生活热水输配效率，%；

η_w——生活热水系统热源年平均效率，%。

（3）建筑物生活热水系统的能耗计算应考虑热水系统的输配能耗、管道热损失、生活热水二次循环及储存的热损失。

下面为《建筑碳排放计算标准》关于照明电梯系统能耗部分的相关规定：

（1）建筑碳排放计算采用的照明功率密度值应同建筑设计文件一致。

（2）照明系统能耗计算应考虑自然采光、控制方式和使用习惯的影响。

（3）照明系统无光电自动控制系统时，其能耗计算可按式（6）计算：

$$E_l = \frac{\sum_{j=1}^{n=365} \sum_{i}^{m} P_{i,j} \times A_i \times t_{i,j} + 24 \times P_p \times A}{1\ 000} \tag{6}$$

式中：E_l——照明系统年能耗，kWh/a；

$P_{i,j}$——第 j 日第 i 个房间照明功率密度值，W/m^2；

A_i——第 i 个房间照明面积，m^2；

$t_{i,j}$——第 j 日第 i 个房间照明时间，h；

P_p——应急灯照明功率密度，W/m^2；

A——建筑面积，m^2。

（4）电梯系统能耗应按式（7）计算，且电梯速度、额定载重量、特定能量消耗等参数应与设计文件或产品铭牌一致。

$$E_e = \frac{3.6 \times P \times t_a \times V \times W + E_{standby} \times t_s}{1\ 000} \quad (7)$$

式中：E_e——年电梯能耗，kWh/a；

P——特定能量消耗，mWh/kg；

t_a——年平均运行时间，h；

V——电梯速度，m/s；

W——电梯额定载重量，kg；

$E_{standby}$——电梯待机时能耗；W；

t_s——年平均待机时间，h。

下面为《建筑碳排放计算标准》关于可再生能源系统能耗部分的相关规定。

（1）可再生能源系统包括太阳能生活热水系统、光伏系统、地源热泵系统和风力发电系统及生物质能系统。

（2）太阳能热水系统提供能量可按式（8）计算。

$$Q_s = \frac{A_c \times J_T \times (1 - \eta_L) \times \eta_{cd}}{3.6} \quad (8)$$

式中：Q_s——太阳能光热系统的年供能量，kWh；

A_c——系统的太阳集热器面积，m^2；

J_T——太阳集热器采光面上的年平均太阳辐照量，MJ/ m^2；

η_{cd}——基于总面积的集热器平均集热效率，%；

η_L——管路和储热装置的热损失率，%。

（3）太阳能热水系统提供的能量应直接在生活热水的耗能量中扣除。

（4）地源热泵系统的节能量不应单独计算。

（5）光伏系统的年发电量可按式（9）计算：

$$E_{pv} = I \times K_E \times (1 - K_S) \times A_p \quad (9)$$

式中：E_{pv}——光伏系统的年发电量，kWh；

I——光伏电池表面的年太阳辐射照度，kWh/m^2；

K_E——光伏电池的转换效率，%；

K_S——光伏系统的损失效率，%；

A_p——光伏系统光伏面板的净面积（不包括支撑结构），m^2。

（6）风力发电机组年发电量可按式（10）计算：

$$E_{WT} = 0.5 \times \rho \times C_R(z) \times V_0^3 \times A_w \times \mathrm{EPF} \times \frac{K_{WT}}{1\ 000} \quad (10)$$

式中：E_{WT}——风力发电机组的年发电量，kWh；

ρ——空气密度，1.225 kg/m^3；

$C_R(z)$——依据高度计算的粗糙系数，$C_R(z) = K_R \times \ln(z/z_0)$；

K_R——场地因子；

z_0——地表粗糙系数；

V_0——年可利用平均风速，m/s；

A_w——风机叶片的迎风面积，m^2，$A_w = \pi \times D^2/4$；

D——风机叶片的直径，m；

EPF——根据典型气象年数据中逐时风速计算出的因子。

$$\text{EPF} = \frac{\text{APD}}{0.5 \times \rho \times V_0^3} \tag{11}$$

其中 APD 为年平均能量密度，W/m^2。

$$\text{APD} = \frac{\sum_{i=1}^{8\,760} 0.5 \times \rho \times V_i^3}{8\,760} \tag{12}$$

V_i——逐时风速，m/s；

8 760——一年中的小时数；

K_{WT}——风力发电机组的转换效率。

下面为《建筑碳排放计算标准》关于建造及拆除阶段碳排放计算的相关规定。

（1）建筑建造阶段的碳排放量应按式（13）计算：

$$C_{JZ} = \frac{\sum_{i=1}^{n} E_{jz,i} \times F_{R,i}}{A} \tag{13}$$

式中：C_{JZ}——建筑建造过程单位建筑面积的碳排放量，kg CO_2/m^2；

$E_{jz,i}$——建筑建造过程第 i 种燃料动力总用量，kWh 或 kg；

$F_{R,i}$——第 i 种燃料动力的碳排放因子，kg CO_2/kWh 或 kg CO_2/kg，按本标准附录 A 确定。

A——单体建筑的总面积，m^2。

（2）建造阶段的燃料动力用量宜采用施工工序能耗估算法计算。

（3）施工工序能耗估算法的燃料动力用量应按式（14）计算：

$$E_{jz} = E_{fx} + E_{cs} \tag{14}$$

式中：E_{jz}——建筑建造阶段总燃料动力用量，kWh 或 kg；

E_{fx}——分部分项工程总燃料动力用量，kWh 或 kg；

E_{cs}——措施项目总燃料动力用量，kWh 或 kg。

（4）分部分项工程燃料动力用量应按式（15）或式（16）计算：

$$E_{fx} = \sum_{i=1}^{n} Q_{fx,i} \times f_{fx,i} \tag{15}$$

$$f_{fx,i} = \sum_{i=1}^{m} T_{i,j} \times R_j + E_{jj,i} \tag{16}$$

式中：$Q_{fx,i}$——分部分项工程中第 i 个项目的工程量（m^3、m^2、m、t），应根据国家定额《房屋建筑与装饰工程消耗量定额》（TY01—31—2015）、《通用安装工程消耗量定额》（TY02—31—2015）、《装配式建筑工程消耗量定额》［TY01—01（01）—2016］相应的工程量计算规则，按设计图纸和施工方案计算；

$f_{fx,i}$——分部分项工程中第 i 个项目的能耗系数，kWh/ 工程量计量单位或 kg/ 工程量计量单位；

$T_{i,j}$——第 i 个项目单位工程量第 j 种施工机械台班消耗量（台班），应按国家定额《房屋建筑与装饰工程消耗量定额》（TY01—31—2015）、《通用安装工程消耗量定额》（TY02—31—2015）、《装配式建筑工程消耗量定额》［TY01—01（01）—2016］相应定额子目确定；

R_j——第 i 个项目第 j 种施工机械单位台班的燃料动力用量，kWh/ 台班或 kg/ 台班，按附录 C 确定，当有可靠的经验数据时，也可按经验数据确定；

$E_{jj,i}$——第 i 个项目中，小型施工机具不列入机械台班消耗量，但其消耗的能源列入材料的部分能源用量，kWh；

i——分部分项工程中项目序号；

j——施工机械序号。

（5）措施项目的能耗计算应符合下列规定：

脚手架、模板及支架、垂直运输、建筑物超高等可计算工程量的措施项目，其能耗应按式（17）和式（18）计算：

$$E_{cs}=\sum_{i=1}^{n}Q_{cs,i}\times f_{cs,i} \tag{17}$$

$$f_{cs,i}=\sum_{j=1}^{m}T_{i,j}\times R_j \tag{18}$$

式中：$Q_{cs,i}$——措施项目中第 i 个项目的工程量，m^2/t，应根据国家定额《房屋建筑与装饰工程消耗量定额》（TY01—31—2015）、《通用安装工程消耗量定额》（TY02—31—2015）、《装配式建筑工程消耗量定额》［TY01—01（01）—2016］相应的措施项目的工程量计算规则，按设计图纸和施工方案计算；

$f_{cs,i}$——措施项目中第 i 个项目的能耗系数，kWh/ 工程量计量单位或 kg/ 工程量计量单位；

$T_{i,j}$——第 i 个措施项目中单位工程量第 j 种施工机械台班消耗量（台班），应按国家定额《房屋建筑与装饰工程消耗量定额》（TY01—31—2015）、《通用安装工程消耗量定额》（TY02—31—2015）、《装配式建筑工程消耗量定额》［TY01—01（01）—2016］相应定额子目确定；

R_j——第 i 个项目第 j 种施工机械单位台班的燃料动力用量，kWh/ 台班或 kg/ 台班，按本标准附录 C 对应的机械类别确定；

i——措施项目序号；

j——施工机械序号。

（1）建筑拆除阶段的单位建筑面积的碳排放量应按式（19）计算：

$$C_{CC}=\frac{\sum_{i=1}^{n}E_{cc,i}\times F_i}{A} \tag{19}$$

式中：C_{CC}——建筑拆除过程单位建筑面积的碳排放量，kg CO_2/m^2；

$E_{cc,i}$——建筑拆除过程第 i 种燃料动力总用量，kWh 或 kg；

F_i——第 i 种燃料动力的碳排放因子，kg CO_2/kWh 或 kg CO_2/kg，按附录 A 确定。

A——单体建筑的总面积，m^2。

（2）建筑物人工拆除和机械拆除过程的燃料动力用量应按式（20）和式（21）计算：

$$E_{CC}=\sum_{i=1}^{n} Q_{cc,i}\times f_{cc,i} \tag{20}$$

$$f_{cc,i}=\sum_{j=1}^{m} T_{i,j}\times R_j+D_i \tag{21}$$

式中：E_{CC}——建筑拆除过程燃料动力用量，kWh 或 kg；

$Q_{cc,i}$——第 i 个拆除项目的工程量（m^3、m^2、m、t），应根据国家定额《房屋建筑与装饰工程消耗量定额》（TY01—31—2015）相应的拆除工程的工程量计算规则计算；

$f_{cc,i}$——第 i 个拆除项目每计量单位的能耗系数，kWh/ 工程量计量单位或 kg/ 工程量计量单位。

$T_{i,j}$——第 i 个拆除项目单位工程量第 j 种施工机械台班消耗量；

R_j——第 i 个拆除项目第 j 种施工机械单位台班的燃料动力用量；

i——拆除工程中项目序号；

j——施工机械序号。

（3）建筑物爆破拆除、静力破损拆除及机械整体性拆除的燃料动力用量应根据拆除专项方案确定。

（4）建筑物拆除后的垃圾外运产生的燃料动力用量可按本标准第 6.3 节的规定计算。

建材生产及运输阶段的碳排放应为建材生产阶段碳排放与建材运输阶段碳排放之和，以二氧化碳当量表示，并按式（22）进行计算：

$$C_{JC}=\frac{C_{sc}\times C_{ys}}{A} \tag{22}$$

式中：C_{JC}——建材碳排放强度，kg CO_{2e}/m^2；

C_{sc}——建材生产阶段碳排放，kg CO_{2e}；

C_{ys}——建材运输过程碳排放，kg CO_{2e}；

A——建筑面积，m^2。

（1）建材生产及运输阶段碳排放计算应包括但不限于建筑主体结构材料和建筑围护结构材料，并按如下规定确定纳入计算的主要建筑材料：

①所选主要建筑材料的总重量不应低于建筑中所耗建材总重量的 95%。

②满足第一条前提下，重量比小于 0.1% 的建筑材料可不予计算。

（2）建材生产阶段碳排放计算应按式（23）进行：

$$C_{sc}=\sum_{i=1}^{n} M_i\times F_i \tag{23}$$

式中，C_{sc}——建材生产阶段碳排放，kg CO_{2e}；

M_i——第 i 种主要建材的消耗量；

F_i——第 i 种主要建材的碳排放因子，kg CO_{2e}/ 单位建材数量；

（3）建材运输阶段碳排放计算按式（24）计算：

$$C_{ys}=\sum_{i=1}^{n}M_i\times D_i\times T_i \tag{24}$$

式中：C_{ys}——建材运输过程碳排放，kg CO_{2e}；

M_i——第 i 种主要建材的消耗量，t；

D_i——第 i 种建材的平均运输距离，km；

T_i——第 i 种建材的运输方式下，单位重量运输距离的碳排放因子，kg CO_{2e}/（t · km）。

五、建筑碳排放计算结果

根据《建筑节能与可再生能源利用通用规范》（GB 55015—2021）中 2.0.5 条的要求，对本项目的建筑能耗、可再生能源产能量和碳排放量进行计算，计算结果如下所示。即本项目报告书满足《建筑节能与可再生能源利用通用规范》（GB 55015—2021）中 2.0.5 条的计算要求。

1. 建筑使用阶段碳排放计算结果

建筑使用阶段碳排放计算结果

项目		设计建筑		基准建筑	
		碳排放量 /kg CO_2	单位面积碳排放量 /（kg CO_2/m^2）	碳排放量 /kg CO_2	单位面积碳排放量 /（kg CO_2/m^2）
碳排放项	暖通空调	1 426 943.73	127.90	2 120 805.30	190.10
	生活热水	0.0	0.0	2 635 294.71	236.21
	照明	1 432 635.92	128.41	1 573 796.63	141.07
	电梯	1 495 535.72	134.05	1 495 535.72	134.05
减碳项	可再生能源	103 218.65	9.25	0.0	0.0
	建筑碳汇	619 495.15	55.53	0.0	0.0
合计		3 632 401.58	325.59	7 825 432.36	701.42

注：以上计算结果均基于建筑面积（公建）

建筑使用阶段碳排放强度指标审查

项目	数值	标准要求	是否满足要求
碳排放强度降低量 /［kg CO_2 /（m^2 · a）］	7.52	≥ 7	满足
碳排放强度降低率 /%	53.58	≥ 40	满足
审查结论	本项目技术满足《建筑节能与可再生能源利用通用规范》2.0.3 条的要求		

注：以上计算结果均基于建筑面积（公建）

建筑使用阶段能耗计算结果				
项目	设计建筑		基准建筑	
	总能耗 /（kWh/a）	单位面积能耗 /［kWh/（m²·a）］	总能耗 /（kWh/a）	单位面积能耗 /［kWh/（m²·a）］
供暖能耗	2 508.50	0.22	15 281.98	1.37
供冷能耗	94 975.64	8.51	135 964.28	12.19
输配系统能耗	43 663.03	3.91	58 534.75	5.25
生活热水能耗	0.0	0.0	260 672.10	23.37
照明系统能耗	141 710.23	12.70	155 673.24	13.95
电梯系统能耗	147 932.01	13.26	147 932.01	13.26
可再生能源发生量	48 699.85	4.37	—	—
不含可再生能源发电的建筑能耗综合值	430 789.42	38.61	774 058.37	69.38
建筑能耗综合值	420 579.47	37.70	774 058.37	69.38

注：以上计算结果均基于建筑面积（公建）

kWh/（m²·a）

设计建筑使用阶段可再生能源产能量计算结果							
光伏发电	风力发电	太阳能供暖 / 冷	太阳能生活热水	地源热泵	空气源热泵	空气源热泵生活热水	生物质
0.92	0.0	0.0	3.45	0.0	0.0	0.0	0.0

注：以上计算结果均基于建筑面积（公建）

设计建筑使用阶段绿化碳汇产生碳排放计算结果		
序号	绿化植被名称	绿化碳汇 / kg CO_2
1	常绿乔木	263 625.00
2	落叶乔木	88 850.00
3	常绿灌木	213 875.00
4	落叶灌木	49 150.00
5	地被草本	2 132.50
6	花卉	1 110.00
7	藤本植物	337.50
8	水生植物	125.00
9	综合绿化植被	290.15
合计		619 495.15

2. 建造及拆除阶段碳排放计算结果

	燃料动力名称	总用量 /（kg 或 kWh）	排放因子	碳排放量 /kg CO_2
建筑建造阶段	柴油	131 193.28	72.59	464 941.29
	汽油	0.0	67.91	
	电	111 760.00	0.53	
建筑拆除阶段	柴油	1 243.00	72.59	27 258.36
	汽油	0.0	67.91	
	电	44 531.00	0.53	

3. 建材生产阶段碳排放计算结果

序号	材料名称	数量	碳排放量 /kg CO_2	备注
1	石灰、水泥、砂、砂浆	135.12 m^3	105 103.00	
2	普通混凝土空心砌块墙（三排孔）	1 621.46 m^3	291 863.00	
3	塑料防水挂件	3 236.42 m^2	1 747.67	
4	挤塑聚苯板	48.55 m^3	1 102.00	
5	结构蒙板	15 534.80 kg	37 283.60	
6	反射绝热层	0.0 kg	0.0	
7	模塑聚苯板	587.02 m^3	13 325.30	
8	C 型钢龙骨或薄壁小桁架	1 294.57 kg	2 990.45	
9	石膏板	9 764.28 m^2	42 962.80	
10	钢筋混凝土	2 024.44 m^3	597 209.00	
11	耐碱玻纤网格布，抗裂砂浆	101.22 m^3	78 734.40	
12	矿棉、岩棉、玻璃棉 2	42 357.50 kg	99 963.60	
13	轻钢龙骨，双面专用钢板网	6 275.18 m^2	23 845.70	
14	块瓦	0.0 kg	0.0	
15	挂瓦条	0.0 kg	0.0	
16	顺水条	0.0 kg	0.0	
17	高聚物改性沥青防水卷材	252.68 m^2	136.45	
18	木望板	0.0 m^3	0.0	
19	膨胀聚苯板	30.32 m^3	688.29	
20	6 较低透光 Low- E+12A+6 透明	55 145.00 kg	62 313.80	
合计		138 408.556 4	1 359 269.06	

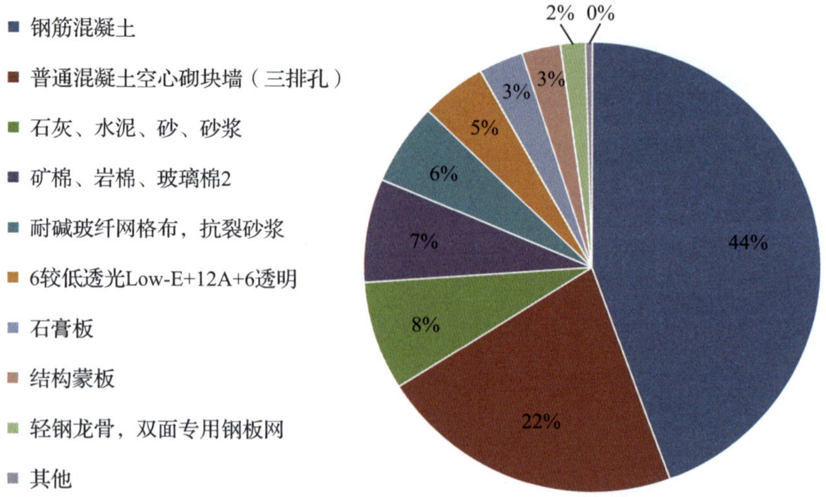

生产建材碳排放比例

4. 建材运输阶段碳排放计算结果

序号	材料名称	质量 / kg	运输方式	运输距离 / km	碳排放量 / kg CO_2	备注
1	石灰、水泥、砂、砂浆	229 707.00	中型汽油货车运输（载重 8 t）	500	13 208.10	
2	普通混凝土空心砌块墙（三排孔）	2 107 900.00	中型汽油货车运输（载重 8 t）	40	9 696.32	
3	塑料防水挂件	0.0	中型汽油货车运输（载重 8 t）	500	0.0	
4	挤塑聚苯板	1 456.39	中型汽油货车运输（载重 8 t）	500	83.74	
5	结构蒙板	15 534.80	中型汽油货车运输（载重 8 t）	500	893.25	
6	反射绝热层	0.0	中型汽油货车运输（载重 8 t）	500	0.0	
7	模塑聚苯板	17 610.60	中型汽油货车运输（载重 8 t）	500	1 012.61	
8	C 型钢龙骨或薄壁小桁架	1 294.57	中型汽油货车运输（载重 8 t）	500	74.44	
9	石膏板	102 525.00	中型汽油货车运输（载重 8 t）	500	5 895.18	
10	钢筋混凝土	5 061 090.00	中型汽油货车运输（载重 8 t）	40	23 281.00	
11	耐碱玻纤网格布，抗裂砂浆	182 199.00	中型汽油货车运输（载重 8 t）	500	10 476.50	

续表

序号	材料名称	质量 / kg	运输方式	运输距离 / km	碳排放量 / kg CO_2	备注
12	矿棉、岩棉、玻璃棉 2	42 357.50	中型汽油货车运输（载重 8 t）	500	2 435.55	
13	轻钢龙骨，双面专用钢板网	627.52	中型汽油货车运输（载重 8 t）	500	36.08	
14	块瓦	0.0	中型汽油货车运输（载重 8 t）	500	0.0	
15	挂瓦条	0.0	中型汽油货车运输（载重 8 t）	500	0.0	
16	顺水条	0.0	中型汽油货车运输（载重 8 t）	500	0.0	
17	高聚物改性沥青防水卷材	1 061.24	中型汽油货车运输（载重 8 t）	500	61.02	
18	木望板	0.0	中型汽油货车运输（载重 8 t）	500	0.0	
19	膨胀聚苯板	909.63	中型汽油货车运输（载重 8 t）	500	52.30	
20	6 较低透光 Low-E +12A+6 透明	55 145.00	中型汽油货车运输（载重 8 t）	500	3 170.84	
合计		7 819 418.25			70 376.93	

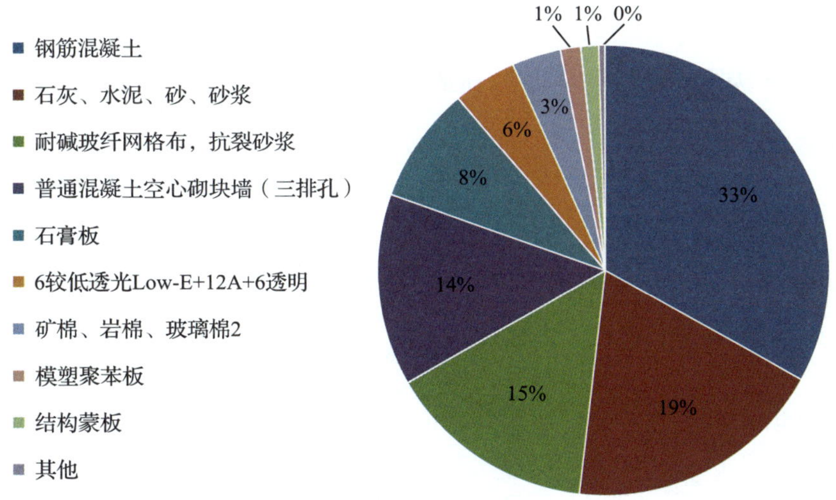

运输过程碳排放比例

5. 碳排放量计算结果汇总

项目	碳排放量 / kg CO_2	单位面积碳排放量 / (kg CO_2/m^2)	占比 / %
建筑使用阶段碳排放量	3 632 401.58	325.59	65.40
建筑建造阶段碳排放量	464 941.29	41.67	8.37
建筑拆除阶段碳排放量	27 258.36	2.44	0.49
建材生产阶段碳排放量	1 359 269.05	121.84	24.47
建材运输过程碳排放量	70 376.94	6.31	1.27
总碳排放量	5 554 247.22	497.85	100

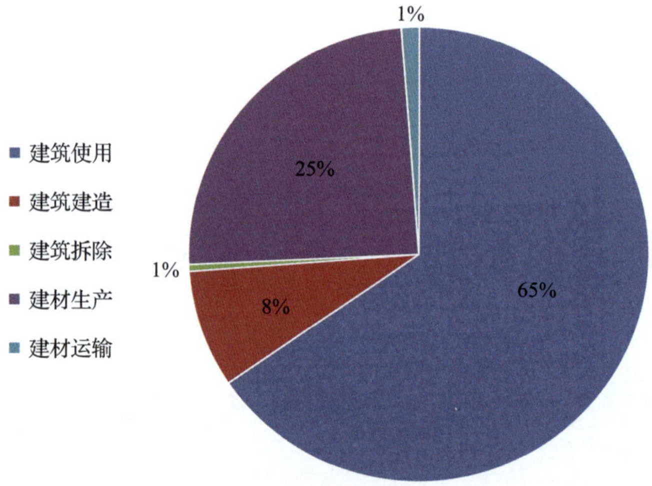

LCA（50 年）碳排放比例

六、附录

附表 1　2012 年中国区域电网平均 CO_2 排放因子

电网名称	排放因子	单位
华北区域电网	0.884 3	kg CO_2/kWh
东北区域电网	0.776 9	kg CO_2/kWh
华东区域电网	0.703 5	kg CO_2/kWh
华中区域电网	0.525 7	kg CO_2/kWh
西北区域电网	0.667 1	kg CO_2/kWh
南方区域电网	0.527 1	kg CO_2/kWh

附表 2　化石燃料排放因子

分类	燃料类型	单位热值含碳量 /（t C/TJ）	碳氧化率	单位热值 CO_2 排放因子 /（t CO_2/TJ）
固体燃料	无烟煤	27.4	0.94	94.44
	烟煤	26.1	0.93	89.00
	褐煤	28.0	0.96	98.56
	炼焦煤	25.4	0.98	91.27
	型煤	33.6	0.90	110.88
	焦炭	29.5	0.93	100.60
	其他焦化产品	29.5	0.93	100.60
液体燃料	原油	20.1	0.98	72.23
	燃料油	21.1	0.98	75.82
	汽油	18.9	0.98	67.91
	柴油	20.2	0.98	72.59
	喷气煤油	19.5	0.98	70.07
	一般煤油	19.6	0.98	70.43
	NGL 天然气凝液	17.2	0.98	61.81
	LPG 液化石油气	17.2	0.98	61.81
	炼厂干气	18.2	0.98	65.40
	石脑油	20.0	0.98	71.87
	沥青	22.0	0.98	79.05
	润滑油	20.0	0.98	71.87
	石油焦	27.5	0.98	98.82
	石化原料油	20.0	0.98	71.87
	其他油品	20.0	0.98	71.87
气体燃料	天然气	15.3	0.99	55.54

附表 3　其他能源排放因子

能源类型	缺省碳含量 /（t C/TJ）	缺省氧化因子	有效 CO_2 排放因子 /（t CO_2/TJ）		
			缺省值	95% 置信区间	
				较低	较高
城市废弃物（非生物量比例）	25.0	1	91.7	73.3	12.1
工业废弃物	39.0	1	143.0	110.0	183.0
废油	20.0	1	73.3	72.2	74.4
泥炭	28.9	1	106.0	100.0	108.0

续附表 3

能源类型		缺省碳含量 / (t C/TJ)	缺省氧化因子	有效 CO_2 排放因子 / (t CO_2/TJ)		
				缺省值	95% 置信区间	
					较低	较高
固体生物燃料	木材 / 木材废弃物	30.5	1	112.0	95.0	132.0
	亚硫酸盐废液（黑液）	26.0	1	95.3	80.7	110.0
	木炭	30.5	1	112.0	95.0	132.0
	其他主要固体生物量	27.3	1	100.0	84.7	117.0
液体生物燃料	生物汽油	19.3	1	70.8	59.8	84.3
	生物柴油	19.3	1	70.8	59.8	84.3
	其他液体生物燃料	21.7	1	79.6	67.1	95.3
气体生物量	填埋气体	14.9	1	54.6	46.2	66.0
	污泥气体	14.9	1	54.6	46.2	66.0
	其他生物气体	14.9	1	54.6	46.2	66.0
其他非化石燃料	城市废弃物（生物量比例）	27.3	1	100.0	84.7	117.0

附表 4　常用施工机械台班燃料动力用量表

序号	机械名称	性能规格		燃料动力用量		
				汽油 / kg	柴油 / kg	电 /kWh
1	履带式推土机	功率 / kW	75		56.50	
2			105		60.80	
3			135		66.80	
4	履带式单斗液压挖掘机	斗容量 / m^3	0.6		33.68	
5			1		63.00	
6	轮胎式装载机	斗容量 / m^3	1		52.73	
7			1.5		58.75	
8	钢轮内燃压路机	工作质量 / t	8		19.79	
9			15		42.95	
10	电动夯实机	夯击能量 /（N · m）	250			16.6
11	强夯机械	夯击能量 /（kN · m）	1 200		32.75	
12			2 000		42.76	
13			3 000		55.27	
14			4 000		58.22	
15			5 000		81.44	

续附表 4

序号	机械名称	性能规格		燃料动力用量		
				汽油 / kg	柴油 / kg	电 /kWh
16	锚杆钻孔机	锚杆直径 / mm	32		69.72	
17	履带式柴油打桩机	冲击质量 / t	2.5		44.37	
18			3.5		47.94	
19			5		53.93	
20			7		57.40	
21			8		59.14	
22	轨道式柴油打桩机	冲击质量 / t	3.5		56.90	
23			4		61.70	
24	步履式柴油打桩机	功率 / kW	60			336.87
25	振动沉拔桩机	激振力 / kN	300		17.43	
26			400		24.90	
27	静力压桩机	压力 / kN	900			91.81
28			2 000		77.76	
29			3 000		85.26	
30			4 000		96.25	
31	汽车式钻机	孔径 / mm	1 000		48.80	
32	回旋钻机	孔径 / mm	800			142.5
33			1 000			163.72
34			1 500			190.72
35	螺旋钻机	孔径 / mm	600			181.27
36	冲孔钻机	孔径 / mm	1 000			40.00
37	履带式旋挖钻机	孔径 / m	1 000		146.56	
38			1 500		164.32	
39			2 000		172.32	
40	三轴搅拌桩基	轴径 / mm	650			126.42
41			850			156.42
42	电动灌浆机					16.20

续附表 4

序号	机械名称	性能规格		燃料动力用量		
				汽油 / kg	柴油 / kg	电 /kWh
43	履带式起重机	提升质量 / t	5		18.42	
44			10		23.56	
45			15		29.52	
46			20		30.75	
47			25		36.98	
48			30		41.61	
49			40		42.46	
50			50		44.03	
51			60		47.17	
52	轮胎式起重机	提升质量 / t	25		46.26	
53			40		62.76	
54			50		64.76	
55	汽车式起重机	提升质量 / t	8		28.43	
56			12		30.55	
57			16		35.85	
58			20		38.41	
59			30		42.14	
60			40		48.52	
61	叉式起重机	提升质量 / t	3	26.46		
62	自升式塔式起重机	提升质量 / t	400			164.31
63			600			166.29
64			800			169.16
65			1 000			170.02
66			2 500			266.04
67			3 000			295.60
68	门式起重机	提升质量 / t	10			88.29
69	载重汽车	装载质量 / t	4	25.48		
70			6		33.24	
71			8		35.49	
72			12		46.27	
73			15		56.74	
74			20		62.56	

续附表 4

序号	机械名称	性能规格			燃料动力用量		
					汽油 / kg	柴油 / kg	电 /kWh
75	自卸汽车	装载质量 / t		5	31.34		
76	自卸汽车	装载质量 / t		15		52.93	
77	平板拖车组	装载质量 / t		20		45.39	
78	机动翻斗车	装载质量 / t		1		6.03	
79	洒水车	灌容量 / L		4 000	30.21		
80	泥浆罐车	灌容量 / L		5 000	31.57		
81	电动单筒快速卷扬机	牵引力 / kN		10			32.90
82	电动单筒慢速卷扬机	牵引力 / kN		10			126.00
83	电动单筒慢速卷扬机	牵引力 / kN		30			28.76
84	单笼施工电梯	提升质量 1 t	提升高度 / m	75			42.32
85	单笼施工电梯	提升质量 1 t	提升高度 / m	100			45.66
86	双笼施工电梯	提升质量 2 t	提升高度 / m	100			81.86
87	双笼施工电梯	提升质量 2 t	提升高度 / m	200			159.94
88	平台作业升降车	提升高度 / m		20		48.25	
89	涡浆式混凝土搅拌机	出料容量 / L		250			34.10
90	涡浆式混凝土搅拌机	出料容量 / L		500			107.71
91	双锥反转出料混凝土搅拌机	出料容量 / L		500			55.04
92	混凝土输送泵	输送量 / (m^3/h)		45			243.46
93	混凝土输送泵	输送量 / (m^3/h)		75			367.96
94	混凝土湿喷机	生产率 / (m^3/h)		5			15.40
95	灰浆搅拌机	拌筒容量 / L		200			8.61
96	干混砂浆罐式搅拌机	公称储量 / L		20 000			28.51
97	挤压式灰浆输送泵	输送量 / (m^3/h)		3			23.70
98	偏心振动筛	生产率 / (m^3/h)		16			28.60
99	混凝土抹平机	功率 / kW		5.5			23.14
100	钢筋切断机	直径 / mm		40			32.10
101	钢筋弯曲机	直径 / mm		40			12.80
102	预应力钢筋拉伸机	拉伸力 / kN		650			17.25
103	预应力钢筋拉伸机	拉伸力 / kN		900			29.16

续附表 4

序号	机械名称	性能规格		燃料动力用量		
				汽油 / kg	柴油 / kg	电 /kWh
104	木工圆锯机	直径 / mm	500			24.00
105	木工平刨床	刨削宽度 / mm	500			12.90
106	木工三面压刨床	刨削宽度 / mm	400			52.40
107	木工榫机	榫头长度 / mm	160			27.00
108	木工打眼机	榫槽宽度 / mm				4.7
109	普通车床	工件直径 / mm × 工件长度 / mm	400 × 2 000			22.77
110	摇臂钻床	钻孔直径 / mm	50			9.87
111			63			17.07
112	锥形螺纹车丝机	直径 / mm	45			9.24
113	螺栓套丝机	直径 / mm				25.00
114	板料校平机	厚度 / mm × 宽度 / mm	16 × 2 000			120.60
115	刨边机	加工长度 / mm	12 000			75.90
116	半自动切割机	厚度 / mm	100			98.00
117	自动仿形切割机	厚度 / mm	60			59.35
118	管子切断机	管径 / mm	150			12.90
119			250			22.50
120	型钢剪断机	剪断宽度 / mm	500			53.20
121	型钢矫正机	厚度 / mm × 宽度 / mm	60 × 800			64.20
122	电动弯管机	管径 / mm	108			32.10
123	液压弯管机	管径 / mm	60			27.00
124	空气锤	锤体质量 / kg	75			24.20
125	摩擦压力机	压力 / kN	3 000			96.50
126	开式可倾压力机	压力 / kN	1 250			35.00
127	钢筋挤压连接机	直径 / mm				15.94
128	电动修钎机					100.80
129	岩石切割机	功率 / kW	3			11.28
130	平面水磨机	功率 / kW	3			14.00
131	喷砂除锈机	能力 / (m^3/min)	3			28.41
132	抛丸除锈机	直径 / mm	219			34.26

续附表 4

序号	机械名称	性能规格		燃料动力用量		
				汽油 / kg	柴油 / kg	电 /kWh
133	内燃单级离心清水泵	出口直径 / mm	50	3.36		
134	电动多级离心清水泵	出口直径 100 mm	扬程 120 m 以下			180.4
135		出口直径 150 mm	扬程 180 m 以下			302.60
136		出口直径 200 mm	扬程 280 m 以下			354.78
137	泥浆泵	出口直径 / mm	50			40.90
138		出口直径 / mm	100			234.60
139	潜水泵	出口直径 / mm	50			20.00
140			100			25.00
141	高压油泵	压力 / MPa	80			209.67
142	交流弧焊机	容量 /（kV · A）	21			60.27
143			32			96.53
144			40			132.23
145	点焊机	容量 /（kV · A）	75			154.63
146	对焊机	容量 /（kV · A）	75			122.00
147	氩弧焊机	电流 / A	500			70.70
148	二氧化碳气体保护焊机	电流 / A	250			24.50
149	电渣焊机	电流 / A	1 000			147.00
150	电焊条烘干箱	容量 / cm^3	45 × 35 × 45			6.70
151	电动空气压缩机	排气量 /（m^3/min）	0.3			16.10
152			0.6			24.20
153			1			40.30
154			3			107.50
155			6			215.00
156			9			350.00
157			10			403.20
158	导杆式液压抓斗成槽机				163.39	
159	超声波侧壁机					36.85
160	泥浆制作循环设备					503.90
161	锁扣管顶升机					64.00

续附表 4

序号	机械名称	性能规格		燃料动力用量		
				汽油 / kg	柴油 / kg	电 /kWh
162	工程地质液压钻机				30.80	
163	轴流通风机	功率 / kW	7.5			40.30
164	吹风机	能力 / （m^3/min）	4			6.98
165	井点降水钻机					5.70

附表 5　建筑材料碳排放因子

建筑材料类别	建筑材料碳排放因子	
	数值	单位
普通硅酸盐水泥（市场平均）	735	kg CO_{2e} /t
C30 混凝土	295	kg CO_{2e} /m^3
C50 混凝土	385	kg CO_{2e} /m^3
石灰生产（市场平均）	1 190	kg CO_{2e} /t
消石灰（熟石灰、氢氧化钙）	747	kg CO_{2e} /t
天然石膏	32.8	kg CO_{2e} /t
砂（f = 1.6~3.0）	2.51	kg CO_{2e} /t
碎石（d = 10~30 mm）	2.18	kg CO_{2e} /t
页岩石	5.08	kg CO_{2e} /t
黏土	2.69	kg CO_{2e} /t
混凝土砖（240 mm × 115 mm × 90 mm）	847	kg CO_{2e} /m^3
蒸压粉煤灰砖（240 mm × 115 mm × 53 mm）	341	kg CO_{2e} /m^3
烧结粉煤灰实心砖（240 mm × 115 mm × 53 mm，掺入量为 50%）	134	kg CO_{2e} /m^3
页岩实心砖（240 mm × 115 mm × 53 mm）	292	kg CO_{2e} /m^3
页岩空心砖（240 mm × 115 mm × 53 mm）	204	kg CO_{2e} /m^3
黏土空心砖（240 mm × 115 mm × 53 mm）	250	kg CO_{2e} /m^3
煤矸石实心砖（240 mm × 115 mm × 53 mm，90% 掺入量）	22.8	kg CO_{2e} /m^3
煤矸石空心砖（240 mm × 115 mm × 53 mm，90% 掺入量）	16.0	kg CO_{2e} /m^3
炼钢生铁	1 700	kg CO_{2e} /t
铸造生铁	2 280	kg CO_{2e} /t
炼钢用铁合金（市场平均）	9 530	kg CO_{2e} / t

续附表 5

建筑材料类别		建筑材料碳排放因子	
		数值	单位
转炉碳钢		1 990	kg CO_{2e} /t
电炉碳钢		3 030	kg CO_{2e} /t
普通碳钢（市场平均）		2 050	kg CO_{2e} /t
热轧碳钢小型型钢		2 310	kg CO_{2e} /t
热轧碳钢中型型钢		2 365	kg CO_{2e} /t
热轧碳钢大型轨梁（方圆坯、管坯）		2 340	kg CO_{2e} /t
热轧碳钢大型轨梁（重轨、普通型钢）		2 380	kg CO_{2e} /t
热轧碳钢中厚板		2 400	kg CO_{2e} /t
热轧碳钢 H 钢		2 350	kg CO_{2e} /t
热轧碳钢宽带钢		2 310	kg CO_{2e} /t
热轧碳钢钢筋		2 340	kg CO_{2e} /t
热轧碳钢高线材		2 375	kg CO_{2e} /t
热轧碳钢棒材		2 340	kg CO_{2e} /t
螺旋埋弧焊管		2 520	kg CO_{2e} /t
大口径埋弧焊直缝钢管		2 430	kg CO_{2e} /t
焊接直缝钢管		2 530	kg CO_{2e} /t
热轧碳钢无缝钢管		3 150	kg CO_{2e} /t
冷轧冷拔碳钢无缝钢管		3 680	kg CO_{2e} /t
碳钢热镀锌板卷		3 110	kg CO_{2e} /t
碳钢电镀锌板卷		3 020	kg CO_{2e} /t
碳钢电镀锡板卷		2 870	kg CO_{2e} /t
酸洗板卷		1 730	kg CO_{2e} /t
冷轧碳钢板卷		2 530	kg CO_{2e} /t
冷硬碳钢板卷		2 410	kg CO_{2e} /t
平板玻璃		1 130	kg CO_{2e} /t
电解铝（全国平均电网电力）		20 300	kg CO_{2e} /t
铝板带		28 500	kg CO_{2e} /t
断桥铝合金窗	100% 原生铝型材	254	kg CO_{2e} /m^2
	原生铝：再生铝 =7：3	194	kg CO_{2e} /m^2

续附表 5

建筑材料类别		建筑材料碳排放因子	
		数值	单位
铝木复合窗	100% 原生铝型材	147	kg CO_{2e} /m^2
	原生铝：再生铝 =7：3	122.5	kg CO_{2e} /m^2
铝塑共挤窗		129.5	kg CO_{2e} /m^2
塑钢窗		121	kg CO_{2e} /m^2
无规共聚聚丙烯管（PPR 管）		3.72	kg CO_{2e} /kg
聚乙烯管（PE 管）		3.60	kg CO_{2e} /kg
硬聚氯乙烯管（PVC-U 管）		7.93	kg CO_{2e} /kg
聚苯乙烯泡沫板（EPS 板）		5 640	kg CO_{2e} /t
岩棉板		2 370	kg CO_{2e} /t
硬泡聚氨酯板		5 220	kg CO_{2e} /t
铝塑复合板		8.06	kg CO_{2e} /m^2
铜塑复合板		37.1	kg CO_{2e} /m^2
铜单板		218	kg CO_{2e} /m^2
普通聚苯乙烯		4 620	kg CO_{2e} /t
线性低密度聚乙烯		1 990	kg CO_{2e} /t
高密度聚乙烯		2 620	kg CO_{2e} /t
低密度聚乙烯		2 810	kg CO_{2e} /t
聚氯乙烯（市场平均）		7 300	kg CO_{2e} /t
自来水		0.168	kg CO_{2e} /t

附表 6　各类运输方式的碳排放因子

运输方式类别	运输方式碳排放因子	
	数值	单位
轻型汽油货车运输（载重 2 t）	0.334	kg CO_{2e}/（t · km）
中型汽油货车运输（载重 8 t）	0.115	kg CO_{2e}/（t · km）
重型汽油货车运输（载重 10 t）	0.104	kg CO_{2e}/（t · km）
重型汽油货车运输（载重 18 t）	0.103 5	kg CO_{2e}/（t · km）
轻型柴油货车运输（载重 2 t）	0.286	kg CO_{2e}/（t · km）
中型柴油货车运输（载重 8 t）	0.179	kg CO_{2e}/（t · km）
重型柴油货车运输（载重 10 t）	0.162	kg CO_{2e}/（t · km）
重型柴油货车运输（载重 18 t）	0.129	kg CO_{2e}/（t · km）

续附表 6

运输方式类别	运输方式碳排放因子	
	数值	单位
重型柴油货车运输（载重 30 t）	0.078	kg CO_{2e}/（t·km）
重型柴油货车运输（载重 46 t）	0.057	kg CO_{2e}/（t·km）
电力机车运输	0.010	kg CO_{2e}/（t·km）
内燃机车运输	0.011	kg CO_{2e}/（t·km）
铁路运输 - 中国市场平均	0.010	kg CO_{2e}/（t·km）
液货船运输（载重 2 000 t）	0.019	kg CO_{2e}/（t·km）
干散货船运输（载重 2 500 t）	0.015	kg CO_{2e}/（t·km）
集装箱船运输（载重 200 TEU）	0.012	kg CO_{2e}/（t·km）

6 专家评语

重庆博鼎建筑设计有限公司总工程师王庆：

该作品在建筑建模和设计创新之间找到了很好的平衡点。作者不仅考虑了建筑的形式美和空间感，还充分考虑了实际功能和构造要求。此外，作者还通过细致的渲染和场景设置，将建筑与周围环境巧妙地融合在一起，展现出较高的设计素养。同时，该模型还考虑了节能和碳排放的问题，通过采用绿色建材、可再生能源等技术手段，实现了建筑的环境友好性和可持续发展。

长厦安基工程设计有限公司 BIM 中心主任张广明：

该作品展示了作者对绿色建筑理念的深入探索。在建模过程中，作者充分考虑了节能、环保和可持续发展的要求，通过引入可再生能源、绿色建材等元素，使作品充满了绿色建筑的魅力。此外，作品的创新性和技术水平也得到了很好的体现。

长厦安基工程设计有限公司 BIM 中心副主任张宁：

该作品将 BIM 技术与绿色建筑理念相结合，充分考虑了建筑的环境友好性、节能减排和可持续发展等方面，为建设低碳、环保、可持续的建筑提供了有益的探索。

道桥类

桥梁数字化创新设计赛道任务书

一、题目内容

步骤一：根据给定资料，创建路桥 BIM 模型并生成漫游视频。

步骤二：应用施工管理平台，对“步骤一”生成的Ⅰ号桥 BIM 模型进行施工进度管理应用。

二、题目要求

1. 步骤一

（1）不限软件，推荐使用 CSD 等专业路桥建模软件。

（2）根据给定资料创建地形模型，命名为“1.1 地形模型”。

（3）根据给定资料创建路线模型，命名为“1.2 路线模型”。

（4）根据给定资料创建道路模型，命名为“1.3 道路模型”。

（5）根据给定资料创建桥梁模型，命名为“1.4 Ⅰ号桥”。

（6）根据给定资料创建标线模型，命名为“1.5 标线模型”。

（7）各部分横坡不做要求。

（8）附属设施、交安设施等类型自拟，相关成果文件放入命名为“其他”的文件夹下。

（9）将所有 3D 模型进行整合，命名为“1.6 整合模型”。

（10）制作整体漫游视频，格式为 mp4、wmv 等常见视频格式，命名为“1.7 漫游视频”。

2. 步骤二

（1）不限软件，推荐使用 CSC 等基于 BIM 的项目管理软件。

（2）将“步骤一”中创建的“1.6 整合模型”上传至施工管理平台并截图，格式为 jpg/bmp/png，命名为“2.1 整体效果图”。

（3）根据提供的结构树模板文件“结构树模板”，编写工程结构树编码文件，格式为 xlsx，命名为“2.2 Ⅰ号桥结构树编码”。

（4）将上述工程结构树编码文件导入施工管理平台后，对所生成的结构树截图，命名为“2.3 Ⅰ号桥结构树”。

（5）针对结构树中的构件，编写进度计划，并导出总体进度计划，命名为“2.4 Ⅰ号桥总体进度计划”。

（6）导出或录制进度动画，格式为 mp4、wmv 等常见视频格式，命名为“2.5 Ⅰ号桥进度模拟”。

三、作品提交时间及要求

（1）各参赛学校可以组织多组队伍参赛，成果文件按下图组织，即：各组均需建立“步骤一”和

“步骤二”文件夹，用于保存各步骤成果文件。最后由参赛学校汇总各组成果，并上传至百度网盘。

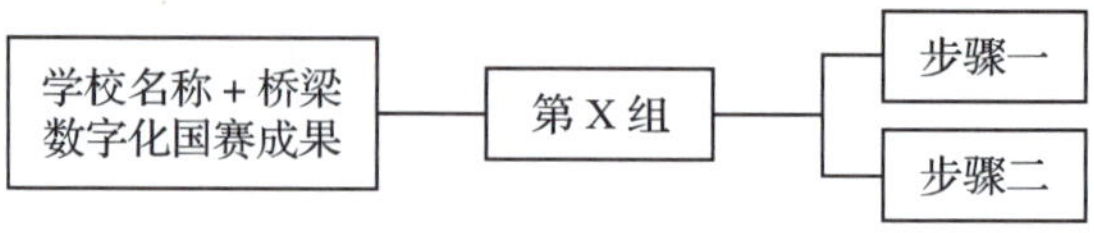

（2）各参赛学校需在7月21日24：00前，以学校为单位，统一将比赛成果提交至邮箱chengtu_bridge@163.com，邮件主题为：“学校名称+桥梁数字化国赛成果”，内容为：百度网盘成果链接。

四、西南交通大学成果截图

LumenRT Learning Edition - Not for Commercial Use
lumenrt
LumenRT Learning Edition — Not for commercial use
根据实际用途，对桥上路灯进行了简化设计

LumenRT Learning Edition - Not for Commercial Use
lumenrt
LumenRT Learning Edition — Not for commercial use

五、专家评语

该组作品 BIM 模型建模正确无误，自定义护栏、路灯、红绿灯等多种设施，模型完整。渲染视频效果好，配有解说，成果优秀。

此文件用中望软件打开

社会赛道类

一等奖：在支架上寻找设备连接的最短路径

一等奖　福州大学旗山队

目 录

一、任务题目

1. 设计背景

在建筑电气的绘图领域，设备的连接路径规划是一个重要而复杂的问题。在实际工程项目中，设计师需要考虑如何在支架内寻找设备之间的最短连接路径，以便在有限的空间内合理布置设备并确保连接的稳定性和安全性。然而，传统的绘制方法往往耗时且容易出现误差，因此，开发一种智能化的算法来自动寻找设备连接的最短路径具有重要的实际意义。

本研究旨在针对工程设计中设备连接路径规划的问题，提出一种智能化的算法，以实现自动寻找设备之间最短连接路径的目标。通过引入先进的路径规划算法和技术，本团队希望能够为建筑电气的绘图领域提供一种高效、精确且可靠的解决方案，从而提高设计效率、降低成本。这将有助于推动电气绘图领域的智能化发展，为建筑电气的设计实践带来实质性的改进。

2. 问题定义

（1）图 1 和图 2 是两张相同的平面图，图 1 高亮的是设备图例（图 3 是图 1 的局部放大图）；图 2 高亮的是支架图例（图 4 是图 2 的局部放大图）。

（2）如图 5 所示，记录了设备与设备之间的连接关系。

（3）电气设计师在日常工作中，需要将图 1 和图 2 叠在一起，叠图之后的效果如图 6 所示，设备与支架会根据平面图的基点叠在一起。设计师再根据设备连接关系，用 CAD 的多段线工具在支架范围内连接一条最短路径，如图 7 所示，支架范围内有多条不同颜色的多段线表示电线。

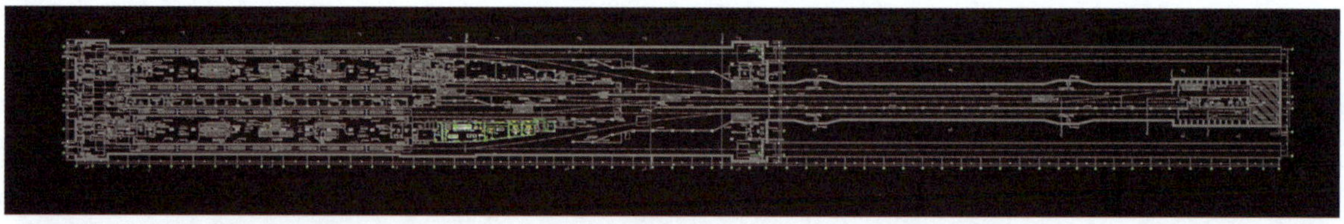

图 1

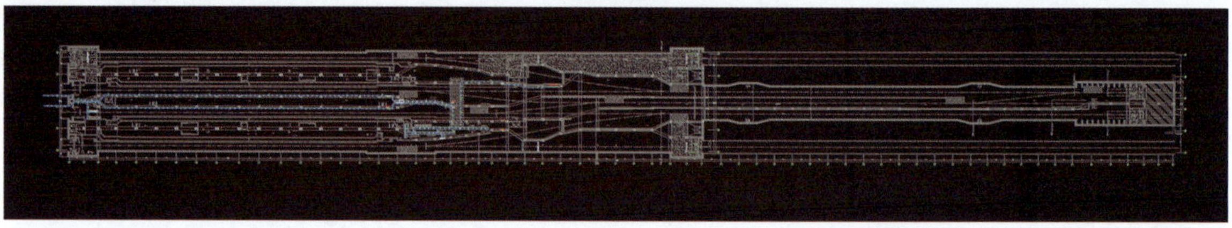

图 2

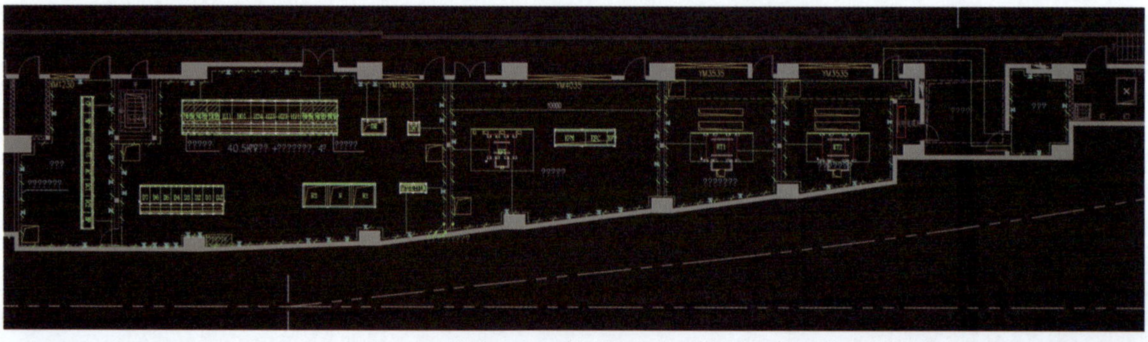

图 3

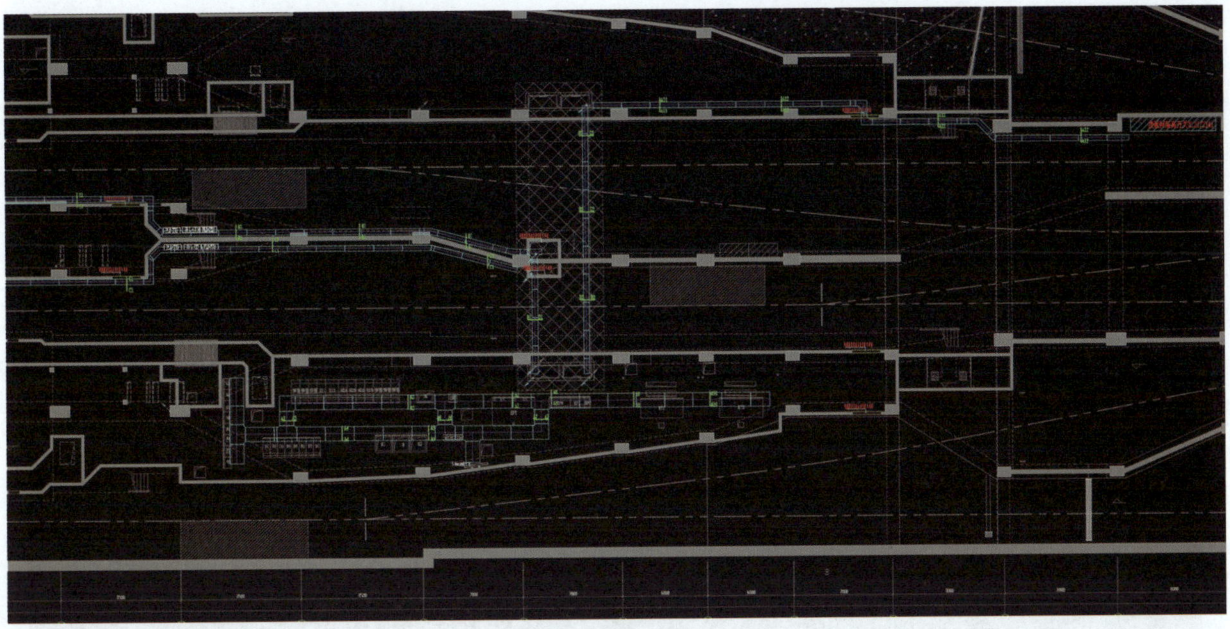

图 4

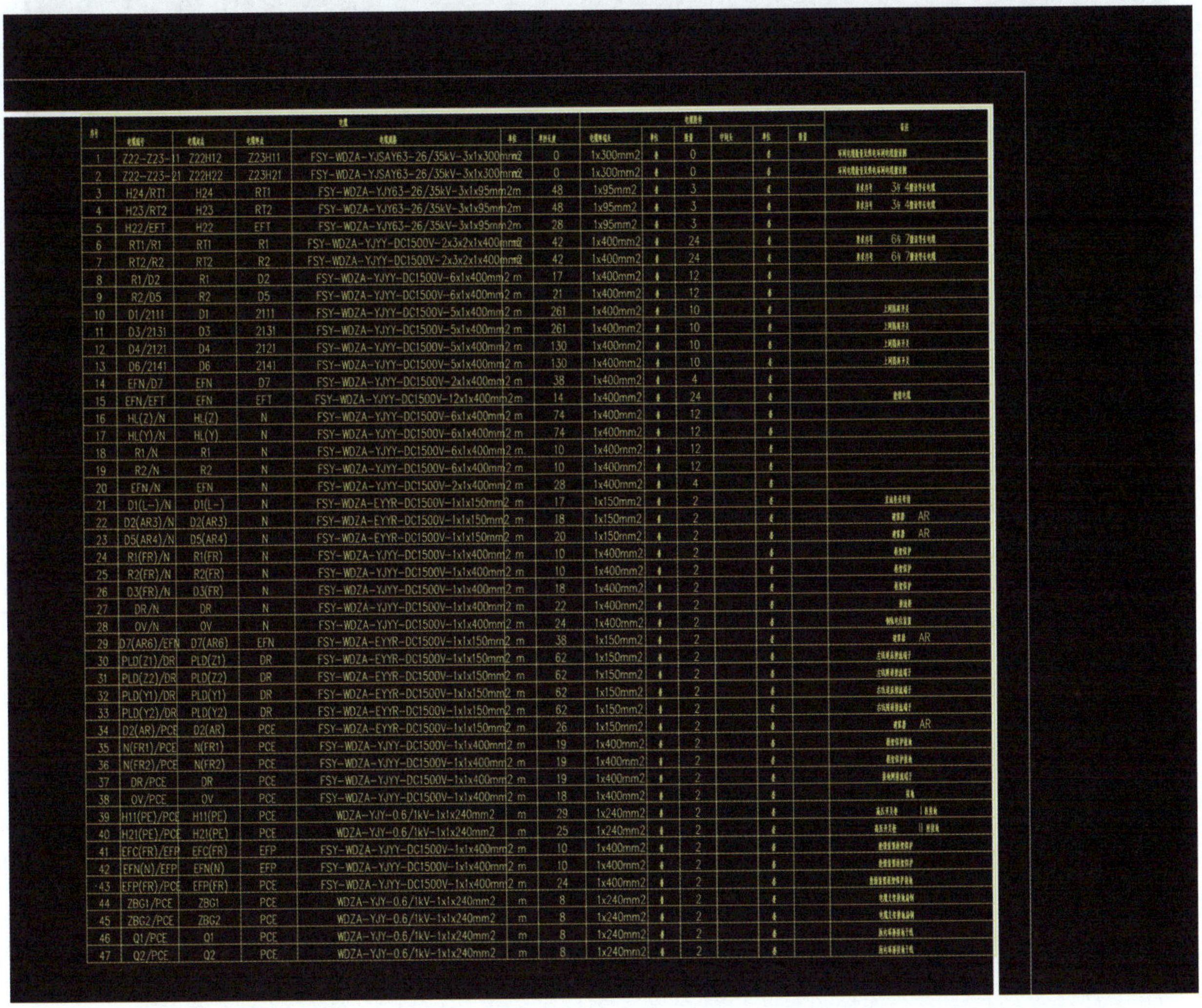

1	Z22-Z23-11	Z22H12	Z23H11	FSY-WDZA-YJSAY63-26/35kV-3x1x300mm2	m	0	1x300mm2	0	[illegible]
2	Z22-Z23-21	Z22H22	Z23H21	FSY-WDZA-YJSAY63-26/35kV-3x1x300mm2	m	0	1x300mm2	0	[illegible]
3	H24/RT1	H24	RT1	FSY-WDZA-YJY63-26/35kV-3x1x95mm2	m	48	1x95mm2	3	[illegible]
4	H23/RT2	H23	RT2	FSY-WDZA-YJY63-26/35kV-3x1x95mm2	m	48	1x95mm2	3	[illegible]
5	H22/EFT	H22	EFT	FSY-WDZA-YJY63-26/35kV-3x1x95mm2	m	28	1x95mm2	3	
6	RT1/R1	RT1	R1	FSY-WDZA-YJYY-DC1500V-2x3x2x1x400mm2	m	42	1x400mm2	24	[illegible]
7	RT2/R2	RT2	R2	FSY-WDZA-YJYY-DC1500V-2x3x2x1x400mm2	m	42	1x400mm2	24	[illegible]
8	R1/D2	R1	D2	FSY-WDZA-YJYY-DC1500V-6x1x400mm2	m	17	1x400mm2	12	
9	R2/D5	R2	D5	FSY-WDZA-YJYY-DC1500V-6x1x400mm2	m	21	1x400mm2	12	
10	D1/2111	D1	2111	FSY-WDZA-YJYY-DC1500V-5x1x400mm2	m	261	1x400mm2	10	[illegible]
11	D3/2131	D3	2131	FSY-WDZA-YJYY-DC1500V-5x1x400mm2	m	261	1x400mm2	10	[illegible]
12	D4/2121	D4	2121	FSY-WDZA-YJYY-DC1500V-5x1x400mm2	m	130	1x400mm2	10	[illegible]
13	D6/2141	D6	2141	FSY-WDZA-YJYY-DC1500V-5x1x400mm2	m	130	1x400mm2	10	[illegible]
14	EFN/D7	EFN	D7	FSY-WDZA-YJYY-DC1500V-2x1x400mm2	m	38	1x400mm2	4	
15	EFN/EFT	EFN	EFT	FSY-WDZA-YJYY-DC1500V-12x1x400mm2	m	14	1x400mm2	24	[illegible]
16	HL(Z)/N	HL(Z)	N	FSY-WDZA-YJYY-DC1500V-6x1x400mm2	m	74	1x400mm2	12	
17	HL(Y)/N	HL(Y)	N	FSY-WDZA-YJYY-DC1500V-6x1x400mm2	m	74	1x400mm2	12	
18	R1/N	R1	N	FSY-WDZA-YJYY-DC1500V-6x1x400mm2	m	10	1x400mm2	12	
19	R2/N	R2	N	FSY-WDZA-YJYY-DC1500V-6x1x400mm2	m	10	1x400mm2	12	
20	EFN/N	EFN	N	FSY-WDZA-YJYY-DC1500V-2x1x400mm2	m	28	1x400mm2	4	
21	D1(L-)/N	D1(L-)	N	FSY-WDZA-EYYR-DC1500V-1x1x150mm2	m	17	1x150mm2	2	[illegible]
22	D2(AR3)/N	D2(AR3)	N	FSY-WDZA-EYYR-DC1500V-1x1x150mm2	m	18	1x150mm2	2	[illegible] AR
23	D5(AR4)/N	D5(AR4)	N	FSY-WDZA-EYYR-DC1500V-1x1x150mm2	m	20	1x150mm2	2	[illegible] AR
24	R1(FR)/N	R1(FR)	N	FSY-WDZA-YJYY-DC1500V-1x1x400mm2	m	10	1x400mm2	2	[illegible]
25	R2(FR)/N	R2(FR)	N	FSY-WDZA-YJYY-DC1500V-1x1x400mm2	m	10	1x400mm2	2	[illegible]
26	D3(FR)/N	D3(FR)	N	FSY-WDZA-YJYY-DC1500V-1x1x400mm2	m	18	1x400mm2	2	[illegible]
27	DR/N	DR	N	FSY-WDZA-YJYY-DC1500V-1x1x400mm2	m	22	1x400mm2	2	[illegible]
28	OV/N	OV	N	FSY-WDZA-YJYY-DC1500V-1x1x400mm2	m	24	1x400mm2	2	[illegible]
29	D7(AR6)/EFN	D7(AR6)	EFN	FSY-WDZA-EYYR-DC1500V-1x1x150mm2	m	38	1x150mm2	2	[illegible] AR
30	PLD(Z1)/DR	PLD(Z1)	DR	FSY-WDZA-EYYR-DC1500V-1x1x150mm2	m	62	1x150mm2	2	[illegible]
31	PLD(Z2)/DR	PLD(Z2)	DR	FSY-WDZA-EYYR-DC1500V-1x1x150mm2	m	62	1x150mm2	2	[illegible]
32	PLD(Y1)/DR	PLD(Y1)	DR	FSY-WDZA-EYYR-DC1500V-1x1x150mm2	m	62	1x150mm2	2	[illegible]
33	PLD(Y2)/DR	PLD(Y2)	DR	FSY-WDZA-EYYR-DC1500V-1x1x150mm2	m	62	1x150mm2	2	[illegible]
34	D2(AR)/PCE	D2(AR)	PCE	FSY-WDZA-EYYR-DC1500V-1x1x150mm2	m	26	1x150mm2	2	[illegible] AR
35	N(FR1)/PCE	N(FR1)	PCE	FSY-WDZA-YJYY-DC1500V-1x1x400mm2	m	19	1x400mm2	2	[illegible]
36	N(FR2)/PCE	N(FR2)	PCE	FSY-WDZA-YJYY-DC1500V-1x1x400mm2	m	19	1x400mm2	2	[illegible]
37	DR/PCE	DR	PCE	FSY-WDZA-YJYY-DC1500V-1x1x400mm2	m	19	1x400mm2	2	[illegible]
38	OV/PCE	OV	PCE	FSY-WDZA-YJYY-DC1500V-1x1x400mm2	m	18	1x400mm2	2	[illegible]
39	H11(PE)/PCE	H11(PE)	PCE	WDZA-YJY-0.6/1kV-1x1x240mm2	m	29	1x240mm2	2	[illegible]
40	H21(PE)/PCE	H21(PE)	PCE	WDZA-YJY-0.6/1kV-1x1x240mm2	m	25	1x240mm2	2	[illegible]
41	EFC(FR)/EFP	EFC(FR)	EFP	FSY-WDZA-YJYY-DC1500V-1x1x400mm2	m	10	1x400mm2	2	[illegible]
42	EFN(N)/EFP	EFN(N)	EFP	FSY-WDZA-YJYY-DC1500V-1x1x400mm2	m	10	1x400mm2	2	[illegible]
43	EFP(FR)/PCE	EFP(FR)	PCE	FSY-WDZA-YJYY-DC1500V-1x1x400mm2	m	24	1x400mm2	2	[illegible]
44	ZBG1/PCE	ZBG1	PCE	WDZA-YJY-0.6/1kV-1x1x240mm2	m	8	1x240mm2	2	[illegible]
45	ZBG2/PCE	ZBG2	PCE	WDZA-YJY-0.6/1kV-1x1x240mm2	m	8	1x240mm2	2	[illegible]
46	Q1/PCE	Q1	PCE	WDZA-YJY-0.6/1kV-1x1x240mm2	m	8	1x240mm2	2	[illegible]
47	Q2/PCE	Q2	PCE	WDZA-YJY-0.6/1kV-1x1x240mm2	m	8	1x240mm2	2	[illegible]

图 5

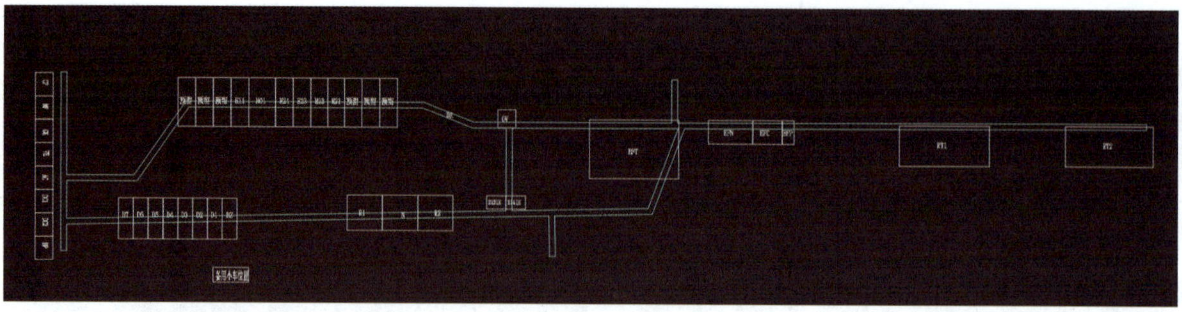

图 6

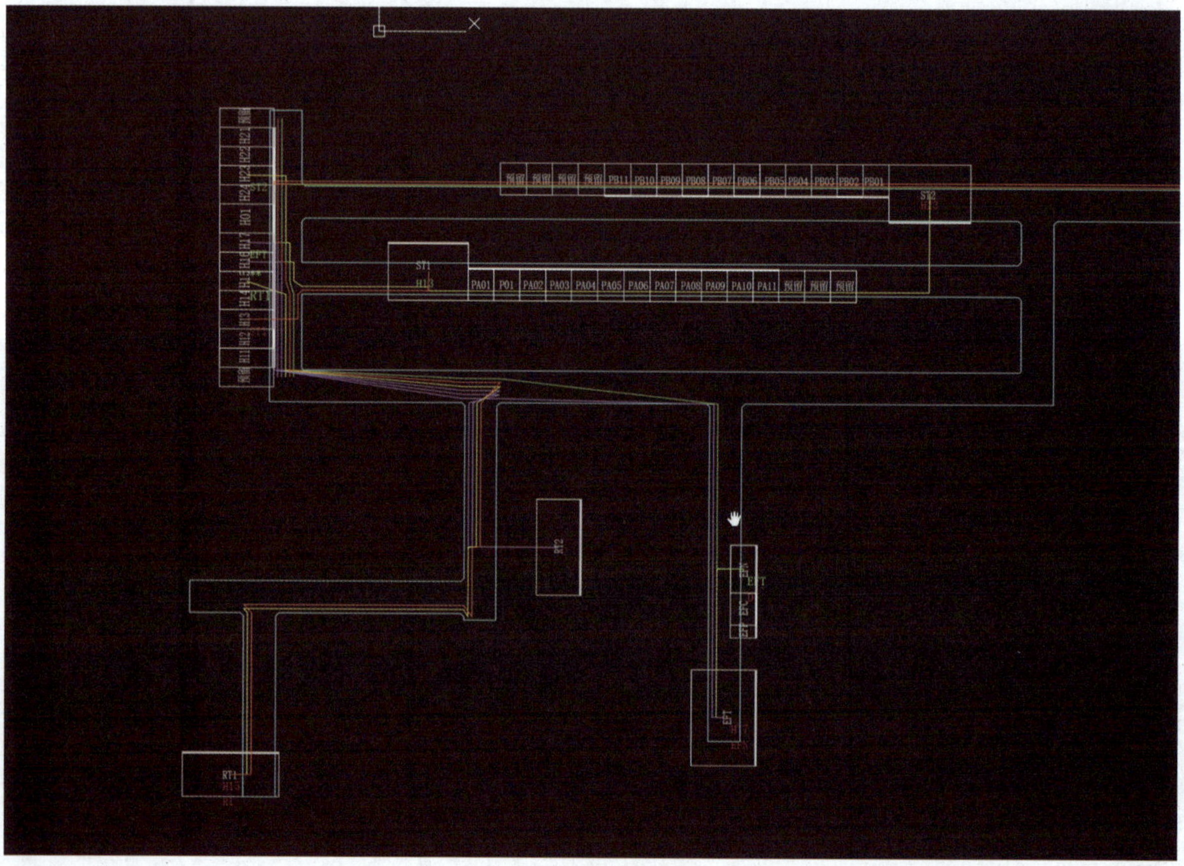

图 7

问题的描述如下：

（1）给定如下 3 种数据。

①支架线（如图 7 中蓝色的 line）。

②设备线（如图 7 中灰色的 Rect，或者 Polyline，以及 Text 显示设备号）。

③设备连接关系（如图 5 所示，每一行表示一对连接关系）。

（2）设计一种算法，根据设备的连接关系，在支架内找到一条最短路径，首尾连接设备的矩形中心。

3. 具体需求

（1）算法支持传入多个连接关系（也就是图 5 表格中的多行信息），计算多条连接关系。

（2）计算结果中每一条电线都落在支架范围内，电线间不可交叉，并且在支架内有间距区分。

二、方案应用场景

该解决方案具有以下应用场景：

（1）节约设计师的画图时间：通过自动寻找设备连接的最短路径，设计师无须手动计算和绘制连接路径，节约了大量的画图时间。这有助于提高设计师的工作效率，让他们能够将更多的时间投入到设计的创造性和策划性工作中，从而提升整体设计质量。

（2）设备布局优化：通过寻找最短路径，设计师可以更有效地布置设备，减少设备之间的连接长度，从而节省空间并提高设备布局的效率。这有助于优化整体工程布局，提高空间利用率。

（3）工程成本降低：优化设备连接路径可以减少材料和施工成本，因为更短的连接路径通常意味着更少的材料使用和更少的施工时间。这有助于降低工程建设成本，提高经济效益。

（4）空间利用率提高：通过寻找最短路径，设计师可以更好地利用空间，使设备布局更加紧凑和高效，从而提高空间利用率。

（5）设备安全性和稳定性提高：合理的设备连接路径可以提高设备的稳定性和安全性，减少因连接不当而导致的安全隐患。这有助于确保设备在运行过程中的安全可靠性，减少潜在的安全风险。

三、方案思路

本解决方案的设计思路如下：

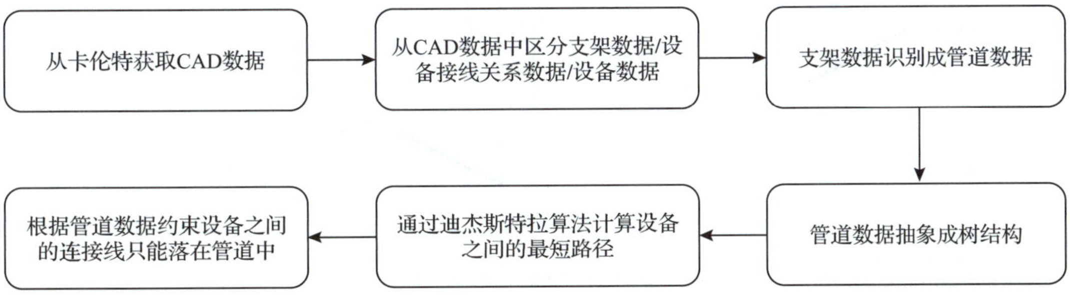

步骤一：从卡伦特获取 CAD 数据，需要获取计算机中的图纸（CAD）数据，这些数据包括支架、管道和设备的几何形状、空间位置和其他相关信息。

步骤二：从 CAD 数据中区分支架数据、设备接线关系数据、设备数据。

步骤三：支架数据识别成管道数据，在这一步骤中，首先需要对支架的 CAD 数据进行解析和处理，以识别其中的管道信息。

步骤四：管道数据抽象成树结构，在这一步骤中，需要将管道数据进行抽象，以便于对管道之间的连接关系进行建模和分析。

步骤五：通过迪杰斯特拉算法计算设备之间的最短路径。迪杰斯特拉算法是一种用于计算图中节点之间最短路径的经典算法，通常用于解决带权重的有向图中的最短路径问题。在这一步骤中，将设备之间的连接关系建模成图，其中节点表示设备，边表示设备之间的连接关系，边的权重表示连接的代价或距离。

步骤六：根据管道数据约束设备之间的连接线只能落在管道中。这一步骤对于实际的设备布局和连接至关重要，因为它涉及连接线的合理性、安全性和可维护性。

通过上述步骤，可以确保设备之间的连接线只能落在管道中，从而保证设备布局的合理性和安全性。这对于工业设备的设计、布局和维护具有重要的实际意义。

四、方案实施

1. 成果提交

本方案提交的成果文件包含：

（1）CableWireIdentify.py，该文件作用是将卡伦特提供的 CAD 数据抽象成管道数据。

其中，在本文件中定义管道的数据结构如下：

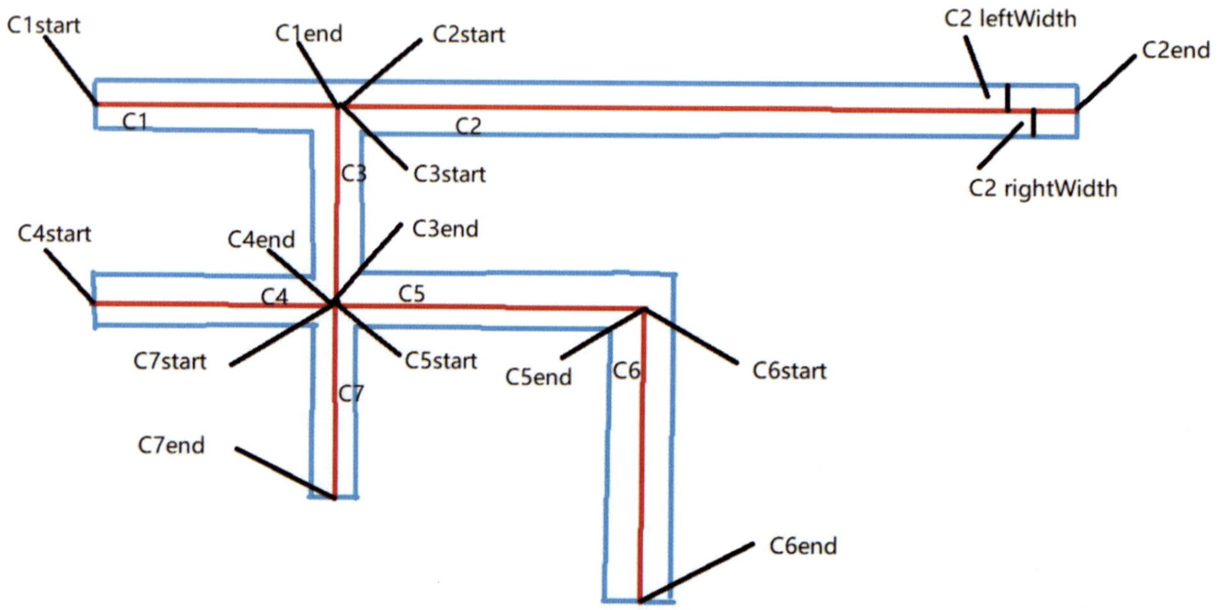

C1, startLeftId: null; startRightId: null; endLeftId: C2; endRightId: C3;
C2, startLeftId: C1; startRightId: C3; endLeftId: null; endRightId: null;
C3, startLeftId: C1; startRightId: C2; endLeftId: C4; endRightId: C5;
C4, startLeftId: null; startRightId: null; endLeftId: C3; endRightId: C7;
C5, startLeftId: C3; startRightId: C7; endLeftId: C6; endRightId: C6;
C6, startLeftId: C5; startRightId: C5; endLeftId: null; endRightId: null;
C7, startLeftId: C4; startRightId: C5; endLeftId: null; endRightId: null;

① Cid 是一条轨迹的唯一标识符。

② start 是轨迹的起点。

③ end 是轨迹的终点。

④ leftWidth 是轨迹到封闭区域的距离。

⑤ rightWidth 是轨迹到封闭区域的距离。

⑥ startLeftId 记录一条轨迹起点位置，与其他轨迹是否相连。

⑦ startRightId 记录一条轨迹起点位置，与其他轨迹是否相连。

⑧ endLeftId 记录一条轨迹终点位置，与其他轨迹是否相连。

⑨ endRightId 记录一条轨迹终点位置，与其他轨迹是否相连。

（2）trans_output.exe，作用是根据管道数据 / 表格数据 / 设备数据，计算最短路径，以多个点数组的方式返回给卡伦特。

2. 方案运行

在最终的方案演示中，得到了如图 8 所示的图纸数据，要求连接 H24 和 RT1、H23 和 RT2、H22 和 EFT、EFN 和 EFT。所有的导线连接均需要符合电气线路接线图规则。

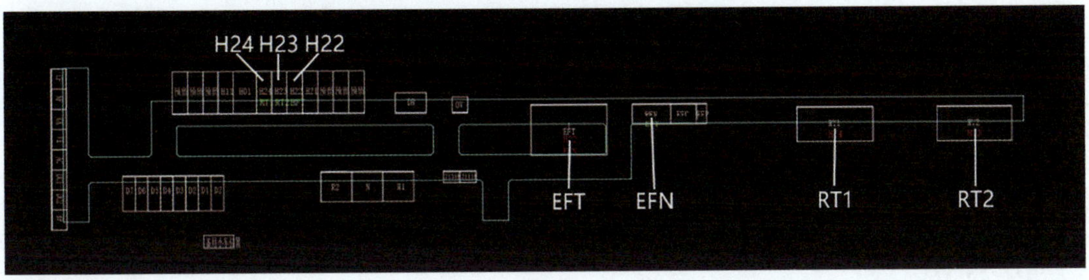

图 8

卡伦特根据数据返回展示的效果如图 9 所示：H24 和 RT1 之间的连接距离为 24.09 m，H23 和 RT2 之间的连接距离为 29.02 m，H22 和 EFT 之间的连接距离为 12.23 m，以及 EFN 和 EFT 之间的连接距离为 4.22 m，均为最短路径，且所有的导线连接均符合电气线路接线图规则；这些结果表明本团队的算法在解决设备之间最短路径问题上取得了显著的成果。

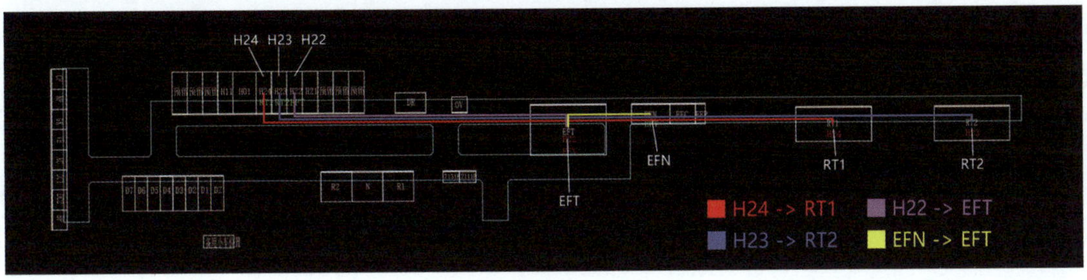

图 9

3. 方案验证

方案验证阶段，采用 AB 测试的方式，即同一份图纸分别进行传统方式绘制和使用本方案绘制的方法。本团队记录了完成绘图所需的时间，并对结果进行了分析和比较。

图纸	平均用时 / min	
	传统方式绘制	自动寻找最短路径
13 横屿站牵引降压混合变电所施工图 _t3	61	7
18 花海公园站（原江边村站）变电所施工图	67	6
19 会展中心变电所一次图施工图	72	8
20 施工图设计第六篇供电系统第三册变电一次施工图第二十分册林浦站牵引降压混合变电所 V4_t3	66	7

续表

图纸	平均用时 / min	
	传统方式绘制	自动寻找最短路径
21 施工图设计第六篇供电系统第三册变电一次施工图第二十一分册城门站牵引降压混合变电所	72	6
XMM3-S-07-DL-BD-07-01-008 一次电缆联系图	82	6
XMM3-S-07-DL-BD-07-01-009 电缆敷设图	70	7

经过对比发现，使用新方法的设计师在绘制电气连线时的效率明显提升。具体而言，使用传统方法绘制电气连线的设计师平均需要花费 72 min，而使用新方法的设计师平均仅需花费 7 min 即可完成相同的绘图任务。这表明新方法在绘图效率上取得了显著的提升。

五、专家评语

首先，智能化设计在 CAD 领域的发展是当前工程设计领域的一个重要趋势。通过引入智能化算法和技术，设计软件可以更好地满足设计师的需求，提高设计效率和质量。该团队从设计师的实际需求出发，考虑了设计师在设备连接路径计算中的痛点，这体现了他们对行业需求的深刻理解。

其次，该命题的解题思路条理清楚，通过算法实现了更精确的路径计算。这种基于算法的路径计算方法不仅可以简化设计师的计算和测量工作，还可以减少人工计算所带来的不稳定性和误差。这对于提高设计师的出图效率和设计质量具有重要意义。

最后，该团队的工作有望为国产 CAD 软件的发展提供有力支持，推动国内 CAD 软件在智能化设计领域的创新和突破。这对于提升国产 CAD 软件在国际市场上的竞争力具有积极的意义。

总体来说，该团队的工作不仅在学术上具有重要意义，更对工程设计实践具有积极的推动作用。他们的研究成果有望为工程设计领域带来实质性的改进，推动智能化设计在 CAD 领域的广泛应用。

二等奖：二维建筑 CAD 图纸的家具识别

二等奖　复旦大学梦想队

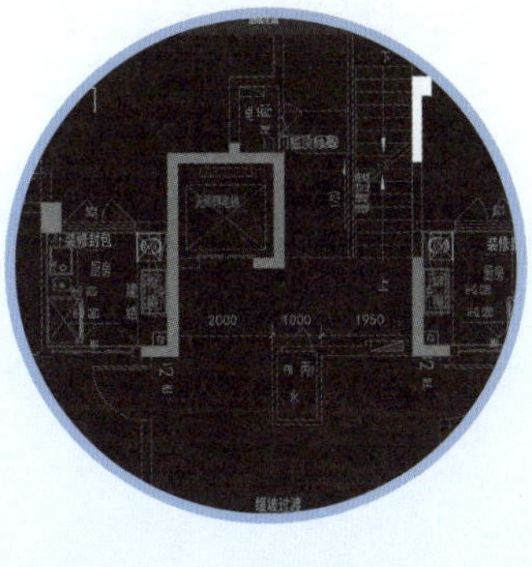

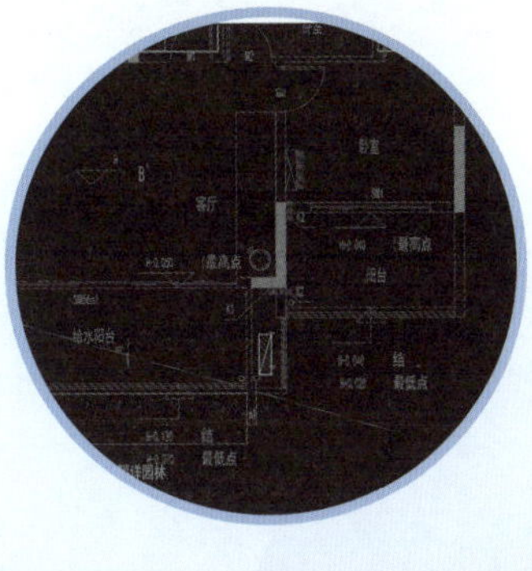

目 录

一、任务题目

1. 问题定义

二维建筑 CAD 图纸中包含许多家具，如灶台、冰箱、沙发等，每张图纸出现的家具可能都用不同图形表现，但其功能用人眼很容易区分。希望通过几何数据区分建筑图纸上的家具。CAD 家具通过几何数据来描述家具的形状、大小和结构等特征。通过 CAD 软件，设计师可以创建三维模型，并使用几何数据来精确表示家具的各个部分。这些数据可以包括长度、宽度、高度、角度、半径等参数，以及各种几何形状和特征。设计师还可以使用 CAD 软件进行虚拟装配和仿真，以验证设计的可行性和可制造性。

2. 具体需求

（1）每一个家具都以一个完整的对象表示，如果图纸上是拆散的几何图形，也要用一个完整的块表示它。

（2）识别家具不受图层、大小、角度、几何类型影响。

（3）人眼能够认出的家具，通过几何图形数据也要能识别出来。

（4）识别的查全率和查准率皆大于 95%。

二、方案思路

方案的设计思路如图 1 所示。

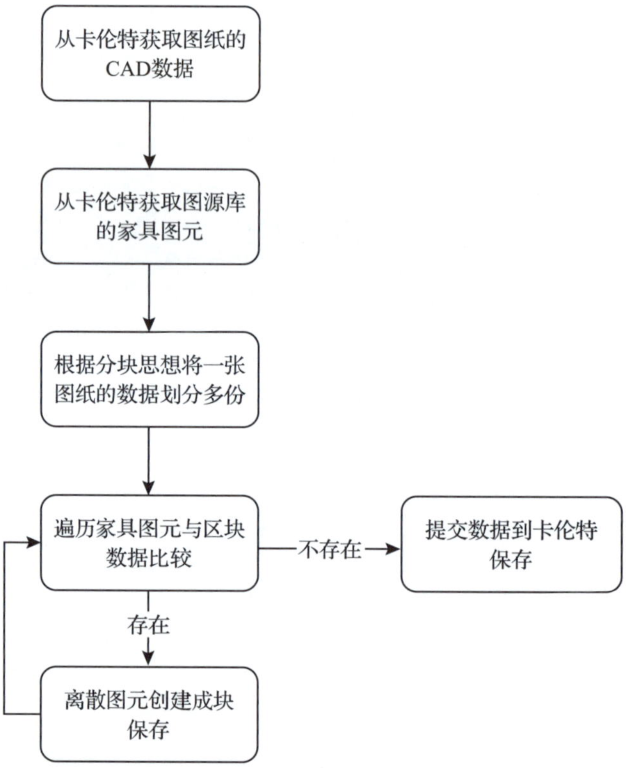

图 1　设计思路

步骤一：获取卡伦特的 CAD 数据，具体操作包括

①明确所需 CAD 数据的类型、版本和精度要求。

②建立与卡伦特的通信连接，选择合适的数据传输方式，如 FTP、API 等。

③确保网络连接稳定且安全。

④发送请求并接收 CAD 数据。

⑤接收并验证 CAD 数据的完整性。

步骤二：从卡伦特图源库获取家具图元，具体操作包括

①根据项目需求，明确所需家具图元的种类和尺寸。

②查询卡伦特图源库并筛选合适的图元。使用图源库的搜索功能查找合适的家具图元，筛选符合要求的图元，确保其准确性和适用性。

③下载或获取家具图元数据。根据筛选结果，下载或获取家具图元数据。

④验证下载的图元数据的有效性和完整性。

步骤三：分块处理图纸数据并比较家具图元与区块数据

①根据项目需求和数据量，合理划分图纸数据的区块。

②遍历每个区块的家具图元。对每个区块进行详细分析，查找其中的家具图元。

③比较家具图元与区块数据的匹配度。将家具图元与区块数据进行比对，评估匹配程度。

④记录匹配和不匹配的结果。

步骤四：处理与保存数据

①如果家具图元不存在于区块中，提交数据到卡伦特保存。对于不匹配的家具图元，将其信息提交给卡伦特进行保存。

②如果家具图元存在于区块中，创建离散图元并保存。对于匹配的家具图元，将其创建为离散图元并进行保存。值得注意的是，本步操作需要确保离散图元的精度和质量符合要求。

三、方案实施

1. 成果提交

成果文件包括以下文件：

（1）SplitTemplate.java，该文件作用是区分图框，利用空间换时间的思想，把卡伦特提供的 CAD 数据分块，使算法更快地计算出家具识别结果。

（2）IdentifyFurniture.java，该文件作用是获取卡伦特的家具库，通过几何模型的数据匹配，识别出完全一样的图块。

2. 方案验证

图 2 是卡伦特提供的待识别的家具图元。

图 3 为卡伦特提供的待识别家具原始 dwg 离散图形，图 4 为经过算法识别后的结果。通过对比图 3 和图 4，可以清晰地看到卫生间区域的家具由多种几何模型构成。通过算法的高效识别，这些离散的几何模型被巧妙地整合成一个整体。

根据算法计算，将离散的几何模型识别成一个块。以下展示了砧板、抽油烟机、消毒柜、冲水箱、助力扶手的识别结果。通过识别，这些家具都以清晰的几何形状呈现出来，充分展示了算法的准确性和高效性。具体效果见图 5 和图 6。

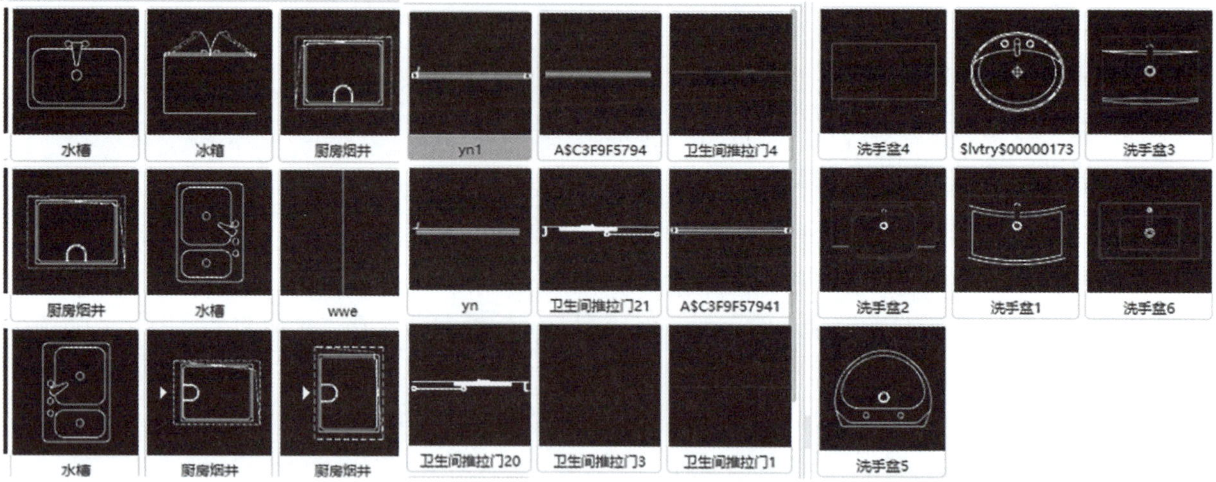
水槽
冰箱
厨房烟井
yn1
A$C3F9F5794
卫生间推拉门4
洗手盆4
$lvtry$00000173
洗手盆3
厨房烟井
水槽
wwe
yn
卫生间推拉门21
A$C3F9F57941
洗手盆2
洗手盆1
洗手盆6
水槽
厨房烟井
厨房烟井
卫生间推拉门20
卫生间推拉门3
卫生间推拉门1
洗手盆5

图 2

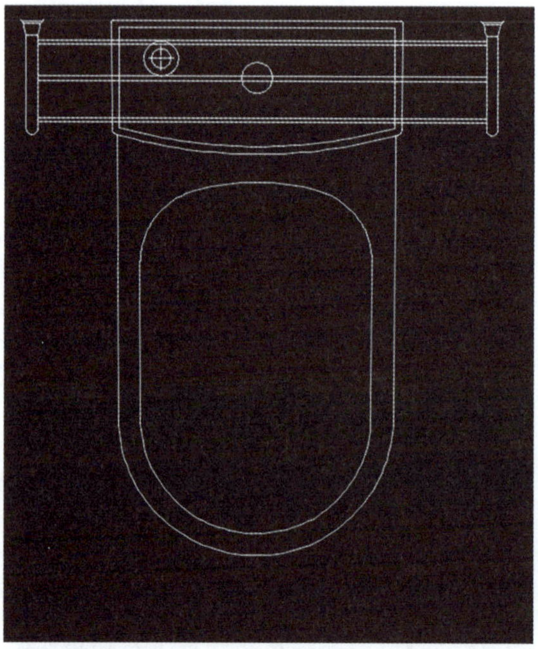

图 3

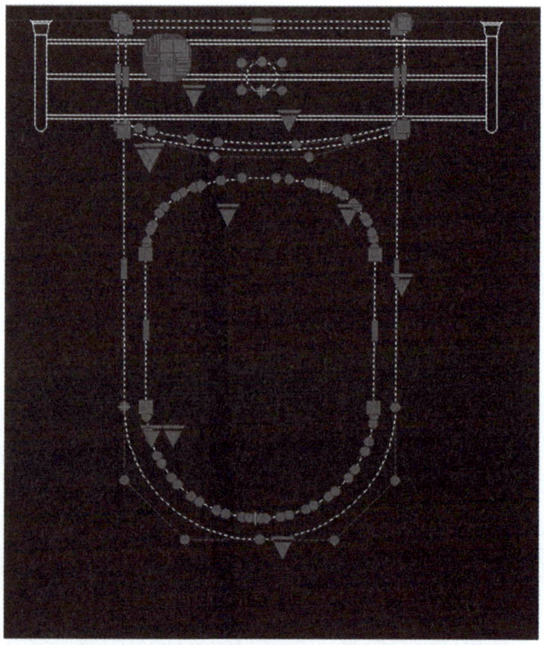

图 4

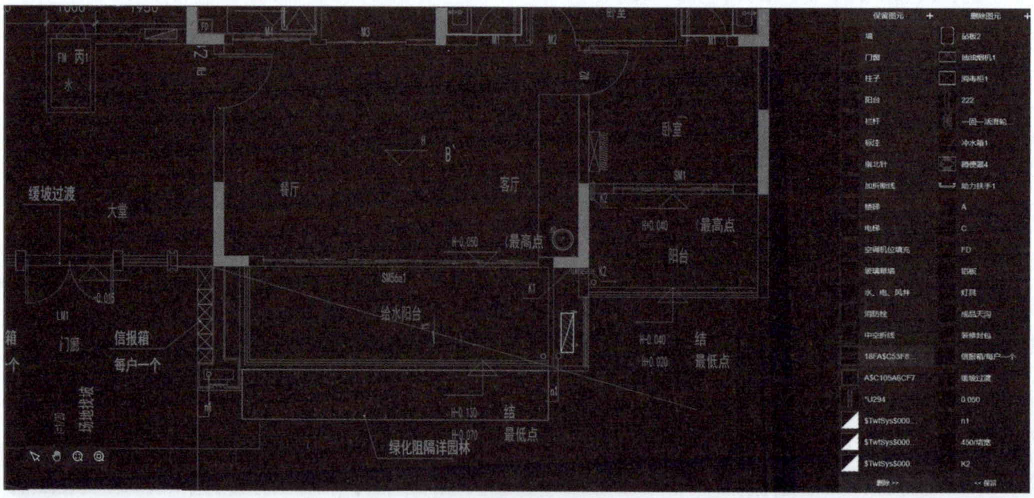
缓坡过渡
大堂
餐厅
客厅
卧室
阳台
最高点
给水阳台
信报箱
每户一个
最低点
绿化阻隔洋园林

图 5

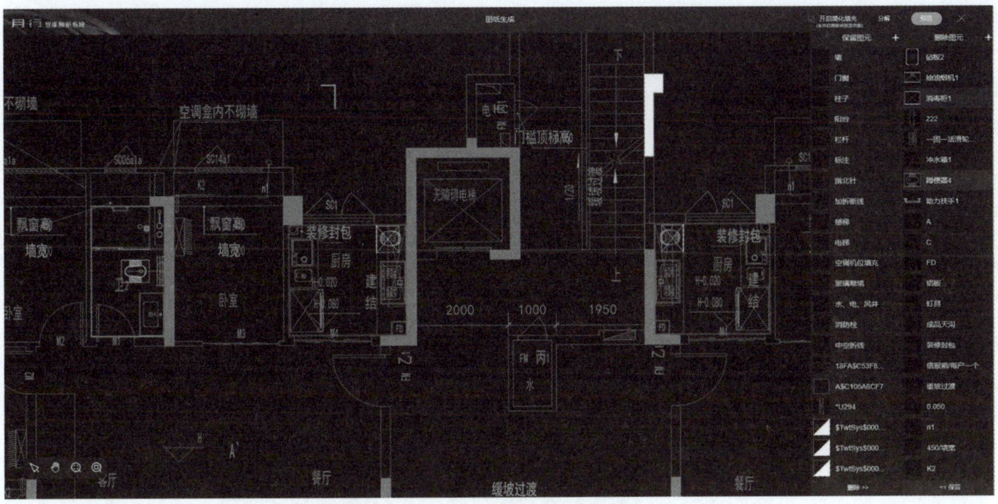

图 6

3. 本方案识别的查全率和查准率皆大于 95%

根据公式：验证查准率 = 成功识别图元的数量 / 图纸中图元（必须是图元库包含的图元）的数量，随机抽取 10 张建筑施工图计算查准率，得到表 1 数据。

表 1

图纸名	图元类别	查准率
×××××- 菏泽碧桂园 - 洋房 -3#	 冰箱8 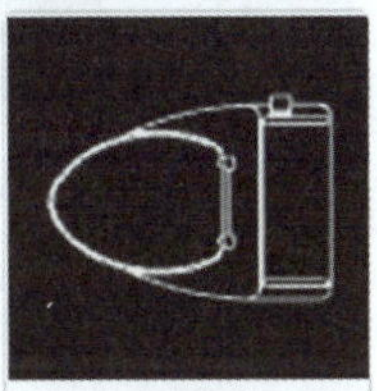 马桶3 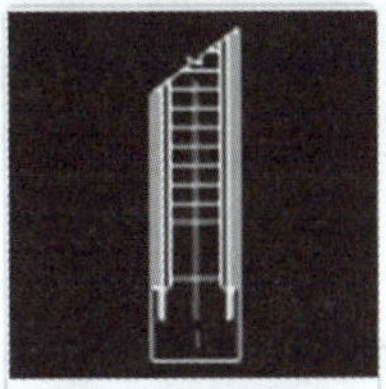 自动扶梯首层 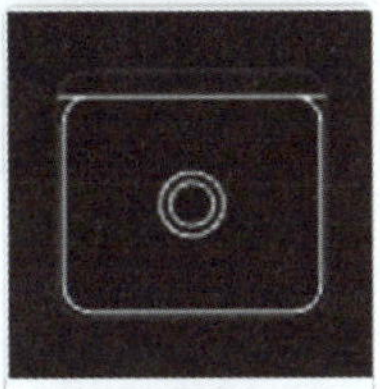 地拖池1 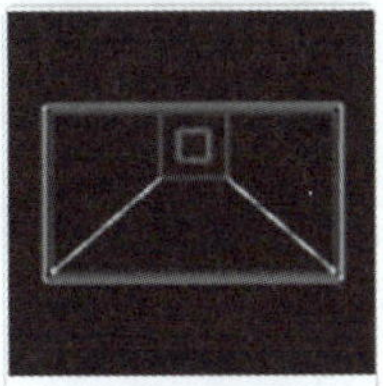 抽油烟机1 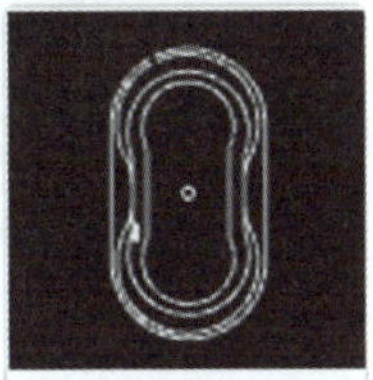 浴缸1 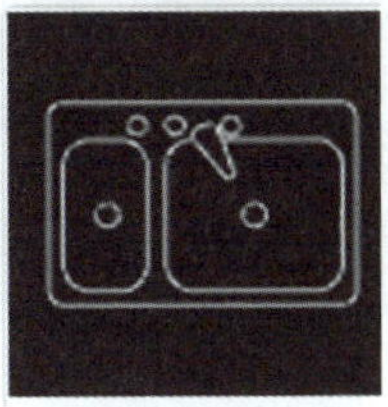 厨房水槽双盆4 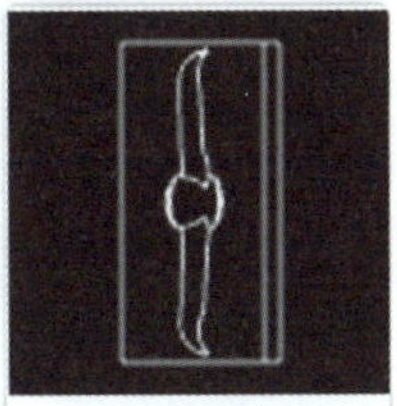 排气扇	97.5%

续表 1

图纸名	图元类别	查准率
×××××- 菏泽碧桂园 - 洋房 -3#	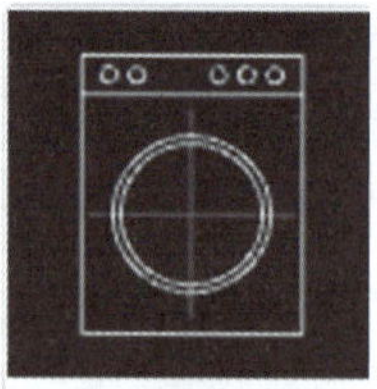 电磁炉单头1  洗衣机2	97.5%
×××××- 豫中区域云樾 -11# 楼.dwg	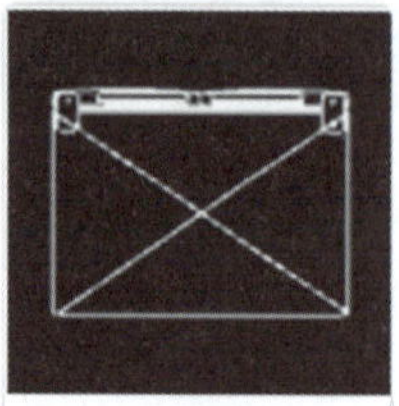 冰箱9 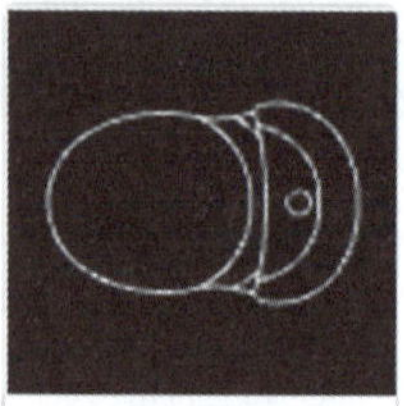 马桶2  空调孔3  自动扶梯中间层 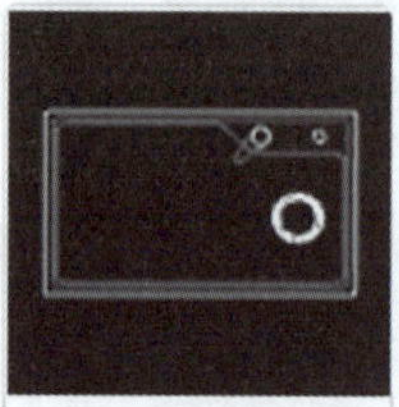 厨房水槽单盆4 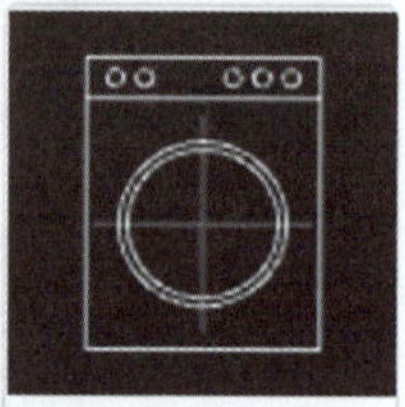 电磁炉单头1  洗衣机2  电饭煲1 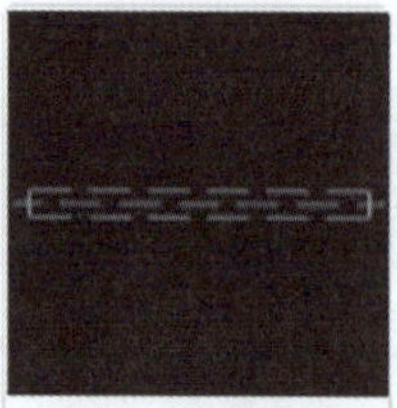 太阳能集热器1 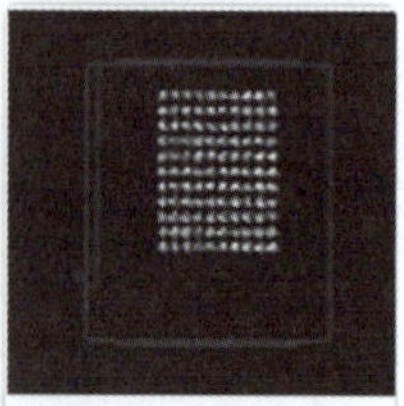 微波炉1	96.85%

续表 1

图纸名	图元类别	查准率
××××× 凤凰华府 -1# 住宅 _t3.dwg	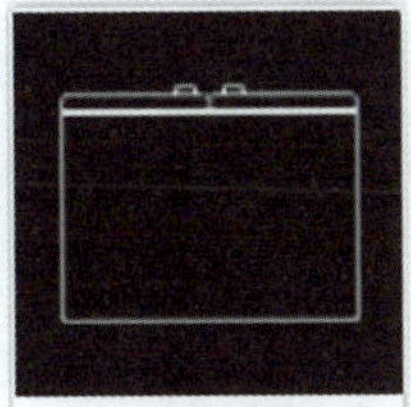 冰箱2 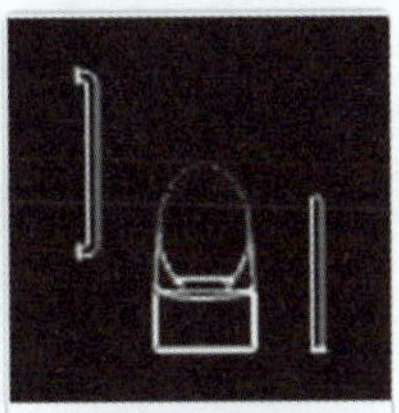 无障碍座厕1 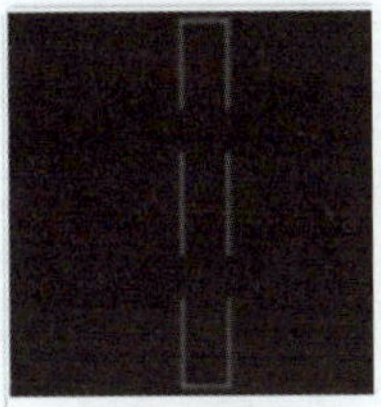 空调孔2 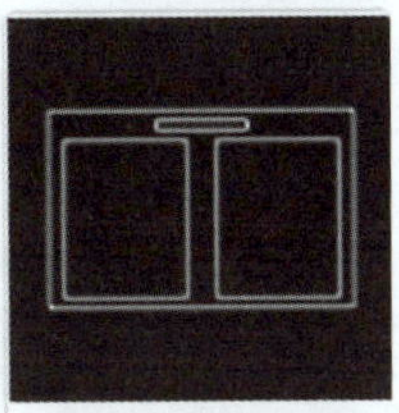 厨房水槽双盆3  洗衣机2  消防栓7  太阳能集热器2 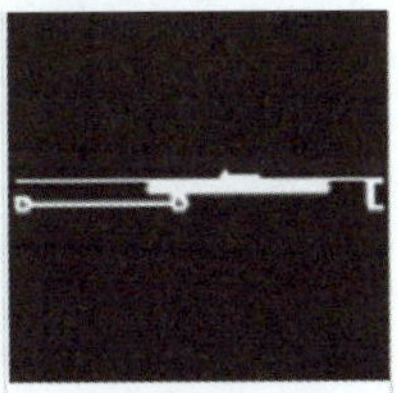 卫生间推拉门20 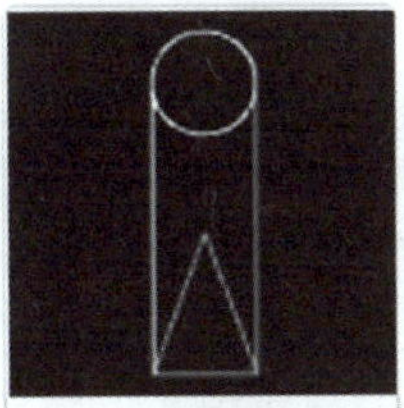 排水孔1  微波炉1	97.12%
××××× 公园上城 62# 楼 _t3.dwg	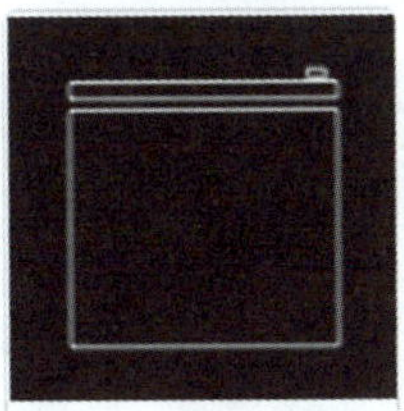 冰箱3 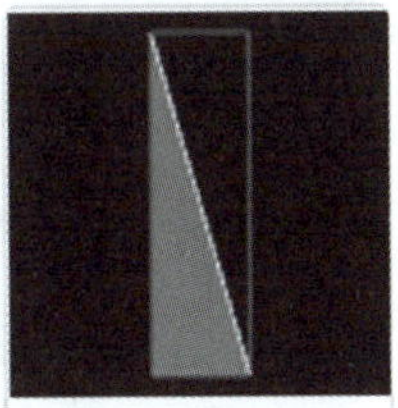 消防栓10	95.23%

续表 1

图纸名	图元类别	查准率
××××× 公园上城 62# 楼 _t3.dwg	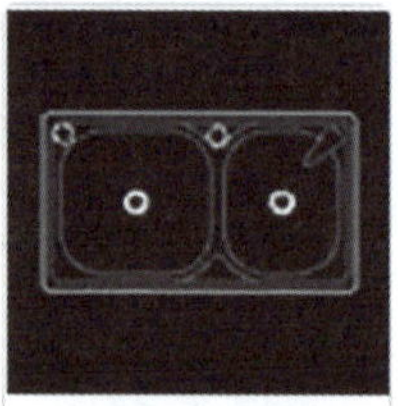 厨房水槽双盆5 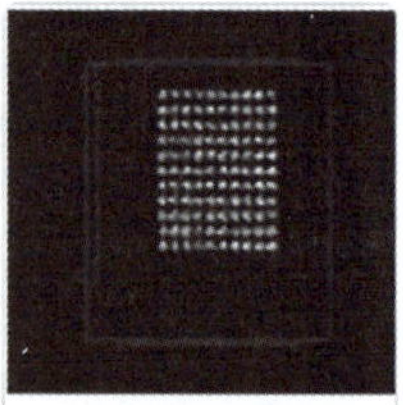 微波炉1 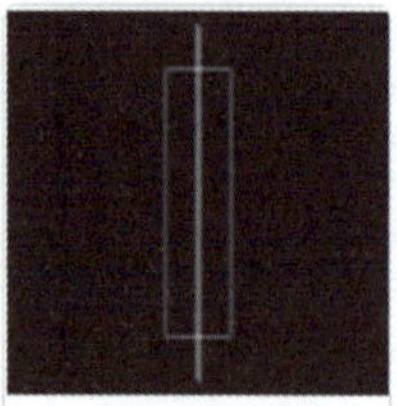 空调孔1 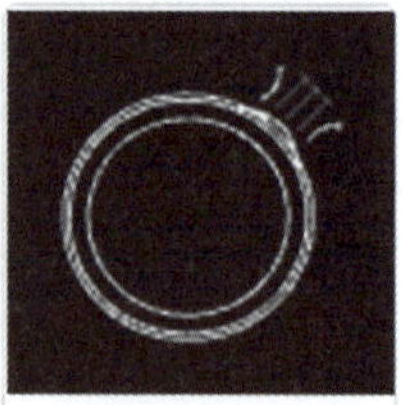 室内空调柜机2 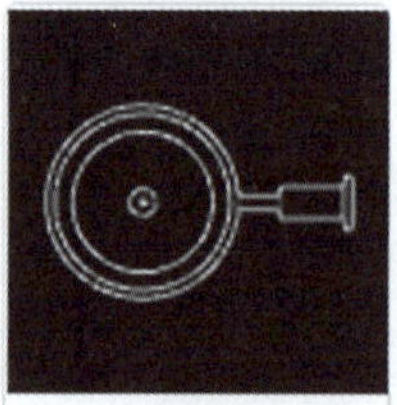 马桶刷 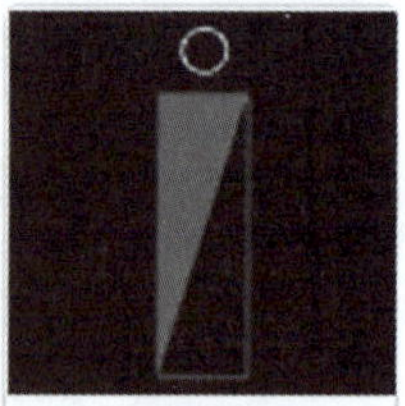 消防栓7 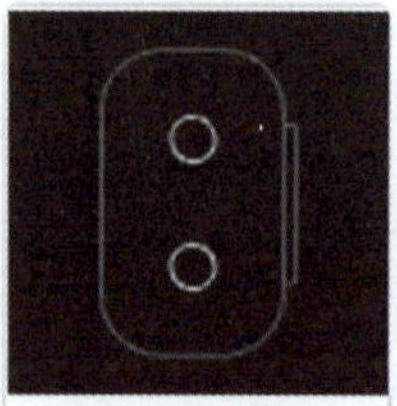 热水器3  纸巾架3	95.23%
××××× 云顶花园 10# 楼 _t3.dwg	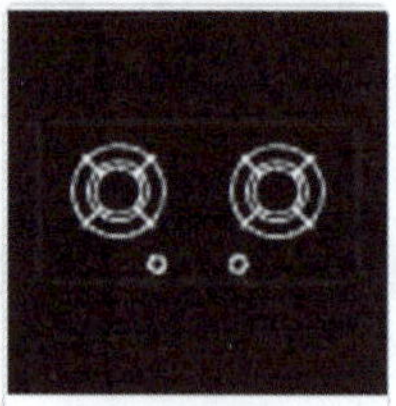 燃气灶双头1  消防栓4 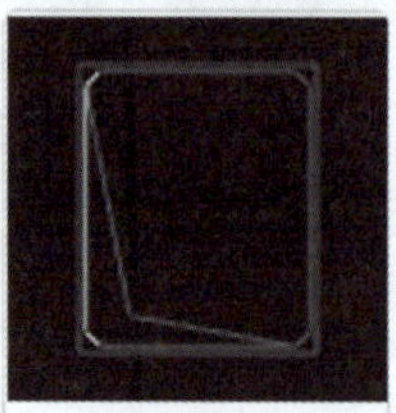 烟道1  电梯3	98.1%

续表 1

图纸名	图元类别	查准率
××××× 云顶花园 10# 楼 _t3.dwg	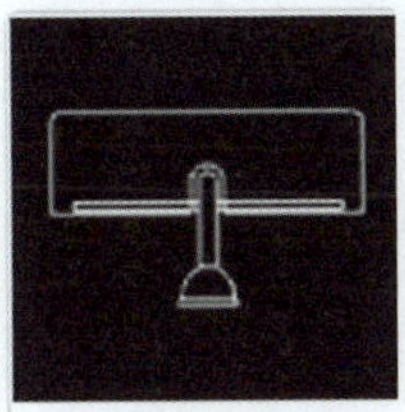 纸巾架4 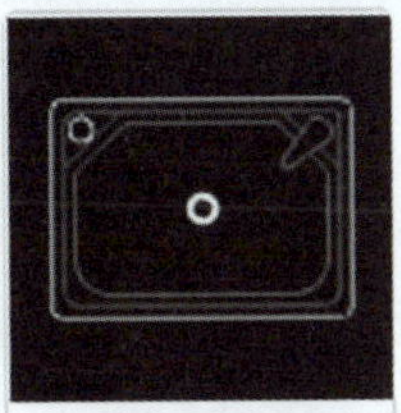 厨房水槽单盆2  洗衣机3 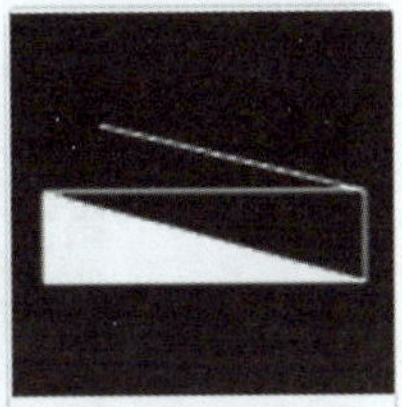 消防栓12 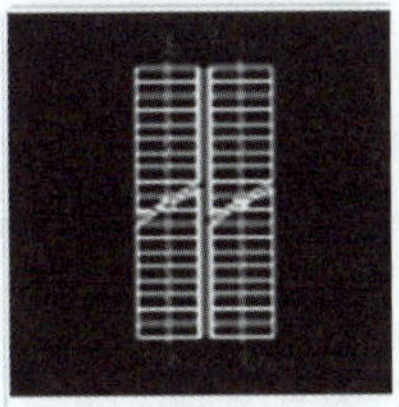 剪刀楼梯中间层 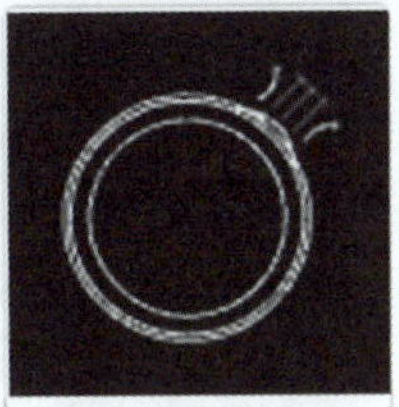 室内空调柜机2	98.1%
×××××- 海南之心 -E（1）_t3.dwg	 燃气灶单头2 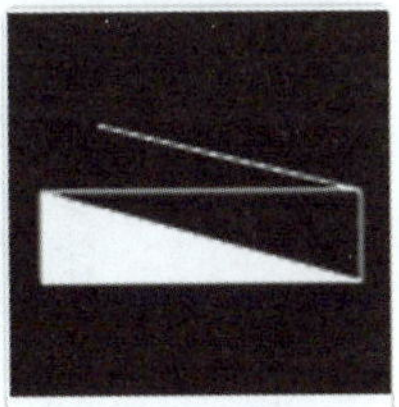 消防栓12 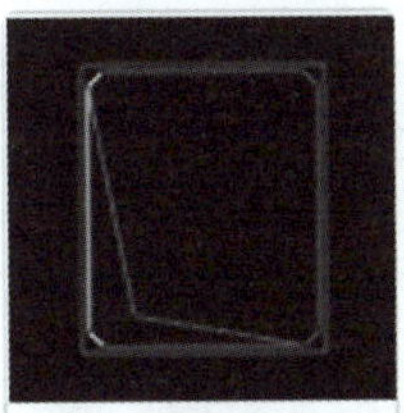 烟道1 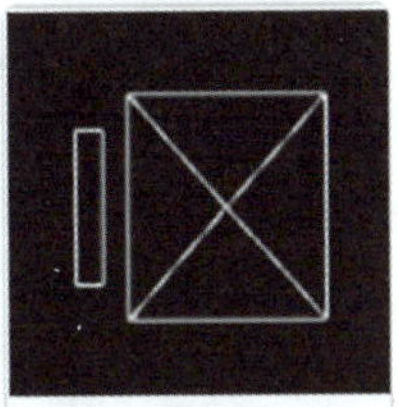 电梯2 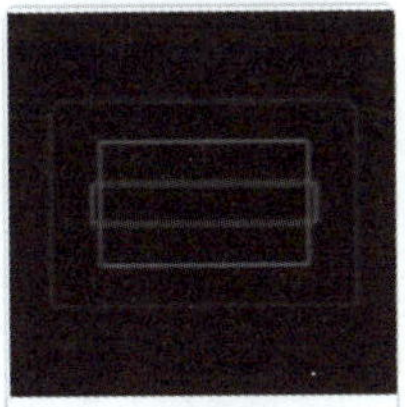 纸巾架3  洗衣机3	96.7%

续表 1

图纸名	图元类别	查准率
×××××- 海南之心 -E（1）_t3.dwg	 消防栓7  排水孔2 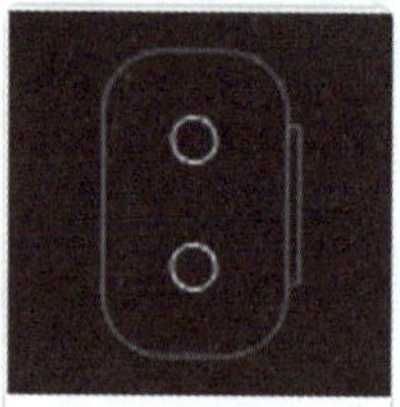 热水器3 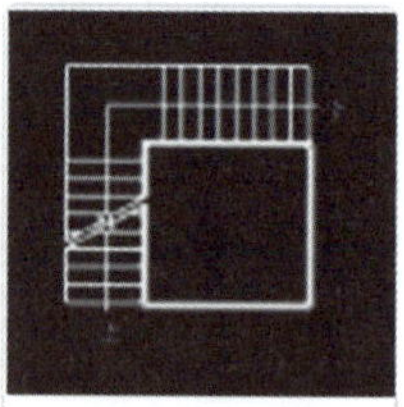 矩形转角楼梯中间层	96.7%
×××××- 领地金科天麓湾.dwg	 燃气灶双头4  消防栓7  电梯1 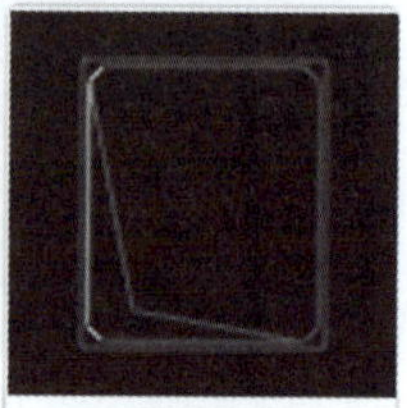 烟道1 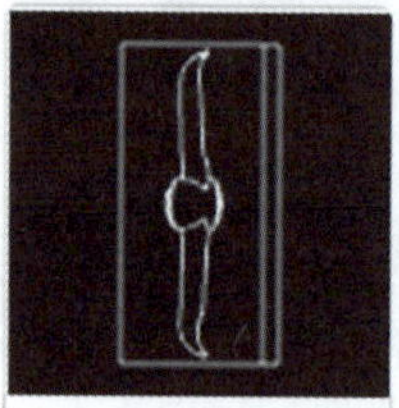 排气扇  洗衣机3 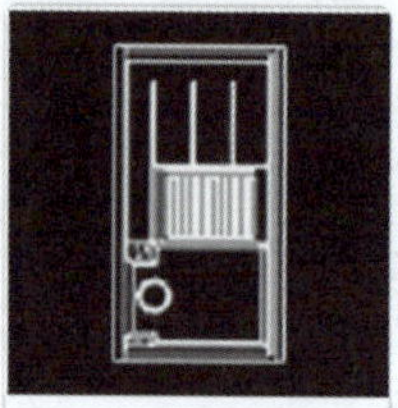 洗衣池1 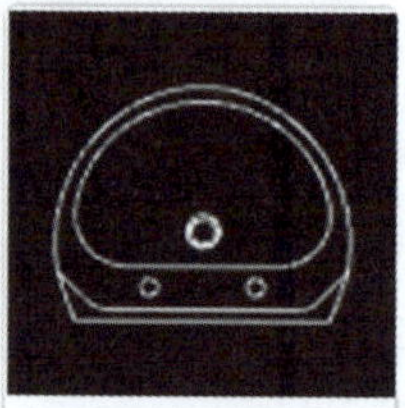 洗手盆5	95.8%

续表 1

图纸名	图元类别	查准率
×××××- 领地金科天麓湾.dwg	 砧板2  排水孔2	95.8%
××××× 大学印象项目 13 号楼 +_t3.dwg	 燃气灶单头1 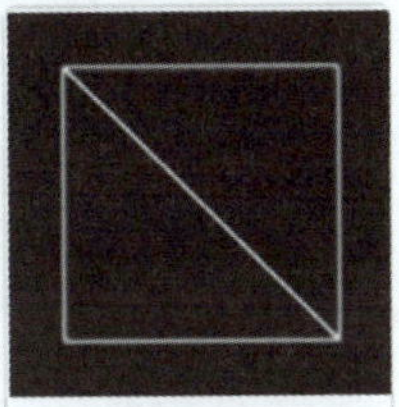 消防栓3 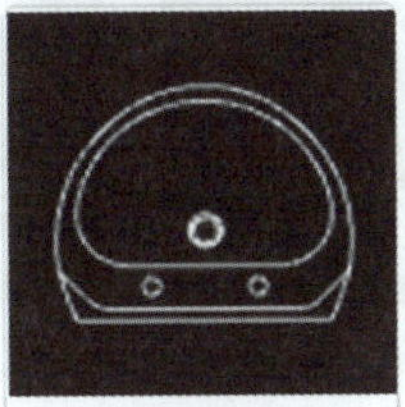 洗手盆5 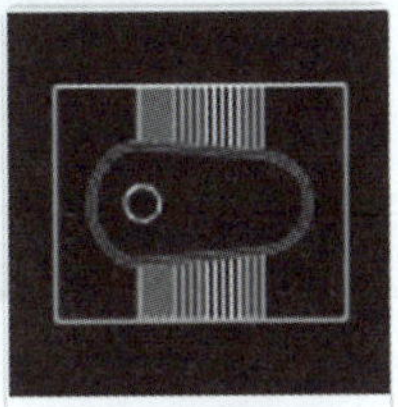 蹲便器4 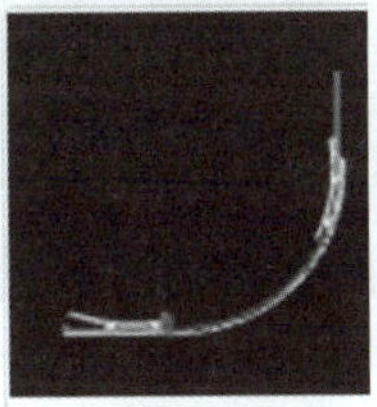 淋浴门7 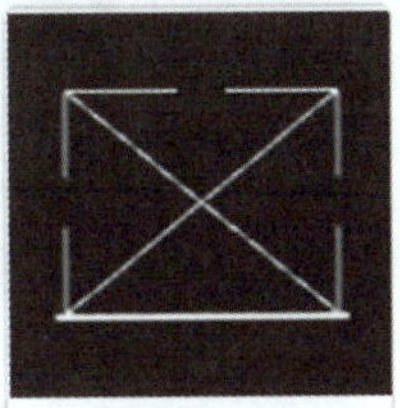 消毒柜1 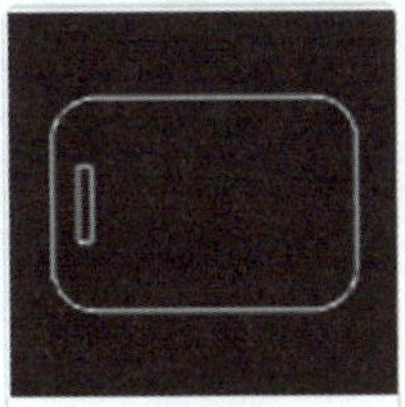 砧板1 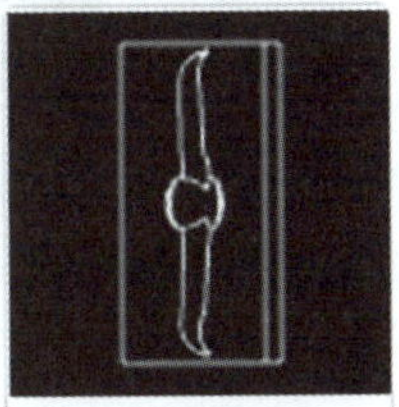 排气扇 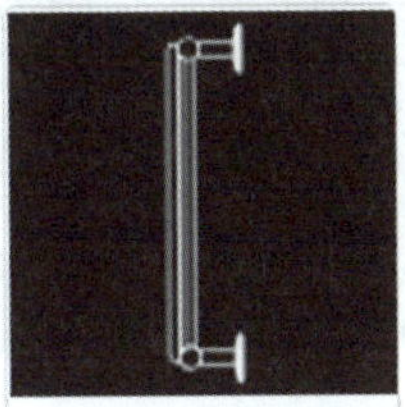 毛巾架3  排水孔2	97.14%

续表 1

图纸名	图元类别	查准率
××××× 锦绣江山项目 -23# 商住楼 _t3.dwg	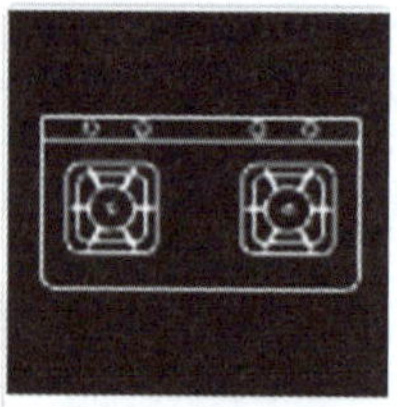 燃气灶双头3 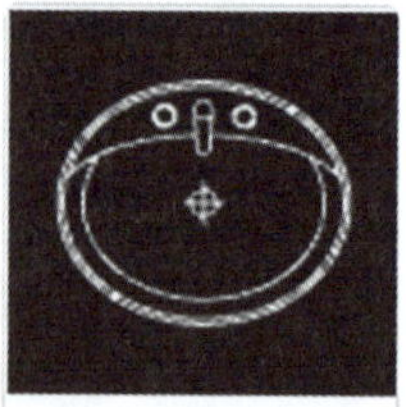 $lvtry$00000173 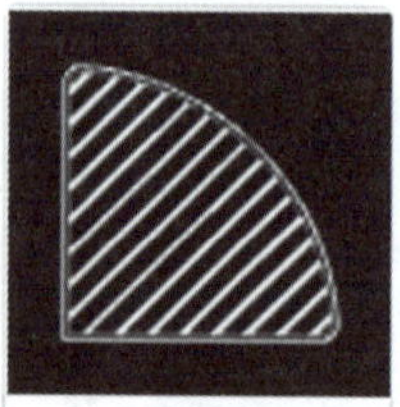 置物架2 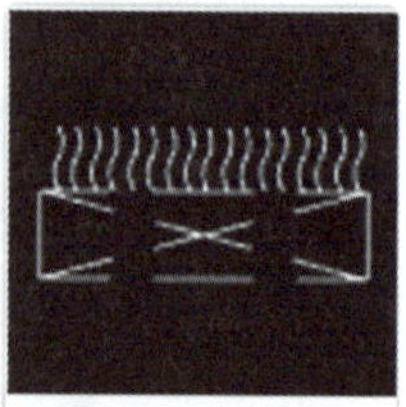 室内空调挂机1 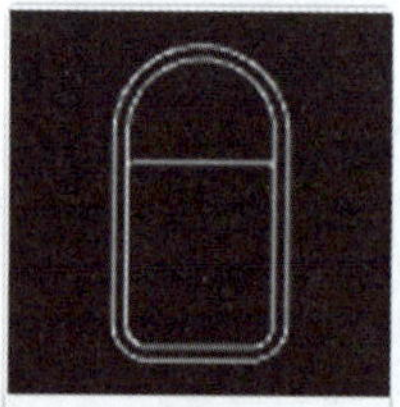 蹲便器3 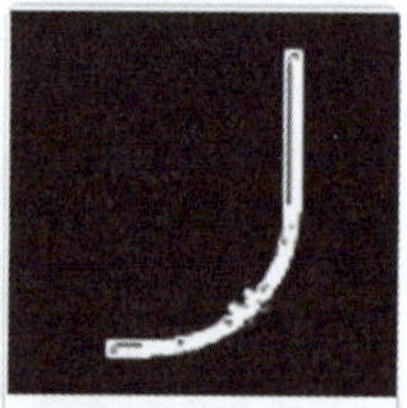 淋浴门3  烟道1 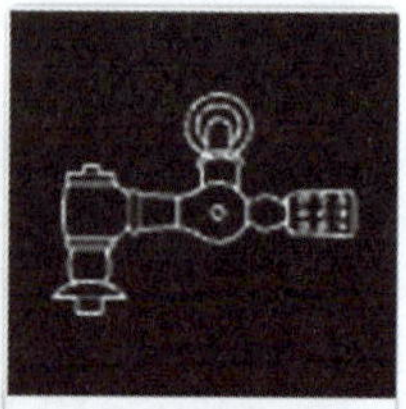 脚踏阀1 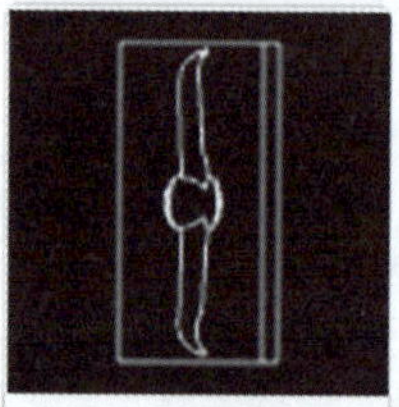 排气扇 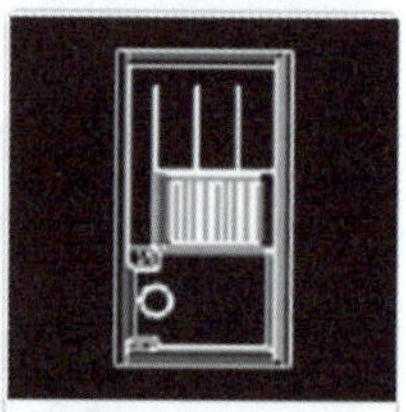 洗衣池1	97.89%
××××××-16 号楼 - 建施 - 图纸 _t3.dwg	 燃气灶双头2 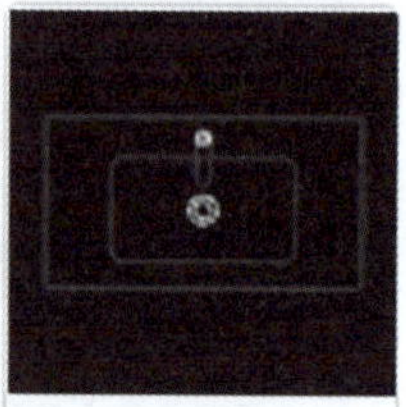 洗手盆6	96.33%

续表 1

图纸名	图元类别	查准率
××××××-16 号楼 - 建施 - 图纸 _t3.dwg	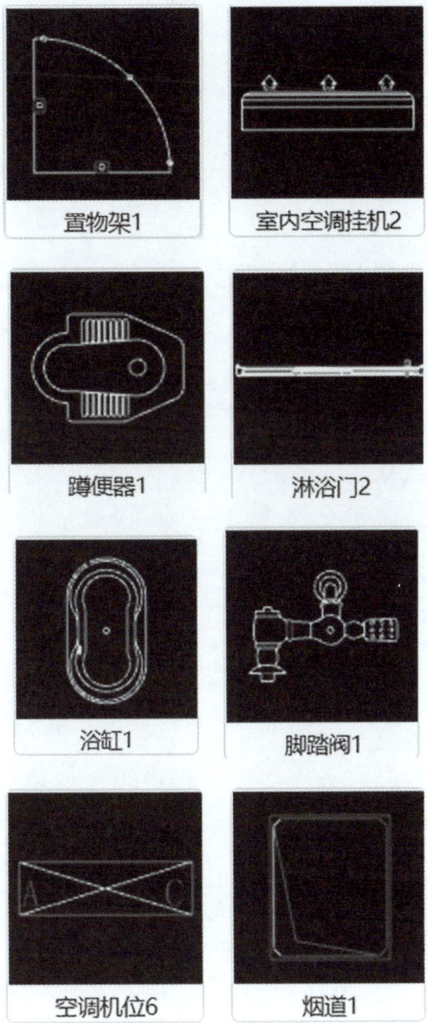	96.33%

四、专家评语

在当前的设计行业中，设计师图纸版本不统一的问题日益突出，这给设计院的日常工作带来了诸多不便。版本不统一导致图纸中的块被打散，给设计师们的协同工作带来了严重的困扰。

该方案的提出为解决这一问题提供了一种新的思路。该方案的优势在于，它能够准确地将图纸中的离散块进行统计，从而避免了设计师人工合并块的烦琐操作。此外，还可以减少因为版本不统一导致的图纸错误，提高了图纸的准确性和可靠性。这对于设计院的工程项目来说至关重要，因为任何一张图纸的错误都可能导致工程进度延误，甚至可能对工程安全造成威胁。最后通过测试证明，该方案具有非常高的识别查全率和查准率，满足工程应用的需要。

二等奖：高精度且快速的曲线求交

二等奖　华侨大学胜利者同盟队

目　录

一、任务题目

1. 问题定义

给定两条曲线（其中一条是 spline，另一条是 line/circle/ellipse/spline 等）和精度，希望能够快速给出精度范围内的交点坐标及 spline 在交点位置对应的 u 值。

注：求交是基本数学问题，对于 spline 求交往往精度要求越高算法效率越低。u 节点，用于将 spline 划分成曲线段，具体参数意义可见下面链接中 spline 的定义：https://pages.mtu.edu/~shene/COURSES/cs3621/NOTES/spline/B-spline/bspline-basis.html。

2. 具体需求

（1）支持 spline 与任意曲线的求交。

（2）算法精度需要达到 10e–8 以上。

（3）支持 spline 自交计算，即算法的结果需要包括曲线与曲线求交和曲线自交。

（4）算法的效率需要和当前流行的数学库（如 mathjs）中同类算法的效率在同等数量级。

二、背景知识

1. spline 相关知识

spline 曲线的段数（segment）segments = poles–degrees

spline 曲线可以采用单段（single segment）或多段（multiple segment）的方式创建。

单段样条是贝塞尔（Bezier）曲线，多段样条是 B 样条曲线。

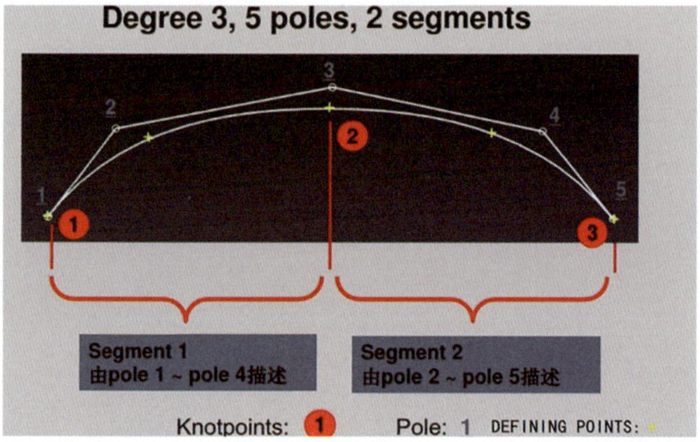

单段方式：单段 spline 的阶次由定义点的数量控制，阶次 = 点数 –1，因此单段 spline 最多只能使用 25 个点。这种构造方式受到一定的限制，定义点的数量越多，spline 的阶次越高，spline 形状常常会出现意外结果，因此一般不建议采用。另外，单段 spline 不能封闭。

多段方式：多段 spline 的阶次由用户指定（≤24），spline 定义点的数量没有限制，但至少比阶次多一点（例如，5 次 spline，至少需要 6 个定义点）。在设计中，一般采用 3~5 次 spline 曲线。

节点（knot point）：每段 spline segment 的端点，主要针对多段 spline，单段 spline 只有两个节点，即起点和终点。多段 spline 有多个节点。

2. Bezier 相关知识

Bezier 曲线是一种应用于二维图形应用程序的数学曲线，由起始点、终止点（也称为锚点）以及一系列控制点组成。具体来说，如果给定了 $n+1$ 个控制顶点 P_i（$i=0\sim n$），那么 Bezier 曲线可以表示为：$P(t)=\sum B_{i,n}(t)P_i$，其中 $B_{i,n}(t)$ 是基函数。这些基函数的表达式为：$B_{i,n}(t)=C_{i,n}t_i(1-t)\ n-i$，其中 $C_{i,n}$ 是组合数，即 $n!/[i!*(n-i)!]$。通过调整这些控制点，可以使曲线的形状发生变化，从而实现对线条的平滑过渡和控制。

3. 数值计算库

有很多数值计算库可用于求解曲线的交点。以下是一些常用的数值计算库。

NumPy：NumPy 是用 Python 进行科学计算的基础库之一，提供了许多数学函数和数组操作。可以使用 NumPy 来计算曲线的交点。

SciPy：SciPy 是建立在 NumPy 之上的科学计算库，提供了更多高级的数值计算功能。其中包括用于求解曲线交点的函数。

MATLAB：MATLAB 是一种广泛使用的数值计算和科学计算软件，具有强大的数值计算功能。它提供了许多用于求解曲线交点的函数和工具。

GNU Octave：GNU Octave 是一个与 MATLAB 非常相似的开源数值计算软件。它也提供了求解曲线交点的函数。

这些数值计算库通常提供了各种数值优化和方程求解方法，包括求解非线性方程组和曲线的交点。可以根据编程语言选择其中一个库，并根据其文档中提供的函数和方法来计算曲线的交点。

三、应用场景

曲线求交算法是计算机图形学中的重要问题之一，它能够确定两条曲线之间的交点。在计算机图形学中，曲线广泛应用于绘制各种形状，如二维平面图形和三维物体轮廓。因此，求解曲线之间的交点是十分关键的。

在实际应用中，曲线求交算法有着广泛的应用。例如，在计算机辅助设计（CAD）软件中，曲线求交算法可以用于绘制曲线之间的交点，帮助设计师更加精确地设计出各种复杂图形。另外，在计算机动画和游戏开发中，曲线求交算法也可以用于模拟物理效果，如刚体之间的碰撞检测。常见为以下应用场景。

（1）机构设计：曲线求交算法可用于机构设计中，通过分析曲线相交情况，确定机构的运动轨迹和稳定性，进而优化机构设计。

（2）运动学分析：曲线求交算法在运动学分析中起到重要的作用。通过分析曲线相交的方式和数量，可以确定机构的运动方式和运动规律。

（3）动力学分析：曲线求交算法也可以在动力学分析中应用。通过分析曲线相交的位置和数量，可以确定机构的动力学特性，进而优化机构设计。

（4）振动分析：曲线求交算法在振动分析中具有一定的应用价值。通过分析曲线相交的位置和数量，可以确定机构的振动情况，进而优化机构设计。

综上所述，曲线求交算法在计算机图形学和其他领域中起着重要的作用。通过合理地选择算法和处理潜在的问题，可以有效地求解曲线之间的交点，并在实际应用中发挥巨大的指导意义。因此，深入理解和研究曲线求交算法对于改进计算机图形学和其他相关领域的技术水平具有重要意义。

四、方案总介和方案思路

1. 方案总介

曲线求交算法有很多种，最常见的是迭代法和二分法。迭代法是通过反复逼近来找到交点的坐标，二分法则是通过不断划分曲线段并检查是否有交点的方法。但这两种方法往往会在计算过程中遇到一些问题。例如，计算机在表示浮点数时本身存在误差问题，这就导致算法精度的下降，进而影响高精度结果需求的准确性，因此，还需要对上述算法进行相应的数值分析和精度控制。

2. 方案思路

本算法在传统方法上做了一些改进，当求解的曲线中包含 spline 曲线时，对于每条 spline 曲线，首先将其分割成若干 Bezier 曲线段，原因是基本 spline 曲线方程的特性，是可以在较小误差的情况下将 spline 的参数方程表达成 N 条 Bezier 曲线方程的。对于另一条曲线的参数值，根据曲线类型，采用不同的策略进行求解：对于直线，使用参数方程或直线方程联立等式，求解相应的参数值；对于圆、椭圆等曲线，使用代数方程求解相应的参数值，这个方法可以大幅度减少迭代法及二分法在曲线划分上带来的误差。对于题目中要求的求解曲线自交结果，可以通过直接求解 N 段 Bezier 之间的交点得到。

具体方案设计如下：

①将第一条 spline 转成 N 条 Bezier 曲线，放入数组 A。

②第二条曲线根据曲线类型转成相应的参数方程，如果第二条曲线也是 spline 则同样转成 N 条 Bezier 曲线放入数组 B。

③遍历 AB 数组，根据参数方式对曲线两两求交解得交点。

④利用数值分析方法对解得的交点进行误差校正。

具体流程如图 1 所示。

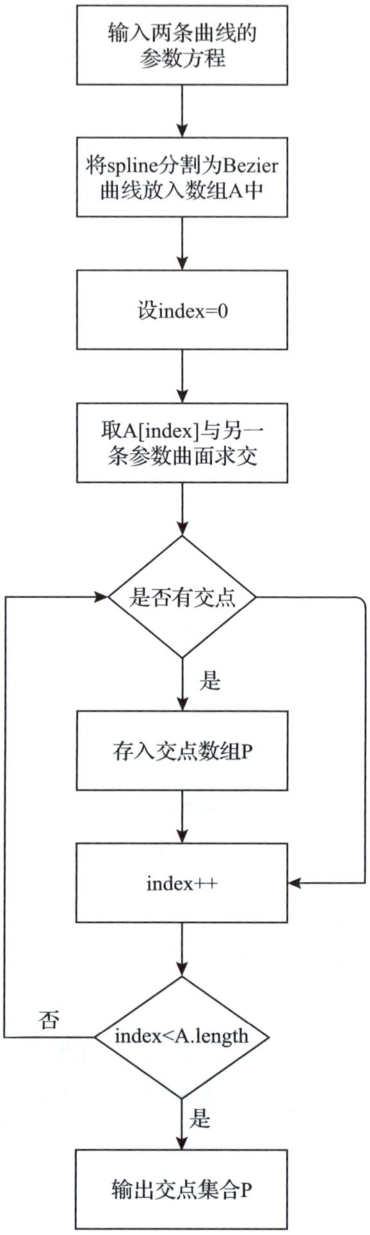

图 1

五、方案验证

图 2 为算法在卡伦特系统上的应用，通过该算法可以快速计算两条 B-spline 的交点，且精度满足要求。在求解时间上比同类型软件具有一定的优势。

输入	交点	求解时间	同类型软件求解交点	同类型软件求解时间
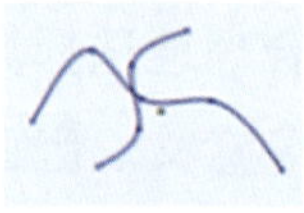	u0:22.60514164280374 u1:15.69275186900437 x:32.16902887189635 y:48.9125860841	3.0437840223 ms	u0:22.60514165 u1:15.69275187 x:32.169028872 y:48.912586084	3.1598046875 ms
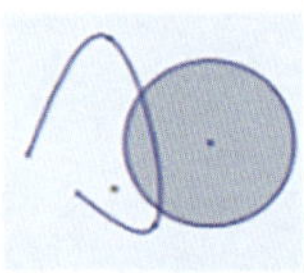	[u0： 36.303418562758175 x： -47.323930244709324 y： -99.93574651554019] [u0： 25.425407276870228 x： 215.68263568580514 y： -60.04388197764083]	2.385009765625 ms	[u0： 36.30341856 x： -47.32393024 y： -99.93574651] [u0： 25.42540727 x： 215.68263568 y： -60.04388197]	2.4653192802 ms

图 2

六、专家评语

该算法可以替代当前流行的数学库中的同类算法，且在算法原理更具灵活性，可以满足更高阶次的 spline 曲线求交问题。另外，该华侨大学胜利者同盟队提交的高精度且快速的曲线求交算法已经集成到卡伦特在线 CAD 中，进而得到广泛应用，从而提升工作效率和设计能力，让我们能够更轻松地处理各种 CAD 任务。

三等奖：高精度且快速的曲线求交

三等奖　太原理工大学新秀队

目 录

一、任务题目

1. 问题定义

给定两条曲线（其中一条是 spline，另一条是 line/circle/ellipse/spline 等）和精度，希望能够快速给出精度范围内的交点坐标及 spline 在交点位置对应的 u 值。

注：求交是基本数学问题，对于 spline 求交往往精度要求越高算法效率越低。u 节点，用于将 spline 划分成曲线段，具体参数意义可见下面链接中 spline 的定义：https://pages.mtu.edu/~shene/COURSES/cs3621/NOTES/spline/B-spline/bspline-basis.html。

2. 具体需求

（1）支持 spline 与任意曲线的求交。

（2）算法精度需要达到 10e–8 以上。

（3）支持 spline 自交计算，即算法的结果需要包括曲线与曲线求交和曲线自交。

（4）算法的效率需要和当前流行的数学库（如 mathjs）中同类算法的效率在同等数量级。

二、背景知识

1. spline 相关知识

样条（spline）是构造曲面的重要曲线，可以是 2D 或 3D 的。

样条（spline）是将一系列离散点连接成的光滑曲线，通常称为拟合曲线

样条（spline）种类很多，NX 采用 NURBS 样条，NURBS 使用广泛，曲线拟合逼真，形状控制方便。NURBS 已经成为当前 CAD/CAM 领域描述曲线和曲面的标准。

NURBS（non-uniform rational B-spline）非均匀有理 B 样条。

spline 曲线的阶次（degree）每一个样条都是用一个多项式表达的，多项式中的最大指数称为多项式的次数，所以 spline 曲线的阶次是定义 spline 多项式公式的次数。NX 最高可以使用 24 次 spline 曲线。

2. 迭代法

迭代是重复反馈过程的活动，通常其目的是逼近所需目标或结果。每一次对过程的重复称为一次“迭代”，而每一次迭代得到的结果会作为下一次迭代的初始值。

重复执行一系列运算步骤，从前面的量依次求出后面的量的过程。此过程的每一次结果，都是由对前一次所得结果施行相同的运算步骤得到的。例如利用迭代法求某一数学问题的解。

对计算机特定程序中需要反复执行的子程序（一组指令），即执行程序中的循环，直到满足某条件为止，也称为迭代。

3. 二分法

二分法（bisection method）即一分为二的方法，设 $[a, b]$ 为 R 的闭区间，逐次二分法就是造出如下的区间序列（$[a_n, b_n]$）：$a_0 = a$，$b_0 = b$，且对任一自然数 n，$[a_n+1, b_n+1]$ 或者等于 $[a_n, c_n]$，或者等于 $[c_n, b_n]$，其中 c_n 表示 $[a_n, b_n]$ 的中点。

算法基本思想如下：

①假设数据是按升序排序的，对于给定值 key，从序列的中间位置 k 开始比较。

②如果当前位置 arr［k］值等于 key，则查找成功；若 key 小于当前位置值 arr［k］，则在数列的前半段中查找，arr［low，mid−1］；若 key 大于当前位置值 arr［k］，则在数列的后半段中继续查找 arr［mid+1，high］。

③重复步骤②，直到找到为止。

该算法的时间复杂度：O（log（n））。

三、方案设计

1. 方案总介

本算法采用化曲为直的求解思路，分段判断。通过逐步调整参数值来逼近交点，快速排除条件来节省计算时间。

2. 方案思路

方案的设计思路如下：

①定义一个误差精度阈值，判断交点是否达到所需精度。例如，当两个曲线上的点之间的距离小于所设定的误差精度时，判定为一个交点。

②在每个迭代步骤中，分别计算两条曲线上对应参数值的坐标点。

③计算两个坐标点之间的距离，并与设定的误差精度进行比较。

④若距离小于误差精度阈值，则判定为一个交点。记录交点坐标和 spline 曲线上对应的 u 值。

⑤对于 spline 曲线的自交情况，可将其视为两个参数空间的交点问题。

⑥在参数空间内进行迭代搜索，检测是否存在两个不同的参数值，使曲线上的两个点距离小于所设定的误差精度。

⑦采用 AABB 模型构建每条曲线的包围盒（即外界矩形），对构建好的包围盒进行干涉检查（检查是否相交）：如果包围盒没有交集，证明两条曲线没有交点，输出结果为空；如果包围盒有交集，炸出包围盒相交部分的曲线参数范围。

⑧将曲线在交集范围内分成两段，继续执行第①步。

⑨不断循环直至在误差精度范围内找到交点和交点参数。

具体流程图如图 1 所示。

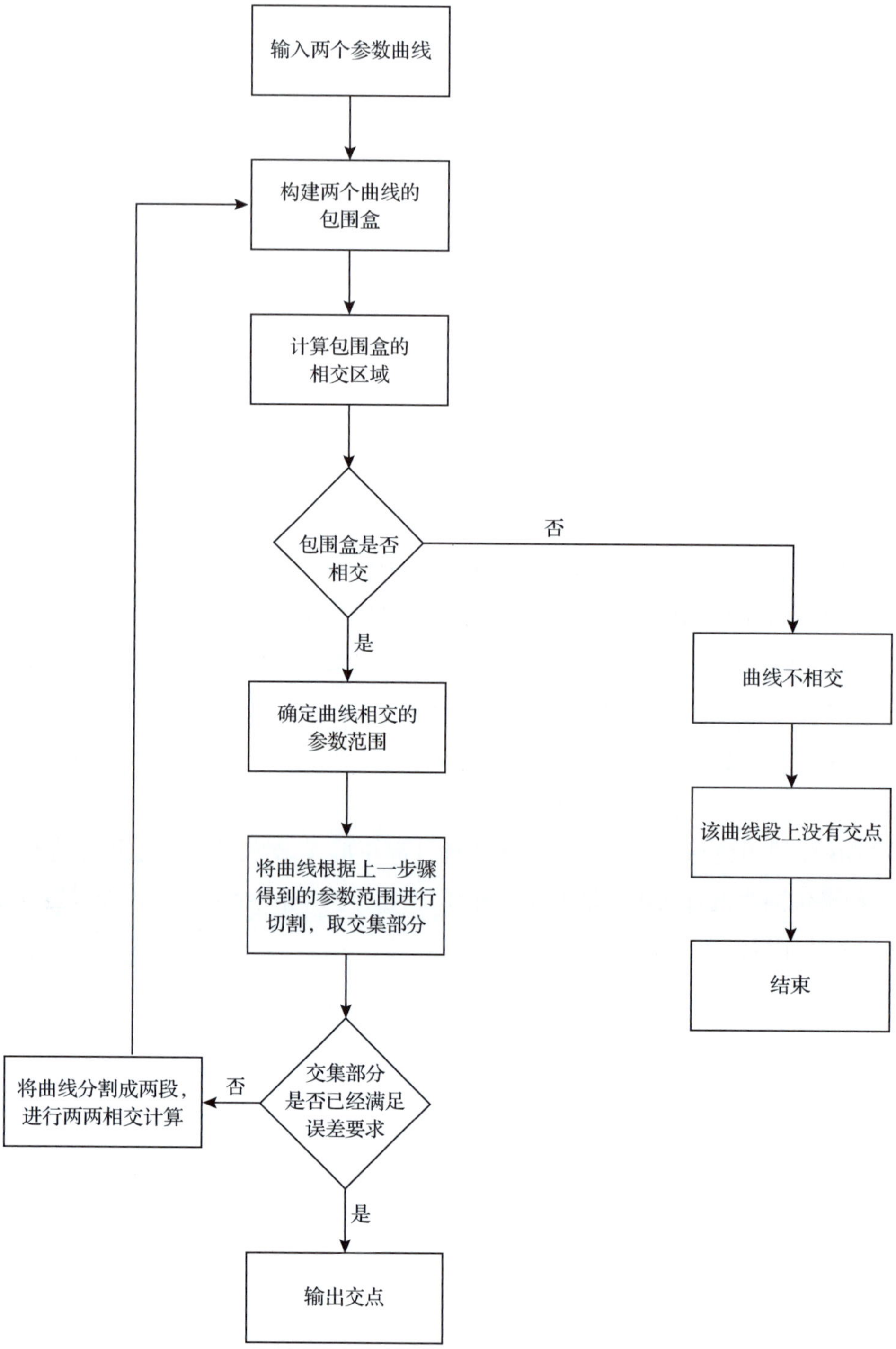
输入两个参数曲线
构建两个曲线的包围盒
计算包围盒的相交区域
包围盒是否相交
否
是
曲线不相交
该曲线段上没有交点
结束
确定曲线相交的参数范围
将曲线根据上一步骤得到的参数范围进行切割，取交集部分
交集部分是否已经满足误差要求
否
将曲线分割成两段，进行两两相交计算
是
输出交点

图 1

四、方案验证

如图 2 所示，为算法在卡伦特系统上的应用，通过该算法可以快速计算两条 B-spline 的交点。

输入	交点	求解时间	同类型软件求解交点	同类型软件求解时间
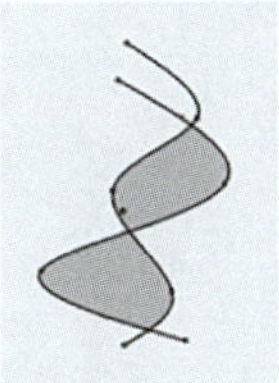	[u0:65.37681162 u1:65.32356691 x:-368.77102189 y:-78.14892403] [u0：43.94261307 u1：34.12508493 x：-62.77769371 y：-19.21245249] [u0：19.69478691 u1：8.845162543 x：264.61572187 y：-212.33428480]	2.802001953125 ms	[u0:65.37681162 u1:65.32356691 x:-368.77102189 y:-78.14892403] [u0：43.94261307 u1：34.12508493 x：-62.77769371 y：-19.21245249] [u0：19.69478691 u1：8.845162543 x：264.61572187 y：-212.33428480]	2.485719765325 ms
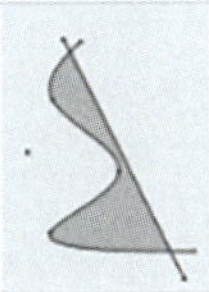	[u0：80.73061739 x：-439.03336400 y：-635.96548064] [u0：3.12593501 x：445.31350442 y：-193.79204643]	2.10400390625 ms	[u0：80.73061739 x：-439.03336400 y：-635.96548064] [u0：3.12593501 x：445.31350442 y：-193.79204643]	2.12583722341 ms

图 2

五、专家评语

该算法可以满足题目要求的曲线求交问题，为曲线求交算法提供了一种新思路，但在复杂曲线上的效率还需要提高。

三等奖：使用 WebGPU 加速三角刨分

三等奖　南京理工大学泰山队

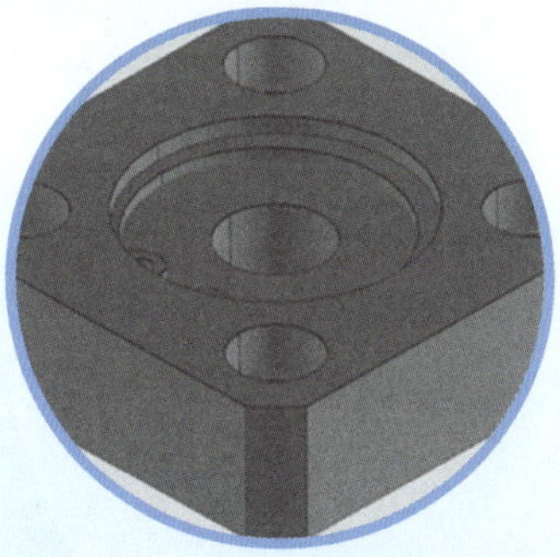

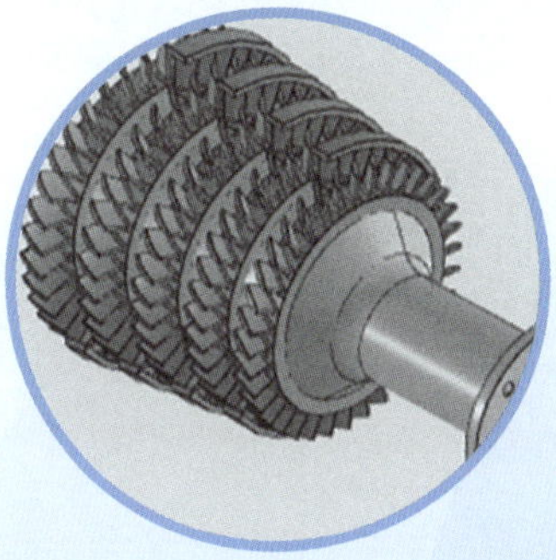

目　录

一、任务题目

1. 问题定义

给定一个 BREP 格式的表示三维实体，本团队需要在浏览器中给它做三角剖分。为了能够加速三角剖分，本团队希望通过 WebGPU 利用 GPU 的算力来进行平行计算，从而实现加速（注：三角剖分是图形学中的一个基础概念，也可以参考下面链接中的资料了解更多信息。https://oi-wiki.org//geometry/triangulation/）。

2. 具体要求

（1）设计三角剖分的算法，使算法可以在浏览器端利用 GPU 的能力来加速三角剖分。在相同的三角剖分精度下，与当前最快的基于 CPU 的三角剖分算法相比，耗费时间达到原来的 1/3。

（2）能够动态地对曲面某一区域进行细分，增加该区域曲面的光滑度。

（3）支持自交的、带洞的曲面，避免出现破面。

二、应用场景及方案总介

1. 应用场景

目前，CAD 系统中经常使用的一种方法是使用参数化的表面来搭建模型，称之为“边界表示”（B-Rep）模型，包括平面、二次曲面（如圆柱、球体、圆锥甚至圆环）、程序曲面（如圆角、扫描或旋转曲面）和非均匀有理 B 样条曲面（NURBS）。当使用该技术搭建复杂模型时，可以通过“修剪表面”这个概念来执行。修剪表面允许设计任何类型的面和实体模型。一个修剪的表面是参数化的表面，通常可以与相应的 2D 网格的一部分相关联。也就是说，一些 CAD 系统允许设计者定义建模对象的 B-Rep 模型，包括几何数据（参数化表面）和拓扑数据（一组面，每个面被定义为模型相应的 2D 网格的一部分）各自的参数曲面。一旦定义了模型之后，就需要将表面进行渲染并显示出来。

上述的建模操作在 CAD 系统的几何建模中属于计算密集型操作，通常会导致使用 CAD 系统的设计人员必须等到这些特定建模操作完成后才能看到系统提供的视觉反馈并允许执行新操作，从而降低了交互性。因此，与单核 CPU 相比，如果使用 GPU 等并行硬件，可以显著提高 CAD 系统的性能，提升用户体验。如今，GPU 可以非常高效地显示数千个三角形，但无法直接显示 B-Rep 模型提供的表面。此类表面必须转换为一组可以由 GPU 处理的图元（该变换称为“三角剖分”），因此，本团队的任务就是设计一种较好的三角剖分算法来解决这个问题，从而使 CAD 系统能更快速渲染出模型。

此外，网页端 WebGPU 的最大优势之一是可以跨平台，无论是 Windows、macOS、Linux，还是 Android，WebGPU 都可在其系统上运行。它还支持 Vulkan、Metal 或 Direct3D 12 的移动设备。这些覆盖了大多数的智能手机和平板电脑设备。另外，Chrome 94 浏览器已经支持了 WebGPU，使本团队可以非常方便地实现 GPGPU。本团队有望通过 WebGPU，利用 GPU 的算力来进行平行计算，从而实现加速三角剖分。

2. 方案总介

三角剖分法是指通过用无间隙或重叠的平坦多边形（通常是三角形）的图案覆盖表面来模拟该表面，以便尽可能地拟合该表面的数学定义，并且有时通过将法向量与平面多边形的图案关联起来使之等于相应的表面法向量（即在相应位置处垂直于初始表面的向量），以达到表面着色的目的。因此，建模对象的表面可以通过两种不同的模型进行处理：第一种模型是精确模型，代表该表面的数学定义。用户可以利用精确模型来设计表面，并在表面上做修剪、斜角或圆角等操作。第二种模型是近似模型，它是精确模型的一种几何表示，通常用于可视化和几何运算。但是用平坦的几何形状来模拟光滑表面会导致离散化问题，这也是 CAD 的一个常见问题，因此必须尽可能找到最小的三角形组来模拟表面曲率。为了确定模拟面相对于精确表面是否可接受，用户通常会定义一个误差界限容差。

目前有两种三角刨分方法。

第一种方法称为“静态三角刨分”，是指直接将表面变换为近似该表面的一组平面三角形。而这些三角形的顶点就是根据精确模型表面确定的，并且有时法向量也是根据精确模型计算得来，且与顶点或三角形相关联。能提供静态三角刨分功能的系统通常也给到用户定义最大偏差或误差值的可能性，那么接下来在执行三角刨分时，就能使三角形到原始表面的距离不超过用户定义的误差界限容差或偏差。然而，静态三角刨分的缺点是会产生一个对顶点和法线来说是平均精度的重网格，并且针对高曲率模型会消耗大量内存。另外，在仍然保留精确模型的情况下，当要求更高的精度时，系统必须从头开始进行刨分，这样一来就会非常耗费时间。

为了缓解上述问题，出现了另一种方法称为“PNT 三角刨分”，其核心是使用一种称为“PNT”的多分辨率模型。准确来说，就是把三维建模对象参数化以进行三角刨分，即为三角刨分准备一个对象，以便在需要执行三角刨分时占用更少的时间。如此一来，当用户提高近似模型的精度时，系统重新执行三角刨分就会比静态三角刨分耗时更少。PNT 三角刨分在内存和计算方面做到了一个较好的平衡。具体来说，PNT 三角刨分会创建一个由一组三角形面片（可能是非平坦的）组成的分段式的近似面，这会产生一个轻量级的中间模型称为“基础网格”。这种轻量级模型不是为了保留精确的表面，而是成为可视化和几何运算操作的入口点。由于它是一种轻量级粗略近似，所以需要进行预计算，即参数化步骤，其中使用三角形面片来拟合任意表面定义。然后，为了从为三角刨分参数化的模型（即基础网格）开始执行实际三角刨分，可以按照刨分模式细化每个面片（这比从头开始的三角刨分更简单高效），也可以根据任意弦偏差进行刨分，以便在需要的地方添加更多的三角形。这些细化的三角形是根据先前的三角形公式评估的。因此，在保留基础网格的情况下，即使精确模型被丢弃，PNT 三角刨分也可以以相对较快的方式按要求提高精度。此外，因为基础网格通常比刨分模型消耗更少的内存空间，因此内存消耗也得到了改善。

三、方案思路

传统的三角刨分在 CPU 中进行计算，但是 GPU 天然具有并行计算的能力，可以借助 GPU 强大的并行计算能力加速三角刨分。该方法还包括在确定 3D 网格之前细分 2D 网格。在确定 3D 网格之前对 2D 网格进行细分根据标准执行多次，所述标准至少包括 3D 网格与相应参数化表面之间的最大偏差。几何数据包括表示参数化表面和边界表示的面之间的交点的参数化曲线，每个边界表示都具有边界边，每个边界边被定义为相应参数化曲线的域的一部分，并且确定 3D 网格还包括评估各个参数曲线上的 2D 网格，将基于 3D 网格各自的参数化表面计算出的法向量关联到 3D 网格。

该方法包括以下步骤：

①与建模对象的边界表示的几何数据关联的 2D 网格。

②边界表示包括几何数据和拓扑数据，所述几何数据包括参数化表面，以及包括一组面的拓扑数据，每个面被定义为相应参数化表面的 2D 域的一部分。

③评估相应参数表面上 2D 网格顶点的位置来生成 3D 网格。

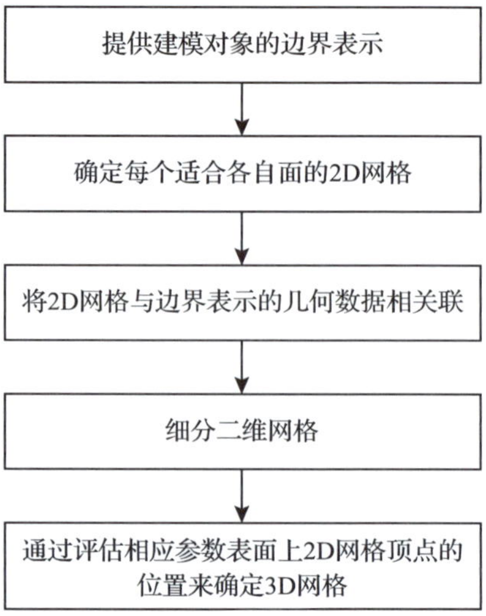

相对于从构成边界表示的原始数据执行三角刨分的情况，在三角刨分之前对建模对象进行参数化允许更快的三角刨分。由于 2D 网格与几何数据相关联，所以可以通过 2D 网格的简单细分随时以任何精度级别执行三角刨分。并且由于可以根据 2D 网格和几何数据快速执行三角刨分，所以三角刨分的 3D 网格不一定需要保存在内存中。此外，可以至少部分地丢弃拓扑数据，从而允许释放内存，而不会失去达到任何级别的可能性、准确性。刨分可以包括在任何时间从几何数据确定准确的法向矢量，这在预期的应用包括渲染和表面着色的情况下可以证明是有用的。

四、方案验证

1. 成果文件

（1）GPU.ts，接收 B-Rep 数据文件，转换成 WebGPU 的 Storage Buffer 数据，传送给 WebGPU，再输出刨分后的三角化网格数据。

（2）Delaunay.wgsl，使用 WebGPU 的着色器语言（Shading Language），编写计算着色器（Computer Shader），计算三角刨分数据。

2. 方案运行结果

（1）图 1 和图 2 分别是简单表面上的粗略分割和详细分割。

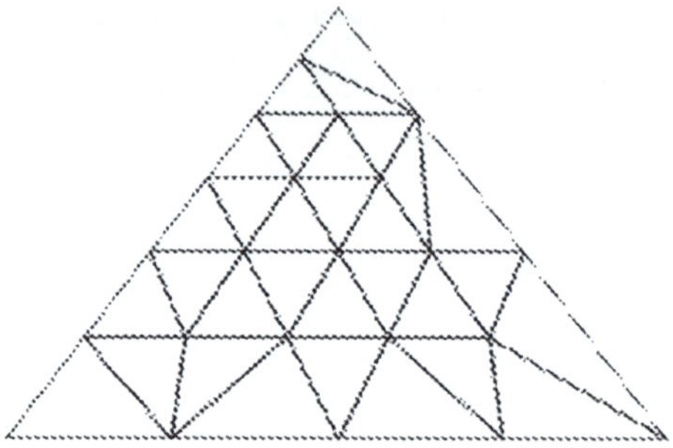

图 1　简单表面上的粗略分割

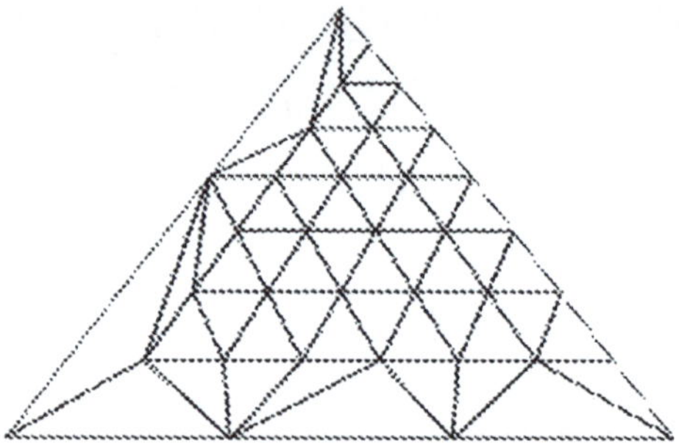

图 2　简单表面上的详细分割

（2）图 3 和图 4 分别是复杂表面上的粗略分割和详细分割。

（3）图 5 为复杂表面上的粗略分割和详细分割相结合。

3. 方案性能

将本方案与 CGAL 三角刨分的执行速度进行对比（表 1）可以发现，本方案在 A、B、C 三个模型的执行速度上全面领先。

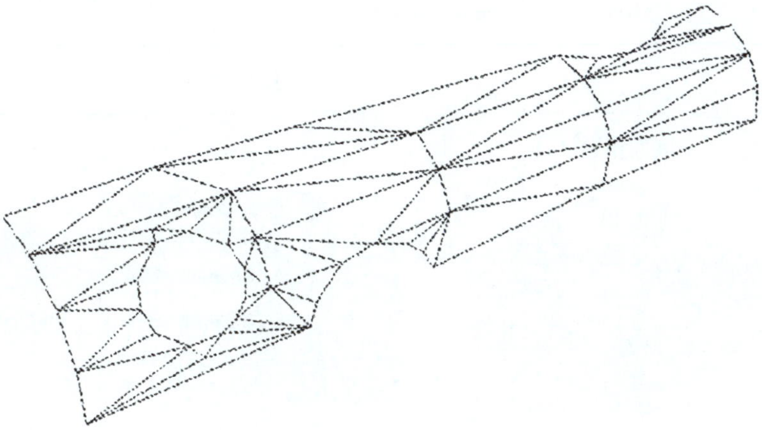

图 3　复杂表面上的粗略分割

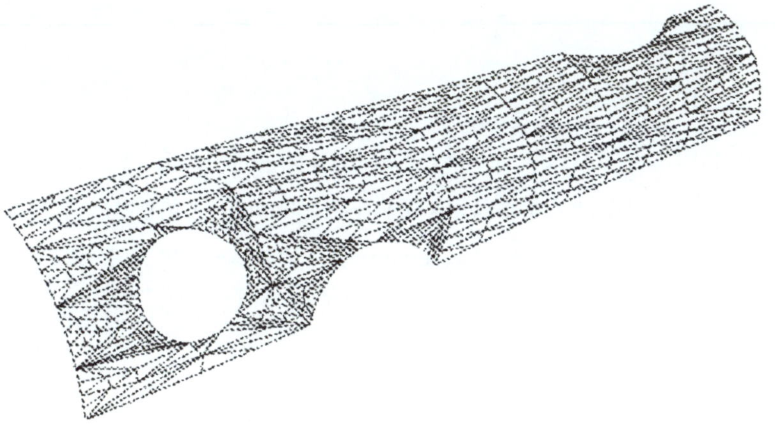

图 4　复杂表面上的详细分割

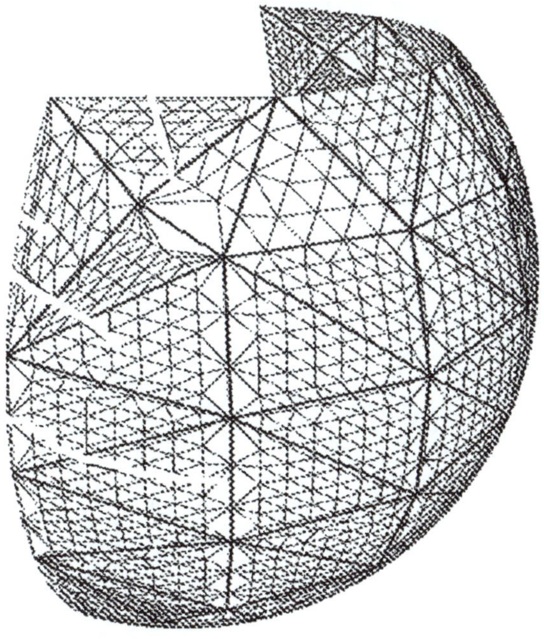

图 5　复杂表面上的粗略分割和详细分割相结合

表 1　执行速度对比

项目	运行时间 / ms		
	表面模型 A 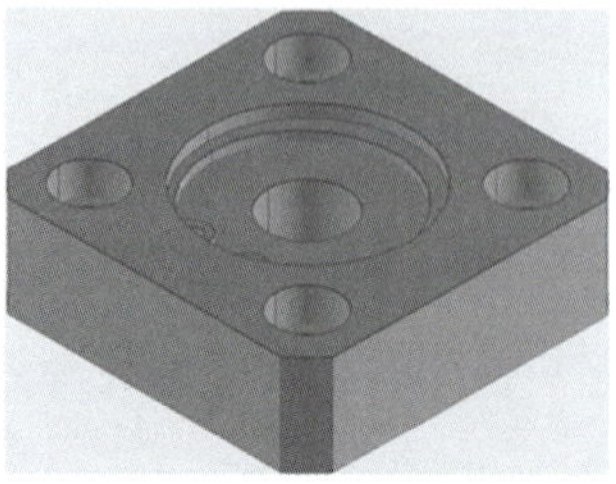	表面模型 B 	表面模型 C 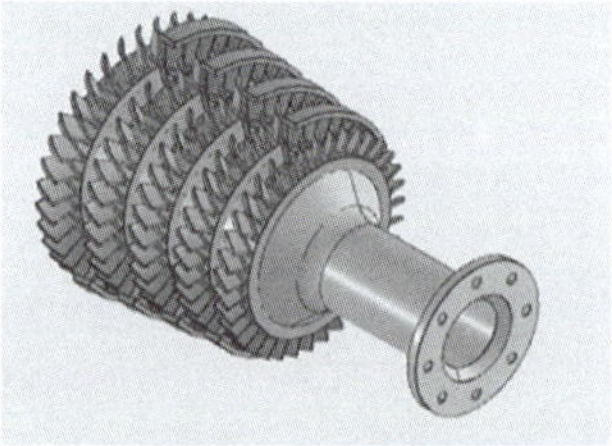
CGAL	11	84	2 357
本方案	1	9	258

五、专家评语

此算法有效地利用 GPU 进行了大规模并行性的 3D Delaunay 三角刨分，是一种 GPU-CPU 混合算法，在 GPU 上执行大规模并行点插入和翻转以获得近 Delaunay 三角刨分。然后，它使用保守的星形展开方法在 CPU 上修复此问题，以获得 3D Delaunay 三角刨分。此方法比 CGAL 的 3D Delaunay 三角刨分速度提升了近 10 倍，极大地缩短了用户修改几何模型后等待预览结果的时间，大幅度提高了 CAD 设计软件的效率。

三等奖：图片类型 CAD 图纸的识别转换

三等奖　上海理工大学小强队

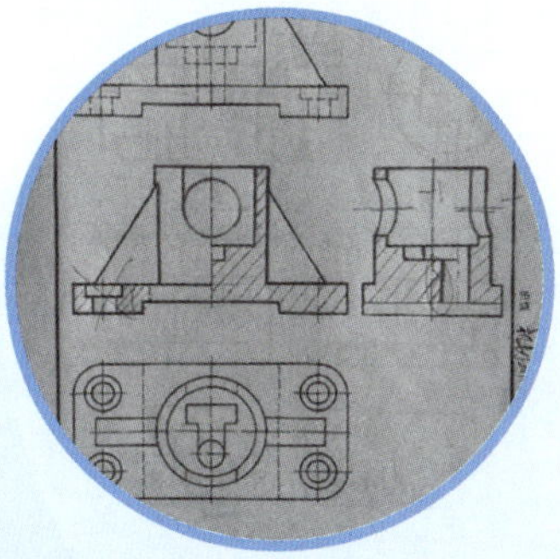

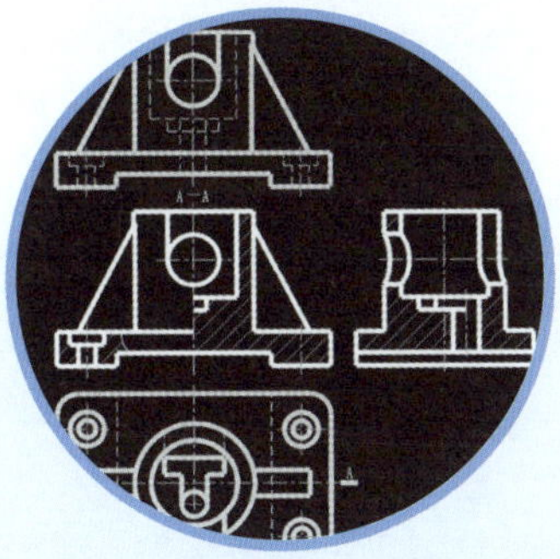

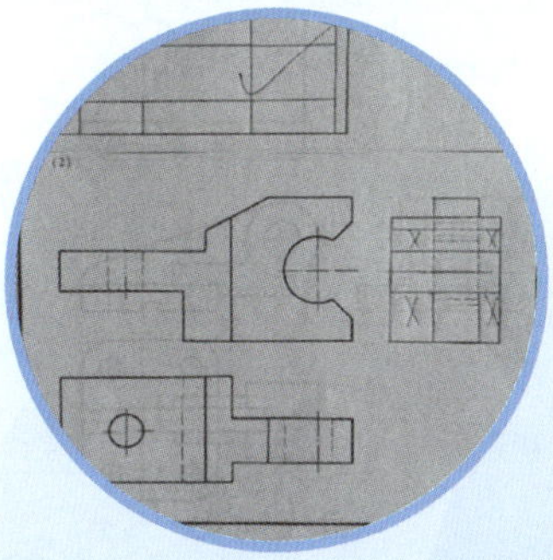

目 录

一、任务题目

1. 问题定义

给定一张图片格式（jpg 或 png 格式）的 CAD 图纸，识别图纸中的直线、多段线、圆、圆弧、矩形、椭圆、填充、拟合曲线等基础图元，将其转化为 dwg 格式的图纸。

2. 具体要求

（1）需要支持手绘的 CAD 图纸。

（2）图元识别的查全率和查准率皆大于 99%。

（3）需要正确识别线的线型和颜色，准确率等要大于 99%。

（4）等要正确识别图元的位置，关键点位置的误差小于 1 mm。

二、应用场景及方案总介

随着科技的进步，许多工具现在已经被数字化了，并且逐渐取代了传统的手工工具。这方面最典型的例子就是在建筑、工程和制造业中使用的 CAD 技术。但是，在现实生活中，还有很多人使用手工绘图的方式来制作图纸。然而，手绘图存在很多缺点，如精度不高、难以修改、难以共享等。因此，将手绘图纸转化成 CAD 电子版便成为一大需求。而这一技术一直是该领域的难题。

目前已有的将手绘图转换成 CAD 电子版的几种方法包括：扫描法、追踪法和描点法等。扫描法是将手绘图使用扫描仪或相机进行数字化处理。首先，需要将手绘图放置在扫描仪或相机上进行拍摄或扫描。其次，使用专业软件对图片进行处理，提取出需要的线条和形状，并进行编辑和修正。最后，将处理好的图形导入 CAD 软件中进行进一步编辑和修改。追踪法是将手绘图放在 CAD 软件中，使用 CAD 软件自带的工具对手绘图进行追踪。这种方法需要手动对每个线条进行追踪，比较烦琐。但是，由于是在 CAD 软件中进行操作，所以可以直接在 CAD 软件中进行编辑和修改。描点法是将手绘图放在平板上，使用专业的数字化笔对手绘图进行描点。笔会记录下每个点的坐标，并将其转换成 CAD 格式。这种方法比较快捷和准确，但需要专业设备。

以上几种方法都有其局限性。本团队在尝试解决这一问题的过程中，提出了一种基于改进 DeepLabV3+ 的图纸识别转换方法。DeepLabV3+ 是一种深度学习模型，专门用于图像分割和识别。通过改进 DeepLabV3+ 模型，系统能够实现对图片类型 CAD 图纸的识别与转换。在处理手绘图纸时，系统能够准确地识别图纸中的线条、尺寸、文字等信息，并将其提取和分析，转变成矢量图。此外，本团队还特别注重图纸的细节处理。因为 CAD 图纸的绘制是一项非常精细的工作，每一条线都可能影响到整个图纸的质量，因此，本系统不仅对整体结构进行识别，还会对细节部分进行精细化处理，确保每一个细节都能得到准确的识别和处理。

三、方案具体思路

1. 扫描图纸并矫正

通过扫描仪或者相机对图纸拍照后，机器进行图像旋转校正。无论图纸是正放、倒放还是旋转，系统都能通过先进的图像识别技术对其进行自动旋转校正，确保图纸的正确方向。

2. 加强图纸图元对比度以方便识别

本团队发现很多的手绘图纸使用的绘图工具都是铅笔，而图片中的绘图区域都是灰色像素。因此第一步是加强色彩。具体方法是，采用BGR颜色空间转HSV颜色空间的方法，并依据表中的色调（H）、饱和度（S）、亮度（V）中的阈值范围将图片中的像素区域提取出来。

表1 BGR颜色空间转HSV颜色空间

	黑	灰	白	红		橙	黄	绿	青	蓝	紫
H_{min}	0	0	0	0	156	11	26	35	78	100	125
H_{max}	180	180	180	10	180	25	34	77	99	124	155
S_{min}	0	0	0	43		43	43	43	43	43	43
S_{max}	255	43	30	255		255	255	255	255	255	255
V_{min}	0	46	221	46		46	46	46	46	46	46
V_{max}	46	220	255	255		255	255	255	255	255	255

另外，图纸中可能出现线条颜色的深度太浅，导致前景与背景的对比度太弱。本算法先调整图像的亮度防止以上分割出来的图像过亮或者过暗，然后分别对B、G、R三颜色通道进行对比度拉伸，再对HSV空间中的饱和度（S）进行对比度拉伸，最后从HSV颜色空间转回BGR颜色空间实现图像对比度拉伸的目的。算法流程如图1所示。

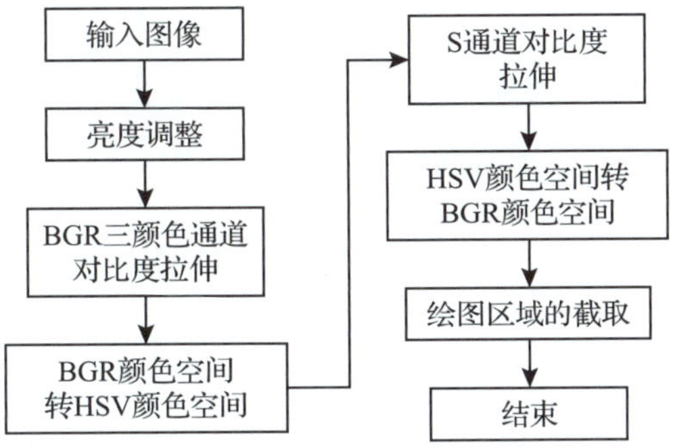

图1 算法流程图

3. 改进的DeepLabV3+模型对图元识别转换

DeepLabV3+网络具有多尺度特征，因而对于图像的细节处理以及小目标的分割会有较好的效果，同时引入深度可分离卷积大大减少了参数量，使网络模型更加轻量化。因此，DeepLabV3+模型更适于特殊线型的分割。

EfficientNetV2作为DeepLabV3+的特征提取网络，为了保证分割精度，减少其下采样次数。在浅层特征中引入CBAM注意力机制，增强浅层语义信息。

针对图像中不同的目标尺寸大小不同，DeepLabV3+网络接用了SSP-Net网络中的空间金字塔池化层，来达到对多尺度目标分割的能力。ASPP将输入特征图进行1×1卷积，扩张率为6、12、18的

3×3 卷积以及全局平均池化操作后，最终 ASPP 完成对多尺度目标的特征提取和区分，很好地实现多尺度目标分割。ASPP 模块中引入混合膨胀卷积，避免栅格效应，应增强特殊线型的分割能力。

DeepLabV3+ 网络为充分提取图像中目标物体的高层特征信息，对输入图像进行必要的下采样操作，为弥补下采样操作中丢失的边界信息，DeepLabV3+ 采用编码 - 解码结构，在特征图恢复过程中融合低层特征，恢复目标部分边界信息，特征图恢复采用线性插值方法，最终提高了网络分割的精度。其网络模型如图 2 所示。

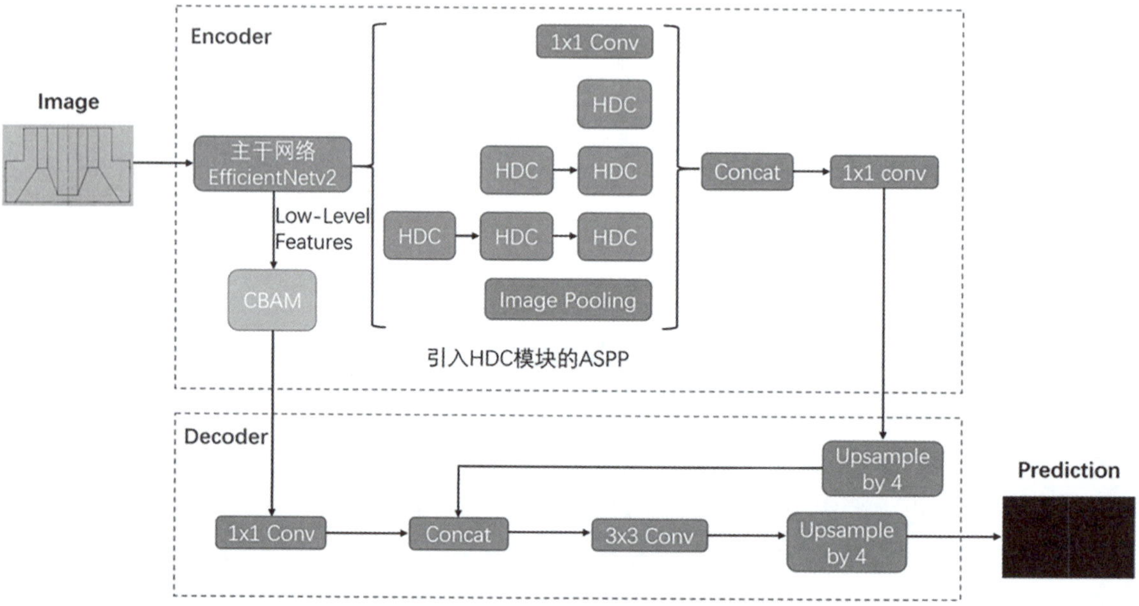

图 2　改进的 DeepLabV3+ 模型

四、方案验证

对比度增强前后对比如图 3 所示。识别转换图纸效果如图 4 所示。

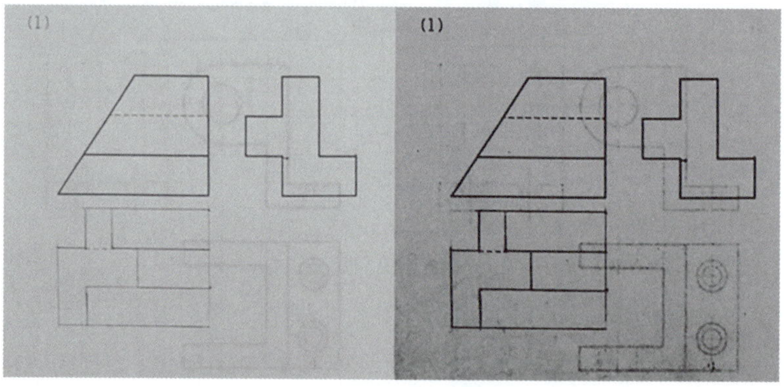

图 3　对比度增强前后对比

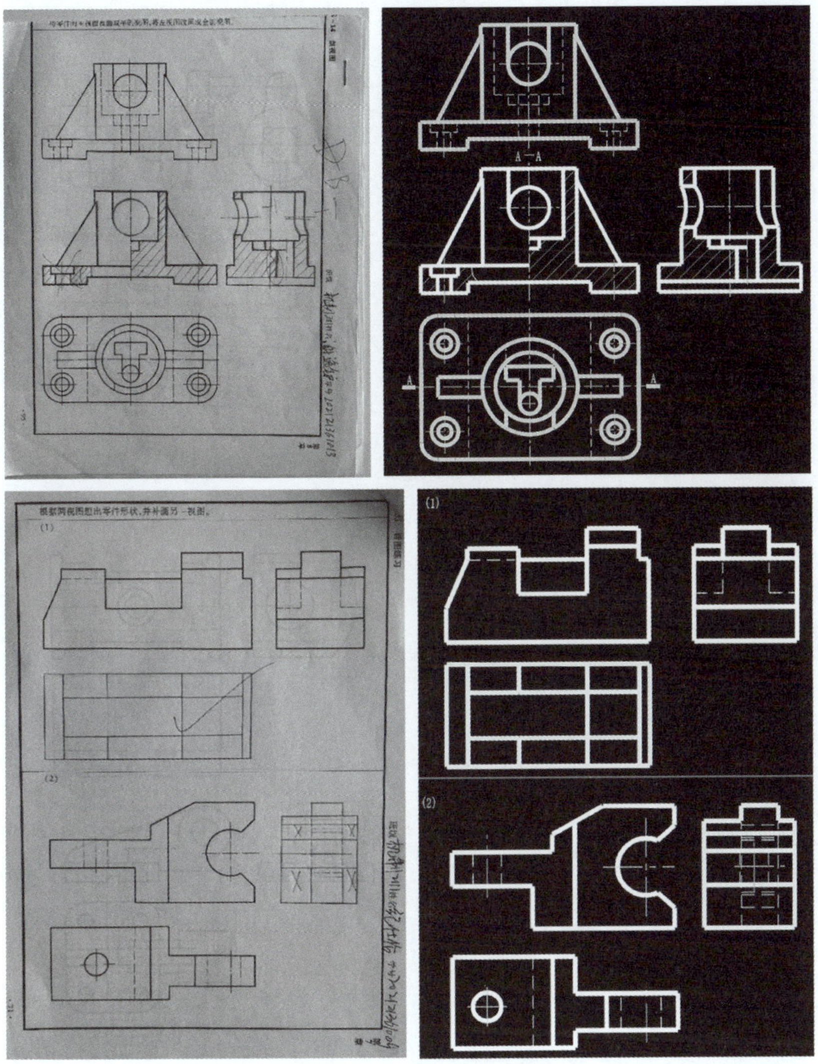

图 4　识别转换图纸效果

五、专家评语

基于改进 DeepLabV3+ 模型的图纸识别转换系统，能够较为高效、准确地完成纸质图纸的转化工作，能够识别图纸中各线条的属性信息，转变成矢量图。该方法对于推进纸质图纸转变成电子 CAD 图纸技术发展将发挥积极作用。但是本方案在查准率和查全率上存在一定的缺陷，有待进一步提高。